岩性气藏储气库
注采水平井钻完井技术

林　勇　袁光杰　陆红军　◎主编

石油工业出版社

内 容 提 要

本书介绍了岩性气藏储气库地质概况、钻完井方法，系统阐述了注采井钻完井液技术、固井工艺技术、油套管防腐工艺技术、完井工艺技术以及提高井筒完整性的配套技术，并列举了注采井钻完井工艺现场的应用实例，初步形成了岩性气藏储气库注采水平井钻完井工艺技术，为储气库钻完井技术的优化和完善提供有益的参考。

本书可供从事储气库钻完井技术及储气库建设的科研人员以及高等院校相关专业师生参考使用。

图书在版编目（CIP）数据

岩性气藏储气库注采水平井钻完井技术/林勇，袁光杰，陆红军主编．
北京：石油工业出版社，2017.1
ISBN 978-7-5183-1527-7

Ⅰ．岩…

Ⅱ．①林…②袁…③陆…

Ⅲ．岩性油气藏—地下储气库—水平井完井

Ⅳ．TE257

中国版本图书馆 CIP 数据核字（2016）第 242152 号

出版发行：石油工业出版社
（北京安定门外安华里2区1号楼　100011）
网　址：www.petropub.com
编辑部：（010）64523712
图书营销中心：（010）64523633
经　销：全国新华书店
印　刷：北京中石油彩色印刷有限责任公司

2017年1月第1版　2017年1月第1次印刷
787×1092 毫米　开本：1/16　印张：14
字数：359 千字

定价：69.00 元
（如发现印装质量问题，我社图书营销中心负责调换）
版权所有，翻印必究

《岩性气藏储气库注采水平井钻完井技术》
编委会

策　　　　划：李正波　王心敏
主　　　　编：林　勇　袁光杰　陆红军
副　主　　编：达世攀　何　刚　张书成　罗长斌
编　　　　委：唐向阳　徐　震　孟劲松　李　彬　王志强
　　　　　　　马彦兵　兰义飞　刘双全
参加编写人员：胥红成　石耀东　刘国良　倪华峰　王　东
　　　　　　　张燕明　胡富源　王向延　夏　勇　汪雄雄
　　　　　　　田建峰　张　冕　李海波　郭　虹　何　磊
　　　　　　　李琼伟　韩　东　徐品品　杨琼警　陈　飞
　　　　　　　朱明利　李小辉　马晓鹏　张　宏　牛建文
　　　　　　　李永忠　李　治　于强华　黄绍英　吕　建
　　　　　　　薛　伟　李建刚　于晓明　谢　江

序

一段时期以来，面对全球气候变暖对生态系统和人类生存环境造成的严重威胁，由高碳燃料转向低碳燃料、由高污染能源转向清洁能源成为全世界能源结构调整的重要发展方向，低碳经济也正成为新一轮国际经济的增长点而被广泛关注。相应地，与石油、煤炭并列成为当今世界三大能源支柱的天然气，近几十年来在全世界得到迅猛发展，在一次能源消费中的比重也快速上升。受中国经济快速发展影响，石油与天然气能源消费一直维持高增长态势，供需矛盾突出，作为主力保供油田之一，长庆油田每年冬春之际不得不面临巨大调峰供气压力。储气库作为天然气能源发展格局的重要组成部分，在天然气供应链中的调峰作用，受到中国石油高度重视，但是受制于价格机制和国内储气库技术水平的制约，储气库目前工作气量不足天然气消费总量的 5%，距离国际上储消比平均水平 15% 的差距还很大，储气库的调峰能力有限，目前动用上游气田和压减下游市场等方式仍是重要调峰手段。为了天然气能源健康发展，"十二五"期间国家发展和改革委员会下发《关于加快推进储气设施建设的指导意见》，为加快储气库建设提供了政策支持，中国石油 2010 年启动了包括长庆储气库在内的第一批 6 座储气库建设项目。

面对储气库建设起步晚、技术标准缺乏、建库条件差、成本高等短板，长庆储气库建设方不得不采用"它山之石"，在调研国内外普遍做法的基础上编制了储气库钻完井技术方案，但该方案究竟是否适用岩性气藏储气库，钻完井技术管理方和施工方都面临着巨大的压力和挑战。2010—2015 年，储气库建设者转战长庆三大主力气田，从榆林气田南区到靖边气田的 S224 区块，目标气藏从上古生界到下古生界气藏，完成了注采井试验井 6 口，通过不同区块、不同气藏条件、不同井身结构的注采井钻完井工艺技术对比，完成了现场试验目的，验证了储气库钻完井技术方案的可行性。

《岩性气藏储气库注采水平井钻完井技术》的作者长期从事油气田特殊工艺井的科学研究和现场试验工作，全程参与了长庆岩性气藏储气库钻完井技术研究和方案的编制，组织完成了现场工艺试验，针对目前储气库钻完井技术研究相对滞后，涉及储气库钻完井方面的系统研究资料和现场实践方面的书籍缺乏等问题，基于储气库建设实际需要，围绕井筒完整性技术，重点对储气库注采井钻完井方式、井身结构、剖面设计、钻完井液应用、固井工艺、完井工艺等现场试验情况进行了详细分析，通过对不同区块的注采井和同区块不同井身结构的注采井的试验情况对比和关键技术评价，初步形成了岩性气藏储气库钻完井工艺技术。相信本书的出版可为储气库的建设和发展起到一定的推动作用，为储气库钻完井技术的优化和完善提供有益的参考。

中国石油长庆油田分公司

2016 年 6 月 6 日

前　言

随着天然气能源在国家能源战略中地位的上升，为了有效提升国家能源战略安全，解决能源供需矛盾，天然气地下储气库建设成为天然气发展格局的重要组成部分。2012年12月3日，国家发展与改革委员会发布了《天然气发展"十二五"规划》，明确了"十二五"期间，我国将投资811亿元重点建设24个储气库，新增储气库工作气量约$220×10^8m^3$，力争实现储气库工作气量占天然气总销售量的10%，到2020年将这一比例提高到15%，其重要性不言而喻。储气库是一个系统的并且集成地质气藏、钻井、完井改造、采气等多专业领域的复杂工程，相比国外我国的建设水平还处于起步和探索阶段，建设理念和技术还比较落后，还没有形成成熟的技术标准，配套技术还不够完善。特别是储气库对注采井钻完井工程的质量要求极高，井筒质量要满足安全生产运行50年以上，符合百万立方米以上气量快进快出的需要，还面临着诸多技术挑战。本书编写的目的就是希望通过对长庆油田岩性气藏储气库建设前期钻完井技术试验的分析和思考，为岩性气藏储气库注采水平井钻完井技术的研究和发展提供参考，达到同行业相互借鉴的目的。

全书共分为十章，第一章和第二章由中国石油勘探开发研究院廊坊分院地下储库中心胥红成，中国石油勘探与生产分公司合作开发与储气库处李彬，中国石油长庆油田气田开发处石耀东等编写；第三章由中国石油长庆油田勘探开发研究院兰义飞、夏勇等编写；第四章和第五章由中国石油长庆油田工程技术管理部唐向阳，中国石油川庆钻探工程公司长庆钻井总公司倪华峰、王向延等编写；第六章由中国石油长庆油田工程技术管理部胡富源等编写；第七章和第八章由中国石油长庆油田油气工艺研究院陆红军、刘双全、张燕明等编写；第九章由中国石油长庆油田苏里格南作业分公司王东等编写；第十章由中国石油长庆油田储气库管理处林勇，中国石油钻井工程技术研究院储库工程研究所袁光杰，中国石油川庆钻探工程公司长庆井下技术作业公司刘国良等编写。全书由林勇统稿，中国石油勘探与生产分公司合作开发与储气库处何刚，中国石油长庆油田何光怀、李建民、慕立俊，中国石油钻井工程技术研究院袁光杰等专家对本书进行了审阅。

本书凝聚了长庆油田多年从事钻完井工艺技术研究的众多领导和技术人员的集体智慧，长庆油田周宗强、张明禄、徐永高等专家亲自组织了长庆油田岩性气藏储气库钻完井技术研究和现场工艺试验，并为本书的编写、修改、定稿提出了许多宝贵建议，值本书出版之际，在此表示敬意和衷心的感谢。作者在本书的编写过程中还得到了长庆油田领导谭中国，气田开发处达世攀、吴正、王兴龙，工程技术管理部姚建国、马能平，油气工艺研究院孙永鹏、付钢旦，储气库管理处李正波、王心敏等领导的关心和支持。西安石油大学陈军斌、李琪教授，中国石油大学（北京）郑力会教授对本书的编写工作给予了悉心指导。书中根据理论研究的需要，借鉴了部分前期国内科研人员关于储气库的研究认识，这里一并表示诚挚的感谢！由于储气库建设在国内还处于初步探索阶段，一些观点和认识还需要探讨，加之编者水平有限，书中不妥之处在所难免，敬请读者批评指正！

目 录

第一章 储气库建设的意义和概念 (1)
- 第一节 储气库建设的意义 (1)
- 第二节 储气库的基本概念 (2)

第二章 国内外储气库建设概况 (4)
- 第一节 国外储气库建设概况 (4)
- 第二节 国内储气库建设概况 (11)
- 第三节 储气库钻完井技术面临的主要问题 (19)

第三章 岩性气藏储气库地质概况 (21)
- 第一节 岩性气藏地质特点 (21)
- 第二节 储气库选库原则 (22)
- 第三节 岩性气藏储气库建设区地质概况 (23)

第四章 储气库钻完井方法 (29)
- 第一节 钻完井方式优选 (29)
- 第二节 井身结构选择 (33)
- 第三节 井身剖面设计 (41)
- 第四节 井眼轨迹控制技术 (42)

第五章 储气库注采井钻完井液技术 (46)
- 第一节 榆林气田南区钻完井液技术 (46)
- 第二节 靖边气田 S224 区块钻完井液技术 (53)

第六章 储气库注采井固井工艺技术 (61)
- 第一节 储气库注采井固井作业的难点分析 (61)
- 第二节 长庆气田固井气窜现象调研和分析 (63)
- 第三节 水泥浆防窜评价和预测技术 (64)
- 第四节 提高水泥浆防窜能力的几种方法 (66)
- 第五节 储气库固井水泥浆体系优选 (66)
- 第六节 固井工艺设计 (73)
- 第七节 固井工艺要求及固井质量检测评价方法 (77)

第七章 注采井油套管防腐工艺技术 (82)
- 第一节 概述 (82)
- 第二节 榆林气田南区的油套管选材 (84)
- 第三节 靖边气田 S224 区块油套管选材 (91)

第四节　油套管防腐工艺技术 …………………………………………（93）
第八章　储气库注采井完井工艺技术 ……………………………………（99）
　　第一节　完井管柱设计 …………………………………………………（99）
　　第二节　储气层改造工艺技术 …………………………………………（102）
第九章　提高井筒完整性的配套技术 ……………………………………（109）
　　第一节　油套管气密封检测技术 ………………………………………（110）
　　第二节　油套管入井工艺技术 …………………………………………（113）
　　第三节　井口设备优选 …………………………………………………（118）
第十章　注采水平井钻完井工艺现场应用实例 …………………………（122）
　　第一节　储气库建设区井位部署情况 …………………………………（122）
　　第二节　注采水平井钻完井工程实施 …………………………………（126）
　　第三节　储气库钻完井工艺关键技术评价 ……………………………（203）
参考文献 ………………………………………………………………………（214）

第一章 储气库建设的意义和概念

第一节 储气库建设的意义

中国疆域面积辽阔，人口众多，各地区能源占有情况和消费水平差异较大，北部和西部地广人稀，但石油天然气、煤炭等重要能源较为丰富；东部及南部沿海地区经济发达，人口数量庞大，对能源的需求量大，但油气等能源贫乏，导致中国能源供需长期处于不平衡状态，矛盾突出。每年夏季是用气低峰期，天然气用户需求降低，油气田生产发挥不出最大产能，而冬季是用气高峰期，尽管各油气田全力开井生产保供，但由于油气开发井的开采方式的特点和长输管道距离限制，短时间内很难达到供需平衡，以致多地出现"气荒"。从国家能源战略来看，储气库大气量快进快出的生产运行特点符合国家能源战略和季节性调峰需要，也必然成为天然气发展格局的重要组成部分，其建设意义重大。

2010年，政府为保证国家能源战略安全以及国内天然气供需平衡，委托中国石油天然气集团公司启动十座国家储气库的建设任务，规划工作气量$244\times10^8m^3$。2012年12月3日，国家发展改革委员会发布了《天然气发展"十二五"规划》，明确了"十二五"期间，中国将投资811亿元重点建设24个储气库，新增储气库工作气量$220\times10^8m^3$。中国石油天然气集团公司计划在2015年建成$200\times10^8m^3$工作气量储气库群，实现储气库工作气量占天然气总销售量的10%，到2020年将这一比例提高到15%。

国内最主要的天然气生产基地主要集中在西部，其中长庆油田作为中国陆上天然气管网枢纽中心，承担着向北京、天津、西安等15个大中城市的供气任务，其战略储备和应急作用十分突出，在长庆油田岩性气藏上建设储气库也正是因为长庆油田在国内天然气管网系统中的重要枢纽位置和天然气生产能力，长庆油田2014年油气当量超过5000×10^4t，具备$550\times10^8m^3$年输送能力的中亚天然气西线管道也经过长庆油田，在长庆油田建设储气库的意义重大。因此中国石油天然气股份有限公司统一部署，启动了长庆岩性气藏储气库建设工作，先后在榆林气田南区、靖边气田S224区块等区块开展前期评价及注采试验工作。针对岩性储气库建设中面临的储层渗透率低、非均质性强，榆林南区与长北区块边界连通，靖边气田含硫等建设难点，通过前期评价及现场先导试验研究，初步形成了岩性气藏储气库的封闭性评价、单井注采能力论证、库容量评价及工作气量优化等低渗透岩性气藏建设储气库前期评价技术。在钻完井工艺技术方面，通过现场试验初步形成了适用于岩性气藏"三低"特点的储气库钻完井工艺技术。截至2015年，S224储气库已建成投运，初步具备对京津地区用气实现季节性调峰和应急供气的功能，其运行情况可为下古生界气田建设储气库提供决策依据，为今后储气库规模建设和运行提供技术参考。

第二节 储气库的基本概念

一、储气库定义

储气库就是将长输管道输送来的商品天然气重新注入地下可保存气体的空间而形成的一种人工气田或气藏，在需要时再将天然气采出。

二、储气库的功用

储气库的作用一是协调供求关系与调峰，缓解因各类用户对天然气需求量的不同和负荷变化而带来的供气不均衡性；二是实施战略储备，保证供气的可靠性和连续性。当供气中断时地下储气库可作为补充气源，抽取天然气，保证供气的连续性和提高供气的可靠性。提高输气效率，降低输气成本。

储气库可以降低天然气消费不均衡性对天然气生产系统和输气管网的影响，有助于实现均衡性生产和作业；有助于充分利用输气设施的能力，提高管网的利用系数和输气效率，降低输气成本。

储气库还可以通过影响气价，实现价格套利，供气与用气双方都可从天然气季节性或月差价中实现价格套利，从价格波动中获取可观的利润。供气方在天然气低价时储气不售或增加储气量，待用气高峰、价格上涨时售出；用气方在天然气低价购进储存，待冬季或用气高峰、气价上涨时抽出使用或出租储气库。

储气库可以提供应急服务，对临时用户或长期用户临时增加的需气量提供应急供气服务。

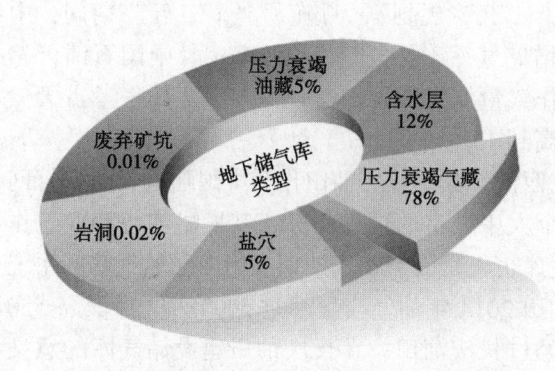

图1-1 世界不同类型储气库工作气量比率

三、储气库类型

储气库按类型可分为孔隙型储层储气库、盐穴和废弃矿坑3种类型，其中孔隙型储层按储层流体性质可分为压力衰竭气藏、压力衰竭油藏和含水层3种储气库，以衰竭油气藏储气库为主，比例达到83%，不同类型储气库所占比例如图1-1所示。

四、储气库建设与常规气田开发的区别

（一）开采方式的差异

常规气田开发追求最大采收率，开采周期长达10年或更长，气库则需要在很短的时间，一般是一个采气周期（3~4个月）内把气库中的有效工作气全部开采出来，并且还需要在一个周期内将储气库注满达到满库容。

（二）设计准则上的差异

气藏开发尽量保持稳产，储气库产能设计则以满足地区月或者日最大调峰需求为原则。

(三) 运行过程上的差异

气藏开发一般产量为递减过程，储气库则是周期性变化，注气时递增、采气时递减。

(四) 建井工程质量要求上的差异

气藏开发的采气井寿命一般为 10~20 年，并且单向从高压到低压的过程，储气库注采井寿命要求 50 年以上，井筒内压力周期性变化。因此，储气库与气田开发的不同，要求储气库的注采井井筒质量必须满足长期交变压力变化和 50 年以上的运行周期，关键技术在于保证井筒的完整性，确保整个库区的井底天然气不能无控制窜至地面造成安全环保事故。据调查，截至 2009 年全世界发生的储气库安全事故有 100 多起，造成重大火灾、爆炸和人员伤亡事故，其中 60 起事故源于井筒完整性。因此储气库注采井对井身结构、固井质量、生产管柱的要求远高于常规开发井。

(五) 储层改造上的差异

气藏开发可以通过大规模压力酸化改造，提高单井产能，而储气库生产寿命长，如果对储层改造不具备相当长的有效期（8~10 年或更长）的情况下，一般不采用储层改造措施提高单井生产能力。

第二章 国内外储气库建设概况

第一节 国外储气库建设概况

地下储气库的历史,可以追溯到20世纪初。据有关资料显示,1915年加拿大首次在安大略省的WELLAND气田进行储气实验,美国1916年在纽约布法罗附近的枯竭气田ZOAR利用气层建设储气库,1954年在CALG的纽约城气田首次利用油田建成储气库,1958年在肯塔基首次建成含水层储气库,1963年在美国科罗拉多DENVER附近首次建成废弃矿坑储气库,法国在1956年开始地下战略储气库的建设,1959年苏联建成第一个盐层地下储气库。截至2010年,全球35个国家和地区建成693座地下储气库,共建成储气库井约23000口,已建储气库的总工作气量达到$3530\times10^8m^3$,占全球天然气消费量$31000\times10^8m^3$的11.4%。美国、俄罗斯、乌克兰、德国、意大利、加拿大、法国是传统的储气库大国,占全球地下储气库工作气量的85%。欧洲已建成地下储气库总工作气量$839\times10^8m^3$,约占2010年欧洲$5275\times10^8m^3$天然气总消费量的16%,2015—2020年间计划再建$570\times10^8m^3$。世界范围内储气库工作气量分布如图2-1所示,排名见表2-1,主要国家的天然气贸易和储备情况见表2-2。

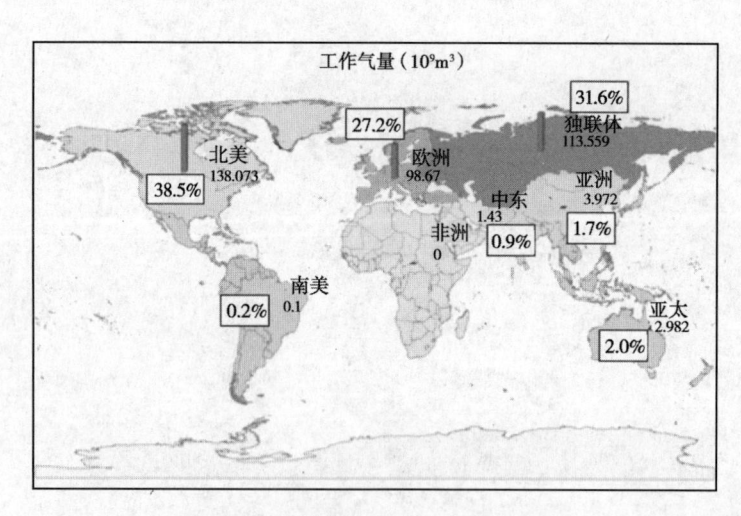

图2-1 全球储气库工作气量分布图

表2-2显示,世界上发达国家对天然气能源的战略储备非常重视,特别是像法国这样的国内天然气产量较低的国家,储气库工作气量占到全国天然气消费总量的27%,天然气储备天数达到98d,面对能源危机的风险抵御能力较强。即使像美国和俄罗斯这样的天然气大国,在储气库的建设上也不遗余力,天然气储备天数达到60d以上。纵观国外储气库建设规模和特点,储气库注采井井深大多在2000m以内(表2-3)。

表 2-1 世界储气库工作气量排前十位的国家

国家	储气库数量（座）				总工作气量 ($10^8 m^3$)
	总数	油气藏	盐穴	含水层	
美国	436	354	31	51	1106.74
俄罗斯	22	15	—	7	955.61
乌克兰	13	11	—	2	318.80
德国	46	15	23	8	203.15
意大利	11	11	—	—	167.55
加拿大	52	43	9	—	164.13
法国	15	—	3	12	119.13
荷兰	3	3	—	—	50.00
乌兹别克斯坦	3	3	—	—	46.00
哈萨克	3	1	—	2	42.03

注：俄罗斯工作气量中含 $300 \times 10^8 m^3$ 长期战略储备。

表 2-2 主要国家天然气贸易及储备情况

国 家	法国	意大利	德国	美国	荷兰	俄罗斯
天然气产量（$10^8 m^3$）	—	84	100	5822	675	6017
天然气年消费量（$10^8 m^3$）	442	777	820	6572	386	4202
管道气进口量（$10^8 m^3$）	366.6	753	871	1022	180	—
管道气出口量（$10^8 m^3$）	—	—	151.4	269	550	1544
LNG 进口量（$10^8 m^3$）	126	15.6	—	99.6	—	—
LNG 出口量（$10^8 m^3$）	—	—	—	14	—	—
储气库有效工作气量（$10^8 m^3$）	119	168	203	1107	50	956
对外依存度=净进口量/年消费量（%）	100	99	88	13	0	0
储消比=储气库工作气量/年消费量（%）	27	22	24	17	13	23
储备天数=储消比×365	98	79	90	61	47	83

注：数据均来自国际天然气联盟 IGU，2010 年。

表 2-3 国外储气库注采井井深统计表

气库顶深（m）	数量（座）	百分比（%）
<100	5	0.88
100~200	17	2.99
300~500	114	20.04
500~1000	227	39.89
1000~1500	121	21.27
1500~2000	54	9.49
2000~2500	16	2.81
2500~3000	11	1.93
>3000	4	0.70
合计	569	100

按工作气量的规模 99.7%在 0～100×10⁸m³ 范围内，5×10⁸m³ 规模的储气库占大多数，比例为 76.1%，以库群的形势存在，100×10⁸m³ 以上的仅占 0.3%（表 2-4）。按工作气量与库容量的比例统计，气藏型储气库为 51%，含水层 42%，盐穴 77%。

表 2-4　国外储气库规模统计表

规模（10⁸m³）	数量（座）	百分比（%）
0～1	232	38.8
1～5	223	37.3
5～10	60	10.0
10～20	50	8.4
20～100	31	5.2
100 以上	2	0.3
合计	598	100

注：数据均来自国际天然气联盟。

一、美国储气库建设概况

1916 年，美国建成了第一座储气库。2003 年建成 410 座储气库，目前美国储气库的数量世界第一，占目前世界总量的 3/4。总计库存能力和高峰负荷时的日送气量都居世界领先地位。2004—2010 年，美国新建 26 座地下储气库，扩建 47 座（盐穴储气库有 31 座），储气能力达到 2277×10⁸m³，工作气量 1106.74×10⁸m³，相当于年天然气消费量的 17%，如图 2-2 所示。

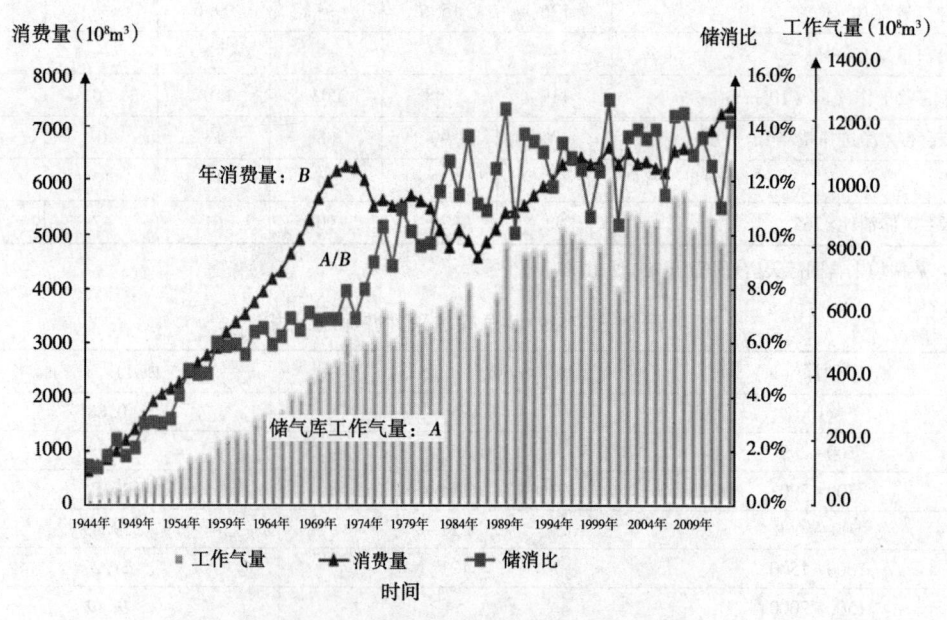

图 2-2　美国天然气消费量及储气库工作气量变化曲线

美国天然气消费量及储气库工作气量的变化原因是 1938—1972 年为美国天然气工业快速发展期，完善的天然气管网体系已经成形，1949—1979 年地下储气库得到快速发展，工作气量占天然气年消费量比例从2%增加到10%。到1980年后进入平稳发展期，2000—2010年间的工作气量占年消费量比例为14~17%。

二、俄罗斯储气库建设概况

俄罗斯地下储气库主要分布在天然气消费区，是俄罗斯统一供气系统不可分割的组成部分。截至2010年，俄罗斯拥有22座储气库，排名世界第二，其中油气藏型15个，含水层型7个，总工作气量达到$955.61×10^8m^3$，占到国内天然气消费总量的23%~27%（图2-3），供气高峰期间日采气量达到$7×10^8m^3$的水平。俄罗斯计划2030年前投资2000亿卢布用于发展地下储气系统。

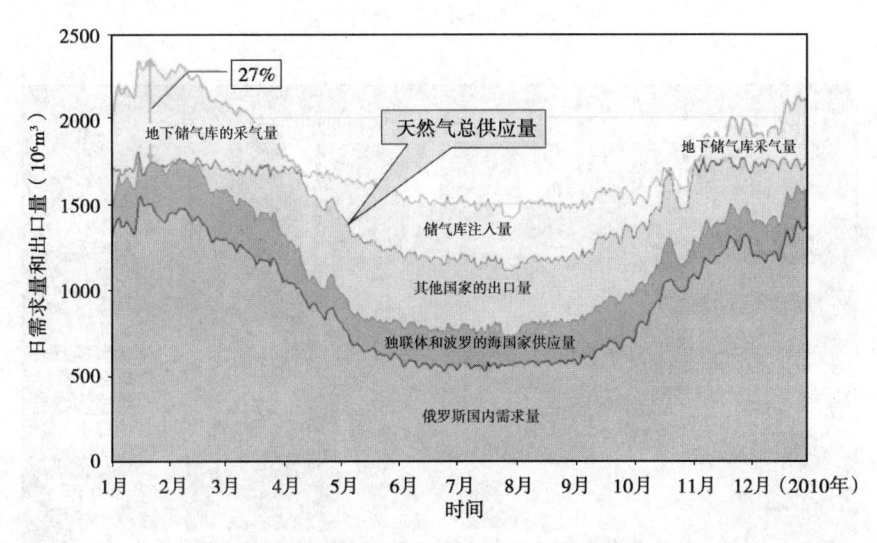

图2-3 俄罗斯地下储气库在天然气供应中的比重

三、荷兰储气库建设概况

荷兰天然气年产量约$675×10^8m^3$，年消费量为$386×10^8m^3$，截至2010年建设储气库3座，工作气量$50×10^8m^3$，调峰期日供气量的13%来自地下储气库，天然气储备天数达到47d。

荷兰储气库建设的特点是把储气库与气田开发作为一个统一的系统管理，荷兰政府有意识地先开发小气田满足日常天然气消费，在供气高峰期大气田开始贡献产量，如果仍然无法满足日常需求，则储气库及LNG等项目参与调峰，在天然气需求量不大的夏季，停止大气田生产，并开始向储气库注气（图2-4）。比较典型的是荷兰的格罗宁根气田系统，它包括格罗宁根气田和两个储气库（Norg、Grijpskerk），在荷兰及欧洲天然气市场中扮演战略储备和调峰角色。格罗宁根气田1959年发现，面积$900km^2$，可采储量约$2.8×10^{12}m^3$，气田1962年投入开发，截至2010年有生产井298口，注水井3口，观察井32口，气田生产能力为$3.3×10^8m^3/d$，2009年生产天然气$700×10^8m^3$，剩余可采储量约$1×10^{12}m^3$。

Norg凝析气田1983年投产，1995年转为储气库，采出程度为38%，1997年开始回注，储气库库容为$280×10^8m^3$，年工作气量为$30×10^8m^3$，现有注采井6口，注入量可达1200~$2400×10^4m^3/d$，采出量可达$5000×10^4m^3/d$。2010年实际采出$13×10^8m^3$。Norg储气库建设以丛式井组开发为主，井站合一，如图2-5所示。

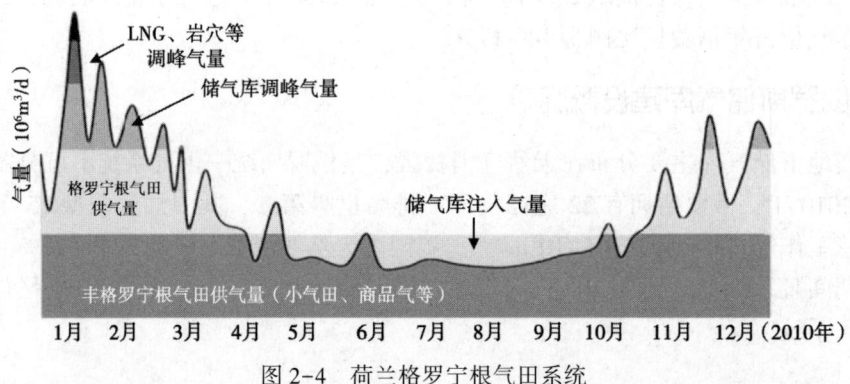

图 2-4　荷兰格罗宁根气田系统

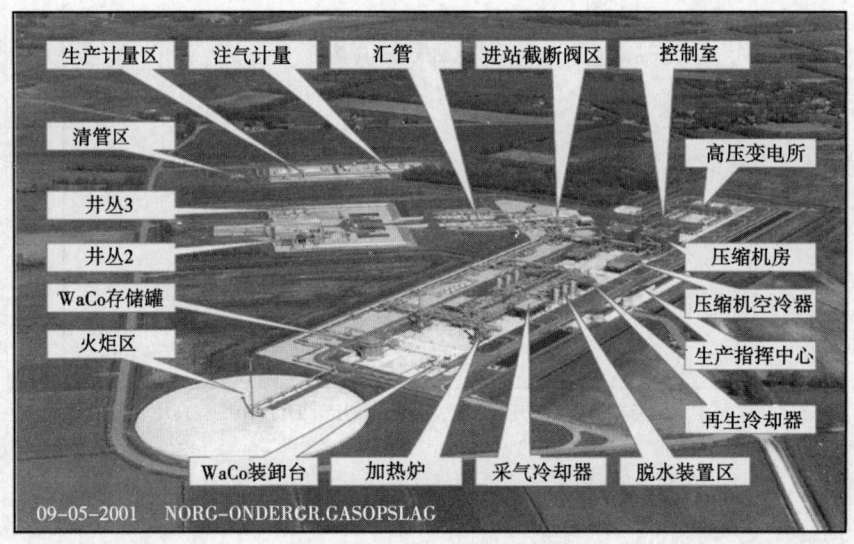

图 2-5　Norg 储气库俯视图

四、德国储气库建设概况

德国年天然气生产能力约 $100×10^8m^3$，年消费量为 $820×10^8m^3$，对外依存度高达 88%，截至 2010 年建设储气库 46 座，工作气量达到 $203×10^8m^3$，天然气储备天数达到 90d。其中 VNG 公司拥有 5 座储气库，储气库工作气总量 $23×10^8m^3$，储气库注入气量 $2000×10^4m^3/d$，采出气量为 $2800×10^4m^3/d$，见表 2-5。

表 2-5　VNG 公司 5 座储气库概况

储气库	类型	井数	深度（m）	工作气量（10^8m^3）	垫气量（10^8m^3）	日注入量（10^6m^3）	日采出量（10^6m^3）
BadLauchstädt	盐穴	18	780~950	5.85	2.85	20	28
	气藏	14	800	4.40	2.31		
Bernburg	盐穴	32	500~700	9.90	3.02	12	35
Kirchheilingen	气藏	7	900	2.0	0.5	3	3

续表

储气库	类型	井数	深度（m）	工作气量（10^8m^3）	垫气量（10^8m^3）	日注入量（10^6m^3）	日采出量（10^6m^3）
Buchholz	水藏	8	750~710	1.6	0.63	1.4	3.6
Burggraf-Berns dorf	废弃矿坑	1	580	0.034	0.017	2.9	1.7
合计		80	—	23.78	9.327	39.3	71.3

五、法国储气库建设概况

法国气田数量有限，天然气年消费总量达 $442×10^8m^3$，天然气主要依赖进口，为预防天然气进口量的任何中断，必须建设地下储气库实行天然气战略储备。截至2010年法国建设储气库15座，气库库容 $233×10^8m^3$，工作气量 $119.13×10^8m^3$，调峰期日供气量的27%来自地下储气库。如天然气管网中断供气，地下气库可向全国供气90余天。法国从1956年开始建设储气库，到1991年底法国燃气公司 GAZDE FRANCE 建成投运的11座地下储气库，总库容为 $169.14×10^8m^3$。其中有9座属于水层储气库，合计库容为 $158.76×10^8m^3$，最大的地下储气库是1968年建成投运的 Chemery 储气库，储层深1120m，库容为 $69.25×10^8m^3$，有效工作气量为 $32.8×10^8m^3$。法国储气库分布如图2-6所示。

图2-6 法国储气库分布图

六、加拿大储气库建设概况

加拿大1915年开始建设地下储气库，是地下储气库建设最早的国家，至2003年末建设储气库41座，总库存能力$310 \times 10^8 m^3$，其中有效工作气量$195 \times 10^8 m^3$，由9家公司经营。该国也是制定储气库建设标准最早的国家之一，《地下碳氢储库》国家级标准于1987年起草，经过1993年，1998年和2003年三次修改完善，为储气库建设提供了技术参考依据。该标准包括三大部分：CAN/CSA2Z341.1202储藏储库，CAN/CSA2Z341.2202盐穴储库和CAN/CSA2Z341.3202矿穴储库。

总体来说，受天然气需求快速增长和国际油价波动影响，储气库建设受到越来越多国家的重视，以保证国家战略能源储备，抵御能源风险，满足季节性调峰。国外储气库建设技术已逐渐完善和成熟，储气库库容量越来越大，储气量和工作气量占消费总量的比例逐步提高，储气库建设理念的思路以及建井技术处于世界领先地位。

七、国外储气库钻完井技术理念

（一）储气库的选择

在储气库的选择上要求储气层有良好的天然气储集空间，上覆、下伏岩层封隔性好。储层有较高的渗透性，保证良好的注入、采出速度。要求储层弱敏感，避免渗透率下降给注采带来的负面影响。储气库注采井建设成本很高，应尽可能降低注采井数量，提高单井井眼尺寸，增加注采气量。储气库建库时地层压力不宜太低，否则需注入太多的垫底气，钻井上也面临漏失和储层伤害问题。储气层应尽量避免选择含H_2S、CO_2的储层，否则建井和地面建设的成本将大幅度提高，安全生产的运行成本也将增加。

（二）注采井设计

国外储气库一般采用丛式井场设计，便于集中管理，降低建设成本。储气库注采井的井身结构要满足大流量注采及长寿命、安全要求，针对低压地层，采取欠平衡和带压作业，以减少对储层的伤害。储气库按30年不修井进行寿命设计，比利时Loenhout储气库已经实现了这一目标。完井管柱根据注采的气质选择油管、套管材质，若存在腐蚀因素，应采用相应的防腐材质，严格选择材质。油管柱在注采过程中要承受复杂的交变应力，管柱设计均进行了应力计算和校核。为保证油管、套管螺纹密封质量，一是采用扭矩检测，确保上扣扭矩；二是采用气密封检测，确保上扣质量。储气库作为季节调峰和应急供应，要求较高的采出速度，应尽可能选用大尺寸注采管柱。格罗宁根气田系统可在1h内增加$1.2 \times 10^8 m^3/d$的产气能力，可达到每天$4.4 \times 10^8 m^3$的最大采出量。

（三）固井工艺

储气库注采井在长庆油田生产运行时，水泥环在交变应力条件下，很容易产生微裂缝、微环空，产生气窜和套管带压风险。为提高固井质量，提高井筒完整性，国外普遍做法是储气库注采井设计上要控制单层套管下入深度；重视每一层套管的固井质量，水泥返至地面；采用韧性膨胀水泥，减少应力交变对水泥环的影响；或采用自愈合水泥技术，填充后期产生的微裂缝；固井质量检测仍以VDL为主，关键井采用声波成像技术测井。

（四）储层保护及改造

对于低压油气藏型储气库应采用储层专打的原则。在储层压力过低情况下，在新井钻井前可采用对储层先补充压力（注入气体或其他介质）达到可以进行对储层不伤害的情况下再安排新井钻进。对于注采井防砂及措施作业的要求，各公司认识不同，Geostock 和 Schlumberger 储气库建设者认为裸眼或筛管完成更有利于注采，TIGF 和 Norg 储气库初期采用了防砂筛管，由于采气压差低、出砂量很小，改为普通筛管。鉴于储气库完整性要求，原则上不进行压裂改造，若个别注采井存在堵塞和伤害，一般采用酸洗解堵。

（五）储气库生产运行

据 2009 年英国地质勘察局统计，全世界发生的储气库安全事故有 100 多起，其中有超过 27 起的储气库生产事故与盖层的完整性相关，有超过 60 起事故与井筒完整性相关。因此，国外储气库建设特别重视储气库气藏模拟工作，实现全寿命周期气藏模拟，为方案优化、生产优化奠定基础；重视监测井方案设计，监测内容包括盖层封闭性、断层连通性、气水界面、构造最大溢出点、上部其他储层压力变化；重视岩石力学、管柱力学等基础性研究；重视建井质量的管理，法国 TOTAL 公司的 TIGF 储气库已安全运行了 50 年。

第二节 国内储气库建设概况

国内的地下储气库建设起步较晚，20 世纪 70 年代在大庆油田曾经进行过利用气藏建设气库的尝试，而真正开始研究地下储气库是在 20 世纪 90 年代初，随着陕甘宁大气田的发现和陕京天然气输气管线的建设，才开始研究建设地下储气库确保京津地区供气安全。

目前，为保证北京和天津两大城市的调峰供气，在天津附近的大港油田利用枯竭凝析气藏建成了 4 个地下储气库，即大张坨地下储气库、板 876 地下储气库、板中北储气库板中南储气库。目前已形成的总调峰气量为 $18.5 \times 10^8 m^3$。为保证"西气东输"管线沿线和下游长江三角洲地区用户的正常用气，在长江三角洲地区内的江苏金坛盐矿和江苏刘庄气田建设地下储气库，2 个储气库设计总工作气量为 $20 \times 10^8 m^3$。在华北地区，为确保京津地区的安全稳定供气，华北油田的京 58 储气库群已形成 $3.1 \times 10^8 m^3$ 工作气量。截至目前，现役的大港、华北、江苏刘庄 3 座储气库形成工作气量约为 $21.6 \times 10^8 m^3$，已建成储气库情况见表 2-6。

表 2-6 中国石油已建储气库统计表

类别	库群	序号	库名	库容 ($10^8 m^3$)	设计工作气量 ($10^8 m^3$)	投运时间 (a)	有效工作气量 ($10^8 m^3$)
已建储气库	板桥库群	1	大张坨	17.81	6.00	2000	18.5
		2	板876	4.65	1.89	2002	
		3	板中北	24.48	10.97	2003	
		4	板中南	9.71	4.70	2005	
		5	板808	8.24	4.17	2006	
		6	板828	4.69	2.57	2007	
		小计		69.58	30.30	—	
	京58库群	7	京58	8.10	3.90	2010	3.1
		8	京51	1.27	0.46		
		9	永22	5.98	3.00		
		小计		15.35	7.54	—	
	合计			84.93	37.84	—	21.6

经过十余年的发展，国内储气库建设技术取得了长足进步，气藏改建地下储气库技术基本成型。在选址评价、库址选择方面，中国石油勘探开发研究院等单位开展了相关研究。在设计与实施方面，国内投运的几座储气库的设计基本达到预期的设计指标。在工程建设方面，目前有 3 座地下储气库建设顺利完成投注，建库过程中应用了各种工程技术，并形成了部分特色技术，在注排机理、渗流机理、建库方式、建库周期等方面取得了突破。在不同类型储气库研究的同时，逐步形成了一批专业研究队伍，并与国外开展了不同层次的技术合作，加速了中国地下储气库技术的发展。

根据"十二五"规划，中国石油自 2010 年起先后启动了 11 座储气库建设任务，设计工作气量 $145.10\times10^8m^3$。"十二五"计划新建的第一批 6 座储气库中新疆呼图壁、华北苏桥、西南相国寺储气库已于 2013 年中旬开始注气试验，已累计注气 $7.7\times10^8m^3$，长庆油田原拟建的榆林南储气库 2011 年投注，至 2014 年率先完成两轮注采气试验，取得第一手试验资料，由于气藏圈闭等技术问题目前停建，接替的建设区块为 S224 储气库，目前已正式投运。"十二五"第二批待建的吉林星六、华北兴 9、长庆陕 43 等 3 座储气库的准备工作正在积极开展。

新建及拟建的储气库见表 2-7。

表 2-7　国内计划新建储气库概况

在建储气库	油气田	储气库（群）	设计库容量（10^8m^3）	设计工作气量（10^8m^3）
"十二五"规划（第一批）	辽河油田	双六	36.00	16.00
	华北油田	苏桥	67.40	23.30
	大港油田	板南	10.10	4.30
	新疆油田	呼图壁	117.00	45.10
	西南油气田	相国寺	42.60	22.80
	长庆油田	S224	10.40	5.00
	小　计		283.50	116.50
"十二五"规划（第二批）	吉林油田	星六	10.99	4.41
		双坨子	11.21	5.12
	华北油田	兴 9	15.42	7.03
		文 23	7.90	3.90
	长庆油田	陕 43	20.80	8.10
	小　计		66.32	28.56
合　计			349.82	145.06

根据"十二五"规划，随着储气库业务的快速发展，"十二五"末期国内气藏型储气库设计工作气量达到 $182\times10^8m^3$，日采气能力将达到 $1.65\times10^8m^3$，建成后将大幅度缓解国内天然气供需矛盾。但与国外相比，中国储气库建设起步晚、规模小、工作气量占天然气消费量比例低，总体上目前仍处于初级阶段，技术水平较低，见表 2-8。

表 2-8 国内外储气库建设水平对比表

地区	类别	储气库	数量（座）	类型	建成工作气量（$10^8 m^3$）	占天然气消费量比（%）
国内	已建	板桥库群	6	气藏型	18.50	2.94
		京58库群	3		3.10	
		刘庄	1	盐穴	0.83	
		小计	10	—	22.43	
国外	已建	—	630	气藏为主	3530.00	11.8

一、国内储气库建设进展情况

（一）储气库建设工程进展

2000—2010 年以来，中国石油天然气与管道分公司组织建设了大港板桥、京58、刘庄储气库，设计库容 $89.6×10^8 m^3$，工作气量 $40.3×10^8 m^3$，实际建成工作气量 $22.43×10^8 m^3$，日最大调峰能力 $2800×10^4 m^3$。

2010 年勘探与生产分公司组织储气库建设，在辽河、华北等地区建设 6 座储气库群，设计库容 $283.5×10^8 m^3$，工作气量 $116.5×10^8 m^3$。钻完井工程方面设计新钻注采井 91 口，已完钻注采井 65 口，正钻 10 口，待实施 16 口；设计新钻完监测井及回注井 14 口，已完钻 5 口，待实施 9 口；设计老井处理 130 口，已完成 111 口，正实施 2 口，待实施 17 口；地面工程方面新疆呼图壁、西南相国寺、华北苏桥储气库地面注气系统配套建成，呼图壁储气库采气系统已建成并于 2014 年 1 月初陆续开始采气，辽河双6、大港板南、长庆 S224 储气库已初步建成，2014—2015 年陆续开展注气。"十二五"第一批储气库建设工程完成情况见表 2-9。

表 2-9 "十二五"第一批储气库建设工程完成情况表

建设单位	设计工作量（口）						实施情况（口）					
	注采井		监测回注井		老井处理		注采井		监测回注井		老井处理	
	新钻	老井	新钻	利用老井	封堵	利用	完成	正施工	完成	正施工	封堵	检测利用
辽河双6	15	0	3	2	41	2	10	0	1	0	40	0
华北苏桥	18	11	0	11	13	22	14	3	0	0	3	2
大港板南	7	3	1	7	4	10	6	0	0	0	4	0
西南相国寺	16	0	5	3	18	3	8	2	0	0	21	0
新疆呼图壁	30	0	5	0	10	1	26	3	4	0	10	0
长庆S224	5	3	0	3	4	2	3	0	4	2	0	2
合计	91	17	14	26	90	40	67	8	9	2	78	4

2013 年初，按照中国石油天然气集团公司商业储备规划需要，开展储气库前期评价研究，新筛选吉林长春、双坨子，华北兴9、文23，长庆陕43 等 5 座储气库作为第二批储气

库建设目标。截至目前，长春、双坨子完成初步设计审查，待批复；兴9可研已批复，初步设计已完成；文23待老井处理成功后批复，长庆陕43概念设计已完成。5座储气库方案设计总库容66.3×10^{8}m^3，总工作气量28.6×10^{8}m^3，建设工作将于2014—2015年陆续开展。

为了保证储气库可持续建设和发展，中国石油长庆油田、华北油田开展了第三批库址筛选评价工作，提出长庆油田S203区块和苏39-61区块，华北油田的梅厂、大五、葛2含水层等5个评价目标。其中长庆油田S203区块已完成600km^{2}三维地震采集、处理、解释，落实有效气藏面积；完钻注采水平井1口，评价井2口，开展了12口气井试采，放压生产，落实单井生产能力及气质组分分布规律。苏39-61区块完钻10口下古井（含评价井2口），基本落实有效储层气层厚度、储层展布范围及连通性。华北油田完成大5、梅厂和葛2三个目标36条496km二维地震采集、处理及解释工作，新钻评价井1口，完成盖层段和盖层以上有利层的钻井取心工作，完成1井次的老井复查工作。

（二）储气库建设技术进展

（1）为了指导储气库建设，中国石油勘探与生产分公司组织有关单位和专家编制完成了《油气藏型储气库钻完井技术要求（试行）》。

该技术要求经现场实践多次修订完善。枯竭气藏型储气库地层压力低于原始地层压力，钻井和固井施工难度较大，为了提高井眼质量和固井质量，要求从设计的源头高度重视钻井井眼质量和固井质量，针对实钻过程中面临的难点与存在的问题，结合国外储气库建设新的理念和认识，主要突出了对气密封套管选择与气密性检测、井眼质量控制、固井施工前准备、水泥浆技术指标、盖层段固井质量要求、水泥胶结质量检测方法以及老井封堵的要求。

（2）对引进的弹性和柔性水泥浆体系进行了取样评价，制定了"储气库韧性水泥技术要求"。针对固井问题，组织了中国石油钻井工程技术研究院、西南石油大学、中油海勃星公司、川庆钻探四川井下公司对斯仑贝谢公司的"弹性"水泥进行了取样评价，并与国内改性水泥主要性能指标对比评价。提出国内储气库"韧性"水泥概念，确定了抗压强度、抗拉强度、膨胀率等5个主要评价指标，制定了《储气库固井韧性水泥技术要求（试行）》规范。

（3）为了指导国内储气库油套管选材工作，中国石油石油管工程技术研究院结合储气库工况要求对油套管设计进行了系统评价。

（4）开展了储气库注采井固井质量的技术评价。中国石油勘探与生产分公司组织钻完井技术专家深入现场，对储气库新钻井及老井处理、井眼质量和各层套管固井质量、气密扣套管检测、固井施工、钻井事故复杂分析以及现场监督管理等方面开展了深入检查。监督和验证新规范和技术要求的贯彻情况，对已完成井的固井质量重新评价分析和诊断，重点对生产套管全井段固井段和储气层以上的盖层段固井质量进行详细分析。结果表明长庆油田榆林南储气库试验井钻完井工程质量达到设计指标，生产套管固井质量优良，满足储气库井的质量要求；西南相国寺储气库由于地质条件复杂，过路显示层多，目的层埋深具有不确定性，井眼控制及固井难度大，固井质量位列第二。新疆呼图壁储气库因盖层固井裸眼段长，并夹有高压层，固井难度大；华北苏桥储气库盖层固井裸眼段长，储层埋深，地层承压能力低，保障固井质量的难度最大。为此，中国石油勘探与生产分公司组织业内专家针对华北苏桥固井施工设计、套管变型处理、事故复杂分析、国际技术引进以及辽河储气库老井封堵等技术难题开展了多次专题技术讨论会。通过不断评价分析和优化，国内各储气库固井配套技术基本成型，形成了各自的技术特点。后续新钻井固井质量取得明显进步，通过井身结构优化、井眼轨迹控制、井眼质量保障、韧性水泥等技术的推广应用，强化固井施工前承压堵漏等准备工作，储气库后续井的固井质量取得大幅度提高，各家盖层段固井质量合格率和优质率均达到80%以上，其中辽河双6储气库盖层段优质率由79.4%提高到93%，新疆呼图壁储气库盖层段优质率由63%提高到78.3%，华北苏桥储气库盖层段平均优质率由53%提高到79.5%。

（5）各储气库承建单位在不断探索储气库钻完井技术的过程中，也不断积极摸索技术管理方法，取得了一些有益的经验。

新疆呼图壁储气库组织新疆油田公司与西部钻探公司成立联合专家组，建立例会制度，及时总结分析，重点工序施工现场技术把关。加强储气库项目经理部组织机构，储气库项目经理部经理由新疆油田公司副总工程师担任，增设一名主管钻井工作的副经理，并增设固井专业岗。技术上，以固井质量为中心，井眼准备、下套管作业、水泥浆化验、固井施工等有效控制各施工环节。地质工程一体化、加强现场地质服务。地质录井精细跟踪，卡准三开完钻井深；加强综合录井监测，及时提示工程风险；为满足固井工程精细化设计，现场测井处理提供的井径和井斜数据由原来的1点/1m细化到1点/0.5m。强化气密封检测，确保井筒完整性。三开9⅝in技术套管气密封检测由下部300m增加为安集海河组（盖层）800～1000m全部井段检测。调整尾管固井弹性水泥浆密度，提高水泥石强度。7in尾管采用弹性水泥固井，水泥浆48h强度由10.75MPa提高到14.7MPa。

辽河双六储气库针对尾管固井出现的问题，采取短程起下钻、通井等工艺措施消除钻井过程中出现的键槽、糖葫芦型不规则井眼，保证套管的顺利下入和为提高水泥浆驱替效率提供良好的井眼条件。油层套管有效地避免了管外封隔器失效的问题，固井质量也达到了储气库注采井的质量要求。

二、国内储气库钻完井工艺技术特点

国外储气库事故绝大部分是由于气井完整性受到破坏引起的，储气库气井受交变注采应力、温度交替变化、腐蚀环境等多因素作用，一口井发生意外，就有可能报废一座储气库。同时科学的注采方案，合理控制注采气速度和注采方式，是保障储气库特别是含水气藏改建储气库高效达容的关键措施。因此储气库建设、运行应不断完善配套技术，加强以井筒完整性和高效运行为核心的储气库关键技术攻关与技术储备。中国通过自主创新和实践，摸索形成了自己的储气库配套技术，尽管固井技术等核心技术距离国外还有较大差距，但还是形成一些自己的储气库建井技术特点。

国内已建储气库井型以定向井和水平井为主。定向井井身结构以三开为主，水平井主要以四开为主，悬挂尾管完井。生产套管采用分级或回接固井工艺，保证水泥浆上返至井口，以提高井筒的完整性。采用储层专打技术，应用屏蔽暂堵技术保护储层，储层改造方式借鉴国外经验，以酸化为主。储气库注采井生产套管、油管均采用气密封扣，以保证井筒密封性；井口设备、完井工具的材质根据气质，按照防腐标准选择，保证井筒寿命；完井管柱中采用井口安全阀和井下安全阀，保证注采井后期运行安全。国内已建储气库主体工艺见表2-10。

通过技术研究和实践探索，国内储气库在钻完井技术方面形成了以下一些技术思路。

表 2-10 国内已建储气库主体工艺

气库名称	气库类型	气层岩性	压力系数	H₂S含量（mg/m³）	井型选择	井身结构	固井工艺	储层保护技术
大港气库	枯竭气藏	砂岩	0.75	无	直井定向井水平井	三开；7in 生产套管；3.5~4.5in 注采管柱	分级固井	屏蔽暂堵
华北气库	枯竭气藏	碳酸盐岩	0.3~0.45	12.5	直井定向井水平井	三开和四开；悬挂7in筛管，7in套管回接、3.5~4.5in 注采管	分级固井	屏蔽暂堵
江苏金坛	盐穴溶腔	盐层	0.68	无	直井	三开；9⅝in 生产套管，7in 注采管柱	一次上返	—

（一）储气库注采井井型选择

大港油田 1999—2013 年建设完成 6 座储气库。其中大张坨储气库是中国第一座大型地下储气库，利用未枯竭凝析气藏改建而成，共有 4 台注气压缩机，15 口注采井，形成有效工作气量 $6×10^8m^3$，日调峰能力 $1000×10^4m^3/d$，单井日注采气量为 $(60~100)×10^4m^3/d$，注采压力 15~30MPa。前期注采井型多采用丛式定向井，丛式井井场布置可减少平台的建设，减少土地的征用，减少管线的铺设，降低建设成本，保证了按时竣工投产，有利于今后的生产管理。建设后期大港油田从气藏原始生产情况分析，大港气藏顶部的井产气能力可达到 $12×10^4m^3/d$，位于油水界面附近的井产能较低，只有 $5×10^4m^3/d$ 左右，而按水平井设计，单井生产能力提高至 $60×10^4m^3/d$，目前大港板桥储气库群新建注采井主要采用水平井设计，建井 71 口，设计工作气量 $30.3×10^8m^3$，形成工作气量 $18.5×10^8m^3$，日注气能力达到 $1305×10^4m^3/d$，日采气能力达到 $3400×10^4m^3/d$。

大港及华北等储气库前期建设经验表明水平井在地下储气库中的推广应用取得重大进展，水平井的注采试验证明了这种井型符合储气库注采井大进大出的需要。

水平井具有众多优点，可以大幅提高井的产出能力；可以利用现有气藏模拟结果预测精确的水平井注采速度；水平井由于有更大的泄气半径，可以提高采收率，尤其是在较薄的气藏中效果更明显，还可以大幅度减少所需新钻井的数量，降低建设成本。长庆油田榆林南储气库水平井水平段长设计均在 1500m 以上，单井注采试验可实现 $160×10^4m^3/d$ 注气，$120×10^4m^3/d$ 的采气速度，效果非常明显。目前其他储气库井设计基本以水平井和定向井为主。

（二）储气库注采井井身结构

注采井的主要特点是大气量注采，要求生产套管的直径尽量大，满足大气量要求。通过前期的研究和试验，国内目前已基本形成了满足储层专打、大吞吐的井身结构优化设计技术。其中四开水平井井身结构具有一定代表性，在保证井筒密封性上具有较大优势。西南相国寺储气库通过井身结构优化，在满足生产需求的同时，降低了钻井过程中的复杂事故率和安全风险，缩短周期 60 余天，其井身结构如图 2-7 所示。

华北储气库实现了储层专打，将 φ244.5mm 及 φ177.8mm 尾管坐进潜山 2~3m，完井采用 φ177.8mm 生产套管生产以保证注采吞吐量，其井身结构如图 2-8 所示。

大港储气库早期采用二开井的井身结构（φ273.1mm 表层+φ177.8mm 生产套管），三开井采用 φ508mm 表层+φ273.1mm 技术套管+φ177.8mm 生产套管的结构。目前采用的四开水

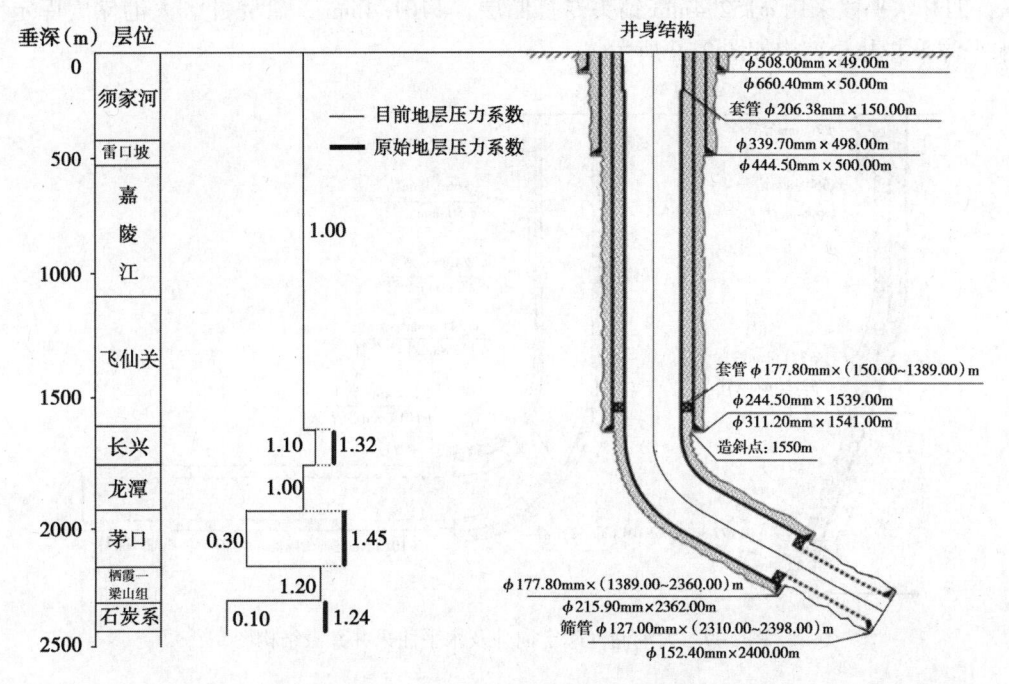

图 2-7　相国寺储气库井井身结构图

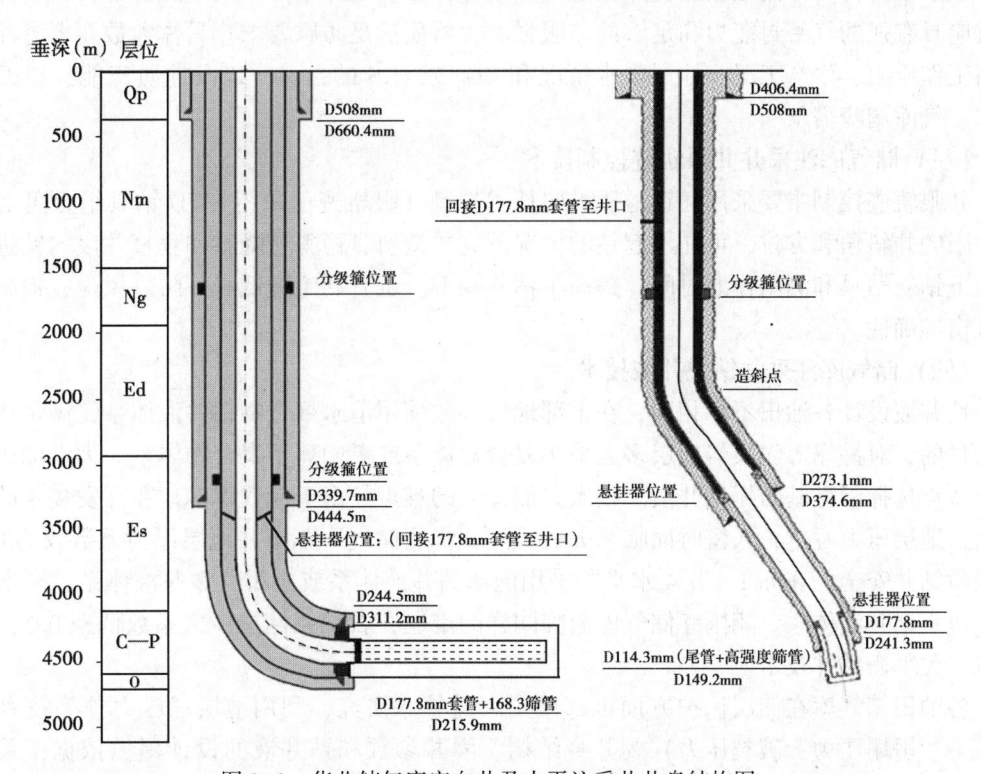

图 2-8　华北储气库定向井及水平注采井井身结构图

平井结构，一开时采用 ϕ508mm 表层套管封固平原组的流沙及软土层，二开 273.1mm 技术套管封固馆陶组地层，三开 ϕ177.8mm 生产套管封固储层顶部，回接筒下至技术套管以上

17

80m，四开水平段采用 ϕ152.4mm 钻头专打储层，ϕ101.4mm 筛管完井。大港储气库定向井及水平注采井井身结构如图 2-9 所示。

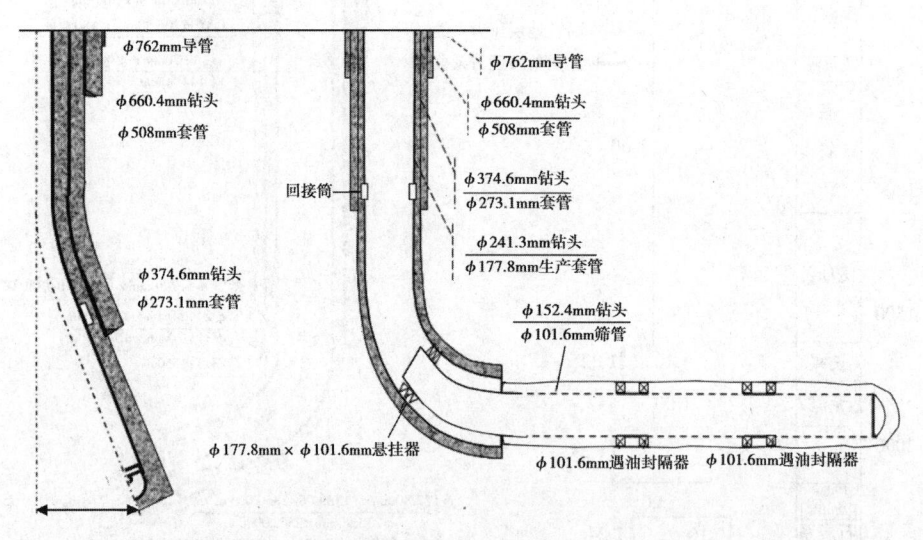

图 2-9 大港储气库定向井及水平注采井井身结构图

生产套管材质方面根据储气库储层气质组分，以满足注采井长周期运行为目的，油套管螺纹应具有强的气密封能力和足够的屈服强度，材质满足防腐要求。具体参数要考虑注采井最高工作压力、生产工况、地层含水情况和 CO_2 或 H_2S 的含量，以及地质产能、地面工程要求、气库调峰需求。

（三）储气库注采井井眼轨迹控制技术

井眼轨迹控制主要采用随钻地质导向技术控制井眼轨迹，采用 LWD 钻具组合可随时监测井眼的井斜角和方位，可在不起钻的情况下完成造斜、稳斜、降斜和垂直井段的钻进，减少起下钻换钻具和测斜作业时间，提高了钻井效率。也有利于降低邻井防碰风险，提高水平井入窗准确性。

（四）储气库注采井钻完井液技术

钻井液设计各油田不尽相同，在上部地层多数使用清水聚合物钻井液体系，满足快速钻井的目的，对易塌等泥页岩地层多数采用复合盐体系或者阳离子聚合物体系。大港油田根据地层特点选择了硅基防塌钻井液。技术方面最大的难点是由于储气库多建在开发多年的老区块上，地层压力亏空，入窗时面临漏失的风险，华北储气库苏 1 井地层压力系数仅为 0.24，为保障钻井安全，在苏 1、苏 4 水平井采用泡沫钻井液体系或充氮气钻井液体系，顾辛庄选用油包水钻井液体系。相国寺储气库面临同样的难题，石炭系储层压力系数低至 0.1，采用了氮气欠平衡钻井技术。

各油田储气库在储层保护方面也都做了大量技术研究，利用地层三压力预测技术（孔隙压力、坍塌压力、破裂压力）为井身结构、固井参数和钻井液的设计提供依据，采用储层专打技术，快速钻进储层，减少储层的浸泡时间。钻完井液体系方面多针对储层的孔喉直径选择屏蔽暂堵体系保护储层。固井过程中为防止全井段水泥浆产生的液柱压力压漏储层，造成储层伤害，各家储气库设计了两级固井方法，采用分级箍固井或者回接固井工艺，既保证了固井时不压漏储层，又将水泥浆返至地面，实现了生产套管全程固井，确保注采井的井筒完整性。

（五）固井工艺技术

储气库井长期处于注、采气的工况条件下，套管需要长期承受由于温度和井内压力变化所造成的交变应力，为防止套管变形以及套管与管外水层接触发生电化学腐蚀，储气库要求各层套管固井水泥均应返至地面，实现套管全程固井，以提高套管使用寿命和安全性。所以固井质量的好坏直接关系到所钻井能否作为储气库注采井使用，气层以上盖层段若未胶结良好，将导致该井无法进行注采，而只能作为监测井，甚至报废，造成巨大浪费，也为整个储气库安全运行带来隐患。

为了保证生产套管在储层和盖层段的固井质量和水泥浆返到地面的要求，国内储气库普遍采用分级或回接注水泥的方式固井。通过计算安放分级箍或回接筒的位置，优化设计套管扶正器的加装方式、加装位置、加装类型。在水泥浆设计中，优选水泥浆体系，严格控制 API 失水。为了防止水泥浆在凝固过程中的收缩，在水泥浆中添加膨胀剂，保证封固质量。

作为储气库建井的核心技术，国内固井技术目前相比国外还有较大差距，各储气库建设方均开始尝试和国外石油公司合作试验柔性水泥浆体系、自愈合等水泥浆体系，由于缺少技术标准和各储气库储层差异，个别试验井未达到预期效果。国内一些大学和科研院所也在积极开展类似的水泥浆体系研究和现场试验，研发了两套固井水泥浆体系，研制出新型压胀式封隔器和双向悬挂密封一体式筛管悬挂器，固井配套工艺技术基本形成。

（六）完井管柱设计

国内早期储气库注采井完井管柱尺寸主要为 3½in 油管或 4½in 油管，为了保证大气量注采，目前在建储气库多采用 4½in 或 5½in 油管。采用封隔器保护套管，实现了安全生产。配套测试短节，满足测试要求。管柱配套流动短节或伸缩短节，具有自动伸缩功能，可抵消"注气"和"采气"时的应力交变。完井管柱配套井下安全阀，可实现井下自动关井，保证储气库井的安全生产运行。

第三节　储气库钻完井技术面临的主要问题

储气库运行寿命对建井工程的质量要求很高，目前制约中国储气库建设快速发展的主要技术问题是涉及井筒完整性的核心技术还处于探索阶段，相关的技术规范和标准还不成熟，评价体系不完善，而国外资料涉及钻完井核心技术报道很少，没有多少直接可用的工艺技术。国内在大港、华北油田早期建设经验的基础上，通过几年来不断的研究和实践，储气库建井技术取得了长足的进步，得到了一些重要认识，在钻完井方案设计上，各油田结合自身地质特点形成了自己的特色，取得了一些重大技术进步，已完成一批高难度的注采试验井，为国内储气库大面积规模开发奠定了基础。但从总体上看，目前国内储气库还处于建设初期阶段，技术水平还比较低，已建成储气库的工作气量远没有达到设计的工作气量，钻完井工程还有很多技术瓶颈没有突破，安全运行方面也还欠缺经验，还没有形成储气库建设的标准技术规范和设计标准。

储气库注采井具有注气、采气双重功能，以一年为周期循环注采，对钻井、固井、完井的质量性能要求远高于油气生产井。储气库注采井要求在短时间内采出工作气，与常规气井配产制度不同，日注采气量远大于常规生产气井，若按长庆储气库设计工作气量 $50 \times 10^8 \mathrm{m}^3$

要求，调峰时间4个月，井数50口计算，单井日调峰能力将达到$100\times10^4m^3/d$左右。储气库注采井钻完井关键技术难点主要是井型及井身结构设计必须满足百万立方米工作气量吞吐要求，要满足钻井和完井工艺要求；固井质量必须满足注采井筒在交变压力下长期保持密封性；储层保护技术方案必须将储层伤害降低到最低限度，满足强注强采的要求。注采井调峰能力、井筒密封性、运行寿命等对钻完井工艺技术的要求要比常规开发井苛刻得多。

第三章　岩性气藏储气库地质概况

为探索岩性气藏建设储气库的可行性，长庆油田开展了不同储层类型及物性条件岩性气藏的储气库建设前期评价工作，分别在上古生界碎屑岩气藏和下古生界碳酸盐岩气藏进行了储气库的库址筛选及评价试验。

第一节　岩性气藏地质特点

岩性油气藏，是指由储集岩性质改变或岩性连续性中断所形成的圈闭中聚集油气而形成的油气藏，又称岩性圈闭油气藏。

储层岩性的纵横向变化可以在沉积作用过程中形成，也可以在成岩作用过程中形成，但大多数岩性圈闭是沉积环境的直接产物。由于沉积环境不同，导致沉积物岩性发生变化，形成岩性上倾尖灭体、透镜体圈闭。在岩性变化大的砂泥岩沉积剖面中，常见许多薄层砂岩互相参差交错。有的层状砂岩体顶底均为不渗透泥岩所限，在横向上也渐变为不渗透泥岩，砂岩体呈楔状尖灭于泥岩中，形成砂岩上倾尖灭圈闭；有的砂岩体呈透镜状，周围均被不渗透层所限，为砂岩透镜体圈闭；在一些渗透性很差的致密砂岩中，由于渗透性不均，也可见到低渗透砂岩中出现局部高渗透带，也可以形成局部的岩性透镜体圈闭。岩石在成岩和后生作用期间，由于次生作用可使地层的孔渗性发生改变，使渗透性岩层的一部分变为非渗透性岩层，或使非渗透性岩层中的一部分变为渗透性岩层，也可以形成岩性圈闭。在碳酸盐岩地区，由于易于发生溶蚀和次生作用，也易在成岩阶段形成岩性圈闭。

国内外已建的储气库多为构造圈闭，圈闭边界清楚，目标层厚度一般较大且分布较为稳定，易满足储气库建设要求。鄂尔多斯盆地是中国大型沉积盆地之一，盆地中部为一南北向长方形刚性的西倾斜坡，坡度不足5°，构造相对稳定，对油气藏形成起重要作用。在盆地内上古生界主要发育二叠系山西组、下石盒子组的陆相碎屑岩沉积，形成大量透镜状岩性圈闭、上倾岩性圈闭的砂岩岩性气藏；下古生界发育下奥陶统马家沟组岩溶型碳酸盐岩储层，为岩性—风化壳圈闭气藏。气藏分布受构造影响不明显，主要受储层的平面展布和储集物性变化所控制，总体具有埋藏深（3000~4000m）、圈闭边界不明确、储层厚度相对较薄、储层低孔低渗且非均质性严重、压力系数低、储量丰度低等特点，导致气井产量普遍偏低，大部分井在不实施压裂等工艺措施情况下，很难达到工业气流，这对建设储气库提出了更高的要求。

在岩性气藏上建设储气库对钻完井技术来说也是个巨大的挑战，岩性气藏储层厚度薄，非均质性强，井型、钻完井方式的选择应合理，才能实现单井大气量的注采。要高度重视井眼轨迹控制技术，实现对目的层的精确入靶。需要不断优化大井眼钻完井技术，为固井创造良好井眼环境。岩性气藏地层压力系数普遍较低，储层丰度低，给储层保护和改造技术带来困难。

第二节 储气库选库原则

储气库试验区选择主要考虑地质条件、气藏完整性、库容量、工作气量等要求。由于缺乏相关的建设经验,主要借鉴国外的建库理念和技术方法,结合长庆气田自身特点开展储气库库址筛选工作。

一、气库规模适用性原则

要求气库的库容量、工作气量、日调峰气量可以达到建库期望值。根据已建储气库经验,一般不把大型气田作为储气库,据统计,国外（1~20）$\times 10^8 m^3$ 的储气库占总量的95%。储气库注采井的井深也不宜太深,国外注采井井深为300~2000m 的井占总量的90%。长庆各大气田平均埋深在3000m 以下,属于岩性气藏,埋藏较深,岩性气藏的储集空间大,因此可以作为战略储备库,兼具调峰功能。

二、气库环境适用性原则

气库的建设与使用要求具有安全性、交通便利、气候适宜、施工方便、地理位置接近主要用户或主输气管网等。储气库一般尽可能靠近目标用户,可以大幅度降低地面建设和运行成本,保证及时满足下游用户的需要。长庆三大主力气田——靖边、榆林及苏里格气田地处陕北地区、内蒙古,距离京津、沪杭等沿海经济发达区都很远,不适宜作为调峰储气库。但长庆气田所处地理位置也有其独特的重要地位,首先长庆处于天然气管道枢纽位置,新疆、青海等西北地区的气田乃至由俄罗斯、中亚等国家地区引入的天然气都要经过长庆。另外长庆天然气管网工程基本完善,陕京线、西气东输等管道基本覆盖了京津冀地区、上海、西安等大中型城市。长庆气田作为战略储备库的地理位置是其他油气田无法比拟的。

三、气库地质适用性原则

建设储气库的气藏或地质体要求构造形态落实,盖层及断层封闭性强,储层分布稳定且连通性好,单井注采能力大,流体中一般不含 H_2S 等有害气体。首先,储气库储气层必须是一个相对封闭的空间,周围有遮挡,储气层上、下岩层的封隔能力要好,避免注入气的逸散或者进入其他层,降低工作气量,甚至引起运行安全问题。国外就有天然气窜入水层进入居民家中水管道,引起爆炸的事故。储层应有较高的渗透性和弱敏感性,保证良好的注入和采出速度;储气库区内老井应尽量少,降低安全风险和老井处理的成本。

其次,储气库气藏尽可能不含 H_2S、CO_2 等酸性和有毒有害气体。含硫气田建设储气库将带来井筒工程和地面工程成本的大幅度攀升,后期安全生产运行的成本也很大,国外一般不采用这样的气田作为储气库。长庆靖边气田以下古生界气体为主要开采目标,气质以低含硫为主,个别区块 H_2S 含量中等—高。榆林和苏里格气田主力储层为上古生界气藏,气质组分中基本不含硫或微含硫,可作为主要筛选目标。另外,对于衰竭油气田,注气时干气和地层湿气是否混相目前还没有统一的认识。就国外一些研究和实验来看,不混相的可能性也是存在的,也就是说衰竭性含硫气藏也可以用来建设储气库,国外一些研究部门已经开始研究注入惰性气体,例如氮气和二氧化碳气体充当垫气,来降低成本,隔离干气和湿气;但国内还无此实例,需要开展现场注采试验,摸索含硫气藏注采过程中的酸性气体变化规律。

四、气库经济最优化原则

可凭借已有的信息、设施、技术、管理、人员等条件减少投入，增加气库副产品产值，从而使气库自身的投入产出比与天然气生产、集输、销售全系统的投入产出比最优。因此，要求储气库尽可能以最少的井数建成，单井井眼尺寸大、注采气量大。长庆气田分布面积广阔，部分区块特别是早期开发的一些气区单井产量较高，目前已开发十余年，采收率一般在30%~50%，较适合建设储气库，可以采取"优中选优"的办法筛选合适的储气库址。同时，储气库区目前地层压力不宜太低，否则需注入太多的垫底气，钻井上也面临漏失和储层伤害等问题。靖边气田开发时间较长，目前地层压力系数较低（在0.3~0.5左右），可以满足储气库建设的要求；榆林气田处于开发中期，苏里格气田还是一个较为年轻的气田，储气库目标的接替还有较大的空间。

根据储气库筛选的基本原则和方法，长庆油田对三大气田内具备建库条件的各区块进行了技术筛选。依据"从简到难、分批实施"的原则，初步筛选出榆林气田南区开展上古生界碎屑岩气藏建库的钻完井和注采试验、靖边气田S224区块开展下古生界碳酸盐岩酸性气藏储气库建设试验，积极探索上、下古生界气藏建库的可行性。

第三节 岩性气藏储气库建设区地质概况

一、榆林气田南区地质概况

榆林气田位于鄂尔多斯盆地东北部的陕西省榆林市境内，以无定河为界，北部被沙漠覆盖，南部为典型的黄土塬地貌。地面海拔一般在950~1400m之间。榆林气田主力勘探开发层位为上古生界山西组山$_x^y$段。

榆林气田南区于2001年投入规模开发，是长庆油田公司投产较早、单井产量相对较高的主力气田之一（图3-1）。榆林气田南区建成集气站12座，处理厂1座，建成集气干线3条以及相应的集气支线、采气管线等；合作区共建集气站4座，处理厂1座，地面管网匹配较为完善。

（一）气藏地质概况

榆林气田区域构造位于伊陕斜坡东部，为一宽缓的西倾斜坡，坡降3~10m/km，地层平缓，以发育大型岩性圈闭气藏为主。榆林气田山西期是海陆变化转折期，具有海相三角洲性质，山$_x$段砂体沉积于太原组陆棚泥岩之上，砂体中发育双向交错层理和低角度冲刷交错层

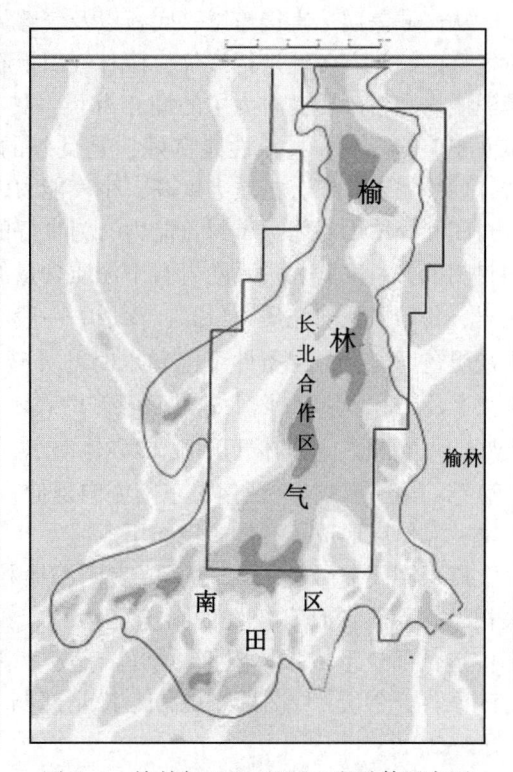

图3-1 榆林气田山西组山$_x^y$段砂体展布图

理，受海水改造作用明显。山$_x$段沉积砂体呈近南北向或北东—南西向带状展布，其分布主要受三角洲平原分流河道、三角洲前缘水下分流河道和河口坝微相控制。古海岸线位于府谷-榆林-靖边一带，榆林气田南区处于海岸线以南，为三角洲前缘亚相沉积，水下分流河道沉积砂体发育，单个砂体厚达十几米；水下分流河道的纵、横向切割形成规模较大的侧向或垂向叠置复合砂体，多表现为多个正粒序的叠加，"二元结构"不发育。砂体复合厚度10~30m，东西宽约20~40km，其中山$_x$砂体厚度为0~26m，平均10.1m，为主要的储集层和产气贡献层。山$_x$小层主要发育石英砂岩，储层孔隙度主要分布在4%~8%，平均孔隙度5.36%，渗透率平均为7.05mD，储层物性呈现低孔、较高渗的特征，储集空间以残余粒间孔为主，其次为高岭石晶间孔、溶蚀孔，孔隙结构具有大孔喉、粗歪度的特征。

榆林气田为局部见弱边水的定容弹性气驱、岩性干气藏。榆林气田南区山$_x$段气藏埋深为2650~3200m，气层中部海拔主要在-1900~-1500m之间。原始地层压力多在24~30MPa之间，平均27MPa，压力系数0.94MPa/100m，属于正常压力系统。气藏温度一般为75.8~97.8℃，平均86.0℃，气藏温度随埋深线性增加，属于正常温度系统范围。

储层流体性质中，CH_4含量在94%左右；H_2S含量为1.42~7.07mg/m^3，平均为2.39mg/m^3；CO_2含量为1.7%；相对密度为0.5682。储层基本不产水，水气比稳定在0.082m^3/10^{4}m^{3}左右，属凝析水。产出液总矿化度为4761mg/L。

岩心实验分析结果表明，榆林气田山西组储层主要表现为弱—中水敏、弱—无酸敏、中等偏弱速敏、弱盐敏。

（二）气藏圈闭情况

从区域盖层、直接盖层、底板以及气藏周边等多方面，采用宏观与微观相结合的方法，对气藏的圈闭有效性进行评价。榆林气田上石盒子组泥岩是上古生界气藏的区域盖层，为一套泥质岩和粉砂质泥岩为主的湖相沉积，具有泥岩厚度大（60~80m）、横向连片性好、分布面积广的特点，封盖性能良好，是良好的区域盖层。分布在山$_{x-1}$、山$_x$段储层之间的泥岩、砂质泥岩、煤有机质丰度高，生气能力强，且分布较为稳定，平均厚度35.7m，具有物性封闭和烃浓度封闭双重封盖能力，为良好的直接盖层。模拟分析实验也进一步证实了盖层的封闭能力。实验表明，随岩石中泥质含量的增加封闭性增强，山$_x$段气藏盖层普遍发育的泥岩、粉砂质泥岩泥质含量高，渗透率一般小于10^{-3}mD；岩心气体突破压力测定显示，山$_x$段灰黑色泥岩在地层条件下饱和水时的突破压力最低为30.07MPa，由此推测山$_x$段直接盖层突破压力在30MPa以上，具有较好的封闭性。山$_x$段气藏底板为太原组致密石灰岩，具有良好的封隔能力。榆林气田山$_x$段砂体向东、南、西等各方向逐渐变薄至尖灭，形成有效侧向遮挡；山$_x$段砂体向西南、东南方向延伸，且发育较好，但气藏外围局部发育水体、储层致密，对储层形成了有效遮挡作用。

储层圈闭有效性的综合评价表明，榆林气田南区山$_x$段气藏的区域盖层、直接盖层、底板发育稳定，具有较好的封盖能力；气田东、西两侧及南部为致密岩性遮挡带，西南部构造低部位形成水体阻挡，均能有效封堵天然气的侧向外溢，满足建设储气库较好的封闭条件。但是，榆林气田南区其北部与长北合作区砂体连通性好，不具备封隔条件（图3-2）。

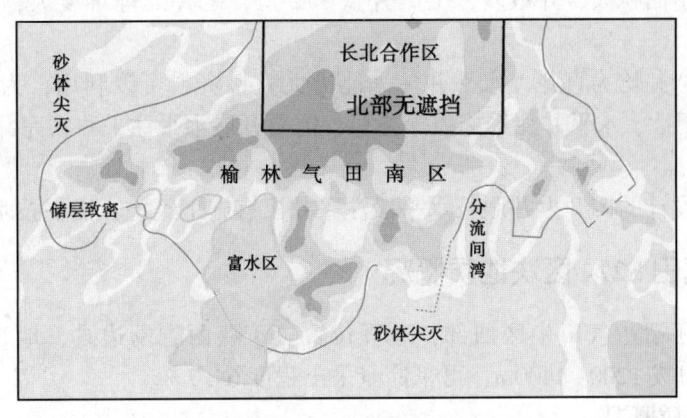

图3-2 榆林气田南区圈闭有效性评价图

(三) 建库优劣势分析

1. 有利因素

(1) 属不含硫到微含硫气藏，地面处理难度小。试气组分中H_2S含量平均为10.9mg/m^3，CO_2平均为1.68%。

(2) 距离长输管道较近，地理位置优越。陕京1线、陕京2线、西气东输等管线均经过长庆气区。

(3) 储层稳定，厚度大，渗透性适中，产量中等。山$_x$砂体稳定分布，有效储层厚度平均6.0m，试井解释渗透率7.05mD。榆林南区目前单井产量$4.2×10^4m^3/d$，油压10.2MPa，套压12.2MPa。

(4) 盖层、隔层岩性纯，密封性较好。上石盒子组上部地层泥岩厚度大，横向连片性好，是良好的区域盖层，分布在山$_x$段储层之间的泥岩、砂质泥岩，封盖能力较强，构成了气藏的直接盖层。

(5) 产水量少，便于运行管理。目前南区井均日产水$0.57m^3$。

(6) 气藏埋深相对较小（较靖边气田浅）。榆林气田埋深一般在2650~3100m，平均2841m。

(7) 榆林气田经过长期开发生产，动静态资料丰富，地质储量基本落实，动态储量规模大。概算南区动储量超过$300×10^8m^3$，建库工作气量具备较大潜力。

2. 不利因素

(1) 气藏边界复杂，封闭条件具有不确定性。若采用全气田范围，存在管理权限分配问题；若采用长北合作区或南区，二者在地质条件上是连通的，也存在管理协调问题。同时目前对榆林气田砂体分布范围、连通关系等掌握程度，距离建设储气库的要求较远。

(2) 纵向上山$_x$储层上覆地层本身具有砂泥岩互层和局部气藏，其直接盖层为山$_x$顶部煤系地层，具有区域分布特点，试验表明其突破压力大于41MPa，具有一定封闭性，但煤系地层厚度为5~10m，目前完钻探井、开发井均采用压裂改造措施，压裂缝高普遍大于20m，对局部直接盖层是否造成一定破坏，导致山$_x$储层与上部砂体连通，目前尚难以确定，储气库纵向封闭性存在风险。

(3) 榆林气田储层非均质性强，分布范围广，为岩性圈闭，平面上高渗透与低渗透区相互交错，纵向上各小层河道相互叠加，注采指标难以确定。

(4) 榆林气田面积大，井数多，生产井数 172 口，老井处理难度大，前期地质评价难度大。

(5) 南区投产井均为直井，水平井注采能力无直接资料可以利用；为了论证榆林气田南区库区储层封闭性、水平井注采能力等指标，需要开展水平注采井钻完井工艺试验和前期注采试验评价。

(6) 储气库设计的四开大井眼长水平段注采井没有施工经验，面临技术挑战。

二、靖边气田 S224 区块地质概况

S224 区块位于靖边气田中区西部，地理位置位于陕西省靖边县，地表为沙漠、丘陵，地势相对平坦，海拔 1200~1400m，可采储量采出程度 64.7%。

（一）气藏地质概况

靖边气田主要含气层系位于奥陶系马家沟组马五段。马五沉积期，靖边古潜台整体为干旱炎热的气候条件下形成的蒸发潮坪环境，海平面的升降呈高频率、规律性变化，沉积了以白云岩、含膏云岩和膏质云岩为特征的岩石组合。根据岩性组合特征，自下而上依次划分马五$_{10}$—马五$_1$ 共 10 个亚段。主力产层马五$_1$ 亚段岩性以泥—粉晶白云岩为主，夹泥质白云岩、石灰岩及蒸发岩，含少量凝灰岩。其中在马五$_1^x$ 期，主要形成富含石膏结核的细粉晶白云岩，石膏结核被溶蚀改造形成浑圆状孔洞，为靖边气田的主要产气贡献层。

中奥陶世末，加里东运动使鄂尔多斯盆地整体抬升，并经历长达 1.3 亿年的风化剥蚀，缺失晚奥陶世至早石炭世沉积。以稳定克拉通中央古隆起为界，其东侧的靖边古潜台地形为西高东低和向东南倾伏的岩溶大斜坡。该时期表生淋滤岩溶作用十分强烈，形成如树枝状分布的大大小小的侵蚀沟槽，同时，造就了大面积成层分布、具有示顶底构造的斑状、蜂窝状溶孔和溶洞，并伴生有密集的风化裂缝和机械破碎裂缝，最终形成前石炭纪独特的"丘洼相间、沟槽密布"的岩溶地貌特征和溶孔—裂缝型岩溶储层。中石炭世，在奥陶系之上不整合沉积覆盖了一套致密砂泥岩互层，是气藏理想的区域盖层（图3-3）。

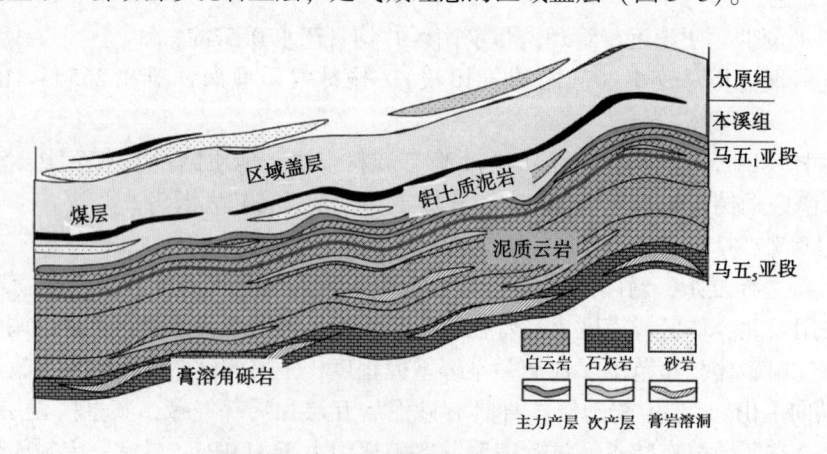

图 3-3 靖边气田储盖组合剖面示意图

靖边气田区域构造位于鄂尔多斯盆地陕北斜坡中部，为相对平缓的西倾单斜，平均坡降 3~10m/km，地层倾角约在 0.15°~0.5°，在极其平缓的单斜背景上发育鼻状、穹形、箕状和盆形等一系列小幅度构造，不具备圈闭和分隔气藏的能力，但对天然气的储渗条件有一定的控制作用。

S224区块位于靖边气田西部,为岩溶作用溶蚀形成的相对独立的残丘古地貌单元。其马五$_{x+2}$亚段平均地层厚度28.4m,马五$_x$亚段平均气层厚度7.6m,平均孔隙度6.1%,平均基质渗透率1.174mD。其中主力产层马五$_x$亚段平均孔隙度9.3%,平均基质渗透率2.9mD,根据试井解释推算,马五$_x$亚段试井渗透率为11~23mD。储层以成层分布的溶蚀孔洞为主要储集空间,见少量晶间微孔,网状微裂缝为主要渗滤通道,裂隙对储集空间贡献极小,但极大地改善了储层导流能力,有助于提高气井产能。

S224区块马五$_x$气藏埋深3470~3480m,平均原始地层压力30.4MPa,经过十余年开采,气藏目前地层压力10.8MPa,较原始地层压力下降19.6MPa(压力系数0.3左右)。气体组分表现为低含硫型干气,平均CH_4含量为93.43%,CO_2含量为6.01%,H_2S含量为553.9mg/m^3。地层水为弱酸性$CaCl_2$水型。

(二)气藏圈闭情况

S224区块奥陶系马家沟组上部的上石盒子组砂泥岩互层为一套泥岩和粉砂质泥岩为主的地层,具有分布面积广、单层厚度大的特点,是S224气藏良好的区域盖层。本溪组主要发育铝土质泥岩、黑色纯泥岩等,岩性极为致密,构成气藏的直接盖层。该套泥岩盖层平面分布稳定,厚度9.9~34.3m,平均17.4m,泥岩、石灰岩测试突破压力大于41MPa,具有良好的封盖能力;局部发育零星砂体,呈孤立状、透镜状分布,且厚度较小,呈现为"泥包砂"的特点,砂体不具备形成气体溢失通道的条件。马五$_{x+2}$亚段储层底板为马五$_3$亚段泥质云岩和云质灰、泥岩,岩性致密,厚度15.9~29.8m,平均25.8m,岩性致密,具有良好封闭性。

靖边气田储层展布主要受前石炭纪侵蚀古地貌控制,侵蚀沟槽中沉积的煤系地层对气藏起到一定的侧向封堵作用。S224区块位于靖边古潜台西侧,四周被侵蚀沟槽或区域性剥蚀切割,为表生风化岩溶作用溶蚀残留形成的相对独立古残丘。气藏北部及东北部被侵蚀沟槽分割,马五$_{x+2}$亚段被全部剥蚀,形成潜沟,石炭系泥质岩充填于其中,构成了气藏的有效遮挡;西部、南部及东南部为区域性剥蚀,地层一般保存至马五$_x$亚段及以下,岩石内的溶蚀孔洞多被盐、膏质和方解石充填,岩石致密,对气藏起区域性岩性遮挡作用。根据最新生产井资料,对S224区块直井及周围邻近直井地层压力进行评价,地层压力差异显示S224区块与相邻井区储层不连通,压力恢复程度低表明井区供给范围相对有限,试井解释存在封闭边界。认为S224区块马五$_{x+2}$气藏形成了相对独立的圈闭系统。封闭性评价认为,S224区块奥陶系马家沟组马五$_{x+2}$气藏的盖层、底板发育良好,分布稳定,具有较好的封盖能力;其北部及东北部被侵蚀沟槽分割,西部、南部及东南部区域性剥蚀且岩性致密,构成了气藏周边的有效遮挡。综合评价S224区块马五$_{x+2}$气藏满足建设储气库良好的封闭性要求(图3-4)。

(三)建库优劣势分析

1. 有利因素

(1)地理位置优越。有长宁线、长呼线、陕京1线、陕京2线、西气东输、靖西线等多条管线经过靖边气田。

(2)储层分布稳定。S224区块马五$_{x+2}$亚段厚度平均28.4m,绝大部分井主力气层马五$_x$亚段保存完整。

(3)储气库周边圈闭范围相对明确。S224区块北—东部分别为侵蚀沟槽,西—南分别为岩性致密,库区范围可以初步确定。

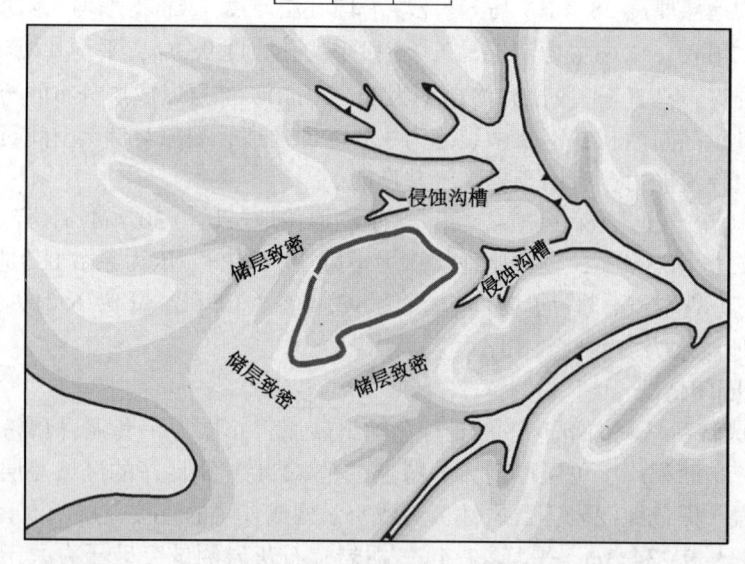

图 3-4 靖边气田 S224 区块圈闭有效性评价图

(4) 气井日平均产水量少，便于储气库运行管理。井均日产水仅 0.62m³，水气比为 0.16m³/10⁴m³，无凝析油产出。

2. 不利因素

(1) 气体组分低含 H_2S、CO_2，地面处理难度较大。S224 区块 H_2S 含量为 553.9mg/m³，CO_2 含量为 6.01%。

(2) 气藏埋深大 3200~3500m，平均 3340m，注采困难，投资成本高。

(3) 气藏为岩性圈闭气藏，构造幅度小，沟槽和岩性致密带圈闭能力需要进一步论证。

(4) 储层物性条件差，低孔、低渗、层薄，单井产量低。S224 区块主力产层马五$_x$亚段平均有效厚度 2.8m，平均孔隙度 9.3%，平均基质渗透率 2.9mD，试井解释推算马五$_x$亚段试井渗透率为 11~23mD。目前单井产量 4.0×10⁴m³/d，油压 7.2MPa，套压 7.5MPa。

第四章　储气库钻完井方法

长庆油田在漫长的勘探开发过程中相继开展了丛式井、水平井、小井眼钻井、欠平衡钻井、分支井钻井等多项技术攻关和研究，积累了大量实钻经验，钻完井工艺技术不断优化完善，结合长庆油田特有的气藏条件和开发要求，形成了适合长庆油田发展的大井组丛式井、水平井钻完井配套技术，为长庆油田油气当量上产 5000×10^4t 做出了卓越贡献。工厂化作业方式从技术设计、现场施工、作业管理方面都开拓了现代钻完井思路，钻完井施工也可以流水线作业方式批量生产，实现了钻完井作业的"规模化"、"模块化"。井身结构优化、四合一钻具组合优化、个性化 PDC 钻头应用等一批快速钻井特色技术取得长足进步，有效降低了开发成本，成为实现油气田经济有效开发的关键技术。这些开发技术和经验为探索岩性气藏储气库注采井钻井工艺技术提供了坚实的技术基础。

本书在储气库注采井钻井工艺技术研究时充分考虑了储气库建设区块的不同可能造成的工艺差异，榆林气田上古生界气藏与靖边下古生界气藏储层条件不同，钻遇层位埋深不同，地层可钻性有差异，地层承压能力不同。但在钻完井方式、井身结构、剖面设计和井眼轨迹控制等方面的选择原则相同，因此本书主要以榆林气田南区为例介绍岩性气藏储气库注采井钻井技术，靖边气田储气库注采井与其不同之处将单独叙述，相同之处不再赘述。

第一节　钻完井方式优选

一、钻井方式

榆林气田南区块山西组气藏厚度不大，多数处于 5~35m 之间，渗透率很低，从 0.01~10mD，中值渗透率为 0.7mD。现有开发井的试井资料分析表明气藏内垂向隔层渗透率极低，为气藏渗透率的 1%左右。

榆林南岩性气藏的渗透率低，存在隔层和气藏厚度小的特点，采用直井和定向井开发较难满足储气库短时间内百万立方米气量的注采，长期的气田开发经验表明水平井无疑是储气库开发的优先考虑方案。通过增加气藏内产气层段长度，水平井可以显著地提高采气指数，与直井产量相比，水平井产量要高得多。

水平井可以有效降低垂向隔层对气体流动的阻碍，因为水平井在隔层两侧有完井层段，而直井开发时，只有一个流动单元参与生产，产气绕流和产量快速下降的风险很高。榆林南区气藏东—西（距离最短）方向上两个隔层之间距离估计为 600m，设计 2km 水平段的水平井可把多个封闭流动单元与井眼区域连接起来，有利于提高注采气量。

岩性气藏内可能存在一些页岩和低渗透层，可能会影响到水平井生产动态。但这些岩层厚度不大，一般在 50~100cm，根据地质研究，这些地层延伸范围有限。因此采用水平井眼钻穿气藏的顶部和底部，可以最大限度地避免隔夹层带来的产量损失。靖边气田下古生界酸性气藏同样具有低渗透率、气藏厚度小等共同问题。

长庆油田每年完钻水平井 200 口以上，水平井钻完井工艺比较成熟，能够实现地质目的。由此可见，采用水平井建设岩性气藏储气库具备技术条件，可以满足储气库对注采气量要求。

（一）水平段长度的确定

水平段长 2000m 的最初选择是借鉴荷兰壳牌公司在榆林气田南区的北部长北合作区的作业经验，长北的山西组气藏与榆林气田南区山西组气藏同属一套砂体，老井资料也反映出储层的物性条件相似。长庆油田部分水平井也成功钻出 1000~1500m 的水平段，设计 2000m 的水平段在技术上和作业上是可行的，长水平段更有利于发挥储气库快速调峰的功能。

（二）井筒稳定性

长庆在鄂尔多斯盆地苏里格气田和榆林气田钻了很多直井，根据经验，二叠系石盒子组、山西组的煤层可能对水平井顺利入窗带来麻烦，可能导致不稳定和严重井筒问题。为此，对榆林气田的老井和长北合作区内的长水平分支井钻井情况进行了调研，结果表明尽管进主储层前穿过了煤层，在主砂岩储层内造斜都没遇到任何大的问题，长北项目建设过程中通过实钻已经总结出煤层钻井技术规范，应用效果良好。因此，只要使用好方法，砂岩储层上部存在薄煤层并不妨碍钻水平井。

二、完井方式

现代完井方式有多种类型，完井方法的选择主要考虑的因素包括生产过程中井眼的稳定性、生产过程中地层是否出砂、地质和气藏工程特性、完井产能大小、注采气工程要求、后期井下作业等因素。

（一）井壁稳定性分析

榆林南山$_x$储层非均质性强，储层存在砂岩、泥岩互层现象，水平段实施过程中会穿越多段泥岩。生产过程中的井壁稳定性直接决定是否需要支撑井壁的完井方式。榆林南储气库目的层山$_x$为砂岩气藏。主力气层山$_x$小层主要发育石英砂岩，山$_x^1$ 和山$_x^2$ 小层多为岩屑石英砂岩和岩屑砂岩。储集空间以残余粒间孔为主，其次为晶间孔、溶蚀孔，储层局部裂缝发育。

储气库注采井运行工况与常规开发井存在很大差异。一般以 1 年为一个注采周期、采气阶段，为了确保调峰产气量，井口需要放压生产，井底生产压差大，水平段井壁承受的剪切应力远大于常规气田开发井的受力。采气阶段，井筒压力低于储层压力，井壁受力方向为井筒中心，当井底生产压差产生的井壁剪切应力大于井壁岩石的抗剪切应力时，井壁存在挤毁或垮塌风险。注气阶段，井筒压力高于储层压力，井壁受力方向以井筒中心向外发散。注采交变应力条件下，会导致井壁疏松，引起采气阶段井壁垮塌风险。

考虑到储气库注采井强注强采条件下，井壁特别是泥岩段存在失稳坍塌的风险，水平井完井过程中需要采用可以支撑井壁的完井方式。

（二）储层出砂分析

储层出砂情况决定是否采用防砂完井方式。储层出砂的预测方法主要有组合模量法、声波时差法、岩石速敏试验、生产分析法等方法。通过多种预测方法的综合对比，可以判断地层出砂的可能性。

1. 组合模量法

组合模量法采用声速及密度测井资料，用式（4-1）计算岩石的弹性组合模量 E_c：

$$E_c = \frac{9.94 \times 10^8 \rho_r}{\Delta t_c^2} \tag{4-1}$$

式中 E_c——岩石弹性组合模量，MPa；

ρ_r——地层岩石体积密度，g/cm³；

Δt_c——纵波声波时差，μs/m。

根据测井资料、岩石特性及出砂分析结果，E_c值越小，出砂的可能性越大。国内外作业经验表明，当E_c值大于2.068×10^4MPa时，油井不出砂。胜利油田防砂中心用该法在一些井中作过出砂预测，准确率在80%以上，在对现场大量出砂统计结果分析后认为：

$E_c \geq 2.0\times10^4$MPa，正常生产时气井不出地层砂；

1.5×10^4MPa$<E_c<2.0\times10^4$MPa，正常生产时气井轻微出地层砂；

$E_c \leq 1.5\times10^4$MPa，正常生产时气井严重出地层砂。

榆林南山$_x$储层弹性组合模量约为4.8×10^4MPa，分析认为正常生产时地层不会出砂。

2. 声波时差法

采用声波在地层中的传播时差（Δt_c）进行出砂预测。研究表明，当$\Delta t_c \geq 89.9$μs/ft（295μs/m）时，正常生产时气井开始出地层砂。

榆林南山$_x$区块测井解释结果见表4-1。

表4-1 测井解释结果表

序号	井号	层位	井深（m）		厚度（m）	电阻率（Ω·m）	声波时差（μs/m）	孔隙度（%）	基质渗透率（mD）
1	陕a	山$_x^y$	2941.2	2946	4.8	30	203	4.8	0.179
		山$_x^y$	2932.4	2940.2	7.8	70	202	5.2	0.234
2	榆b	山$_x^y$	2901	2903.6	2.6	90	208	6.0	2.092
3	榆c	山$_x^y$	2843.8	2852	8.2	50	202	6.7	3.828
		山$_x^y$	2836.6	2842.8	6.2	80	203	6.4	2.83
4	榆d	山$_x^y$	2969.5	2972.6	3.1	124	203	4.2	0.493
5	榆e	山$_x^y$	2851.6	2857.4	5.8	60	205	9.0	23.452
6	榆f	山$_x^y$	2957	2964.3	7.3	88	202	4.4	0.501
7	榆g	山$_x^y$	2885.3	2893.7	8.4	111	200	5.0	1.166
		山$_x^y$	2893.7	2898.2	4.5	77	206	5.2	0.774
8	榆h	山$_x^y$	2978.6	2984.2	5.6	80	200	7.1	5.178
		山$_x^y$	2973.2	2977.6	4.4	140	198	6.0	2.092
9	榆J	山$_x^y$	2909.6	2914	4.4	138	206	4.1	0.462
		山$_x^y$	2914	2926.5	12.5	109	204	5.6	1.547
10	榆k	山$_x^y$	2956.9	2958.8	1.9	71	205	5.5	0.888
11	榆l	山$_x^y$	2895.1	2903	7.9	116	203	6.0	0.935
12	榆m	山$_x^y$	2974.6	2978.8	4.2	98	203	6.0	2.092
		山$_x^y$	2979.5	2985.8	6.3	116	197	3.7	0.342

续表

序号	井号	层位	井深（m）		厚度（m）	电阻率（Ω·m）	声波时差（μs/m）	孔隙度（%）	基质渗透率（mD）
13	榆n	山$_x^y$	2940.5	2951.2	10.7	125	198	6.4	1.83
		山$_x^y$	2952	2961	9.0	125	198	5.2	0.943
14	榆o	山$_x^y$	2955.5	2960	4.5	200	203	4.5	0.625
		山$_x^y$	2960	2966.3	6.3	170	200	5.2	1.143
		山$_x^y$	2967.9	2974.8	6.9	92	202	4.5	0.625
15	榆p	山$_x^y$	3003.6	3010.6	7.0	100	198	5.6	1.547
16	榆q	山$_x^y$	3015.2	3020.5	5.3	100	205	5.6	1.959
17	榆r	山$_x^y$	2887.5	2889.2	1.7	94	198	4.6	0.84
		山$_x^y$	2879.2	2886.5	7.3	92	203	5.1	0.89
18	榆s	山$_x^y$	2950	2953	3.0	84	200	5.2	1.14
		山$_x^y$	2960.5	2963	2.5	108	204	5.2	1.143
		山$_x^y$	2965	2970	5.0	86	203	5.2	1.143
19	榆t	山$_x^y$	2796.9	2798.3	1.4	65	210	8.3	12.817
20	榆u	山$_x^y$	2901.1	2907.4	6.3	37	214	5.7	1.167
21	榆v	山$_x^y$	2915.1	2922.4	7.3	66	209	5.3	0.852
平均						96.72	202.87	5.53	2.35

榆林南山$_x$储层声波时差平均为202μs/m，判断地层不出砂。

岩石速敏试验：选取榆林南的陕abc井的山$_x$层岩样开展了岩石速敏试验，速敏实验分析结果见表4-2。评价结果表明：陕abc井山$_x$层速敏程度为中等偏弱。榆林南区上古生界岩石微粒胶结致密，当液体通过岩心流速发生变化时，微粒不易脱落和运移。同理，气体通过岩心时对孔隙胶结物的拖拽力小于液体，微粒也不易脱落和运移。

表4-2 岩心速敏实验数据表

井号	岩心号	层位	气体渗透率（mD）	孔隙度（%）	临界流速（m/d）	损害率（%）	渗透率恢复程度（%）	速敏指数	速敏程度评价
陕abc	4-40-7	山$_x^y$	9.83	8	8.3	36.52	97.31	0.37	中等偏弱
	4-58-8	山$_x^y$	1.6	8.2	14.09	29.9	89.93	0.30	中等偏弱

3. 生产分析法

榆林南前期投产172口开发井生产动态显示，生产过程中无出砂情况。与榆林气田南区开发同一气藏的长北合作区采用水平井开发，裸眼完井，生产方式为放压生产，实际生产过程中无出砂问题，由此可以判断，该区块山$_x$地层不出砂。综合弹性组合模量法、声波时差法、岩心速敏试验和生产分析法等4种方法判断结果，预测榆林南山$_x$储层不出砂。注采井水平段完井方式不需要考虑防砂工艺。

(三) 改造工艺要求

为保护盖层的完整，储气库井一般不进行压裂改造，多采用连续油管均匀布酸酸洗工艺解除井筒附近污染。为了确保连续油管作业安全，一般采用筛管完井。

(四) 完井方式选择

井眼稳定性研究显示榆林气田山西组岩石坚硬致密，但气藏夹有泥页岩层，存在井眼稳定问题，考虑钻遇泥岩对后期生产的影响，需要采用支撑井壁的完井方式。同时，长北合作区长期的放压生产过程中未发现地层出砂的情况，榆林南储气库建设区储层与长北储层同属一套砂体，岩心更为致密。调研榆林气田和长北合作区十年生产情况，并对个别井排污总管、针阀刺漏情况进行了气样取样分析，发现无地层砂，而是压裂砂，因此不需要防砂筛管。综合以上，储气库井完井不进行压裂，只进行酸化处理，为了提高酸化处理长度，保证连续油管入井安全，完井方式采用悬挂筛管完井。靖边气田的总体生产特征与榆林南相似，考虑储层的不均质性和泥页岩夹层可能造成的井壁稳定性，结合常规产建井完井方式和生产情况，采用悬挂筛管支撑井眼的不防砂完井方式。常用完井方式与井的对应关系见表4-3。

表4-3 完井方式选择对比分析表

分类	完井方式	优缺点	适用对象	分析结论
选择性完井	套管固井射孔完井	储层伤害大，施工复杂，成本高	油气水关系复杂的气藏分段改造气井	不适用
	管外封隔器完井	下入风险大，成本高	油气水关系复杂的气藏分段改造气井	不适用
非选择性完井	裸眼完井	成本低、施工简单，井壁易坍塌	碳酸盐岩等坚硬地层	不适用
	砾石充填完井	防塌、防砂，工艺复杂、费用高	需要防砂气井	不适用
	防砂筛管完井	支撑井壁，防砂，费用高	需要防砂气井	不适用
	常规筛管完井	支撑井壁，不防砂	不需防砂的气井	适用

第二节 井身结构选择

榆林气田南区已开发十余年，地质情况比较清楚，有百余口老井资料可供参考，井控程度较高。气藏埋深约3000m左右，刘家沟下部井段约200多米容易漏失，多数老井在该段钻井时的钻井液采用无固相聚合物钻井液体系，实钻过程中钻井液平均密度为1.15g/cm³，最高密度为1.20g/cm³，根据承压试验和调研以往老井资料，预计榆林南区块刘家沟承压能力为1.20~1.30g/cm³，固井水泥浆一次性返至井口困难较大。底部二叠系和石炭系有多段煤系地层，容易坍塌掉块，增加斜井段钻井的风险。综合考虑以上困难，结合前期水平井钻井经验，提出四开和三开两种井身结构，并对两种井身结构进行技术比选。

一、井身结构技术论证

(一) 四开井身结构

四开井身结构如图4-1所示，表层下入φ508mm套管封固第四系黄土和上部饮用水层；

ϕ339.7mm技术套管封固刘家沟漏失层,水泥浆返至井口,为ϕ244.5mm生产套管固井创造条件;ϕ244.5mm生产套管下到窗口位置,为下一步低压储层专打,保护储层提供条件;ϕ139.7mm尾管(筛管)悬挂于生产套管内,采用半程固井工艺。

四开井身结构钻井施工优点在于有利于提高固井质量,4层水泥环对保证井筒完整性有利。缺点是大尺寸井眼施工周期长,同时多下入一层套管,投资费用较高。

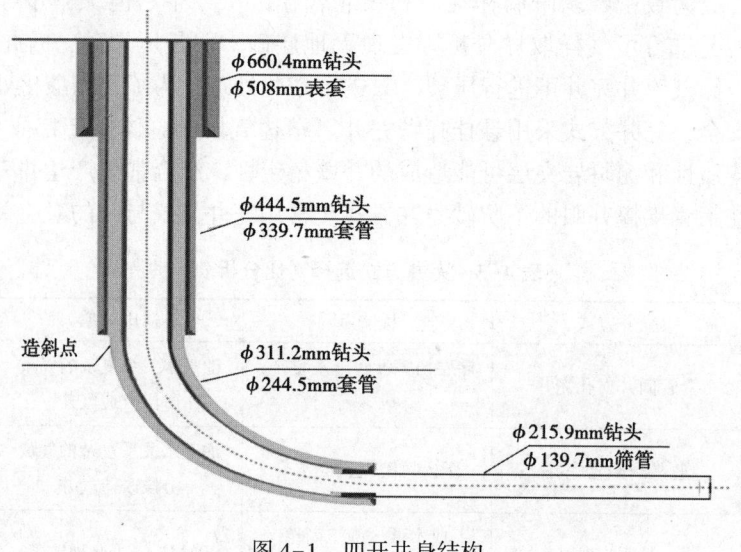

图4-1 四开井身结构

(二)三开井身结构

长庆油田开发区块的水平井主要采用三开井身结构,井身结构如图4-2和图4-3所示,特点是二开后直接钻至水平段入窗口。三开结构钻完井工艺比较成熟,钻井速度快,投资费用低,缺点是二开井段长,钻遇煤层提高钻井液密度时,刘家沟有井漏风险,固井时井段长,必须采用分级箍的固井方式,对生产套管的固井质量要求极高,否则很难保证注采井在交变载荷条件下长期保持密封性。另外由于分级箍自身密封结构限制,造成分级箍承压能力

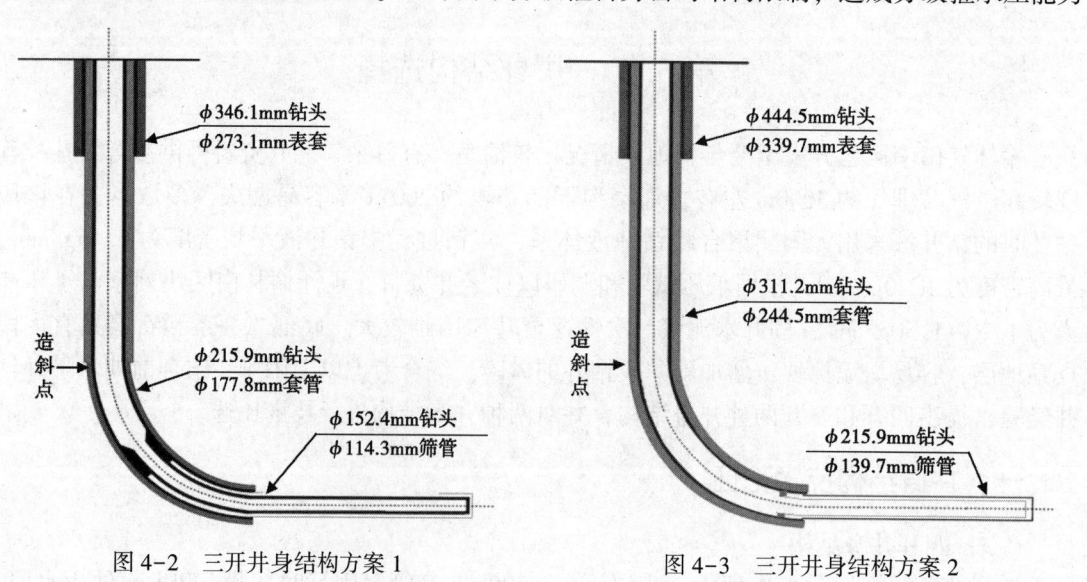

图4-2 三开井身结构方案1　　　　图4-3 三开井身结构方案2

有限，目前常用的分级箍承压能力为25MPa左右，保证承压几十年而不泄漏难度较大，而榆林南区注采井的注气压力设计为30MPa左右。

（三）水平段长设计

储气库水平井的水平段长主要设计原则是尽可能钻出较长的水平段，提高储层钻遇率，大幅度提高单井注采气量，满足调峰期间快进快出的目的。开发井的经验证明累计采出量将随着水平井段长度的增加而增加。

水平段长设计需要考虑钻柱强度、钻柱加压能力及注采管柱尺寸。通过模拟计算，摩阻系数按套管内0.3、裸眼0.5的经验值计算，ϕ152.4mm水平井眼，考虑ϕ101.6mm钻杆强度，钻柱加压能力和储层条件，理论可以钻出1500m水平段。ϕ215.9mm水平井眼，采用ϕ127mm钻杆可以钻2140m水平段。理论计算与现场实践情况基本吻合，长北气田已经钻出2000m水平段的水平井十余口，实现了百万立方米以上的产气量。

考虑水平井眼尺寸与泄气面积，根据理论计算，1500m的ϕ152.4mm水平井眼泄气面积为717m^2；1500m的ϕ215.9mm水平井眼泄气面积为1017m^2，比ϕ152.4mm井眼提高42%；2000m的ϕ215.9mm水平井眼泄气面积为1356m^2，比ϕ152.4mm井眼提高89%。井眼尺寸越大，水平段越长，泄气面积越大，越有利于大气量注采。根据国内油田经验，大井眼可降低井壁周围气体流速，有利于降低采气阶段储层出砂量。

（四）井眼尺寸与油管的匹配关系

各级套管及相应的井眼尺寸的确定取决于最内层油管（即注采管柱）的尺寸。油管尺寸设计主要考虑两个方面因素：最大调峰日采气量和日注气量。考虑到储气库的应急调峰、放压生产的运行特点，优选管柱时适当选用较大尺寸油管。

1. 满足采气的油管尺寸选择

油管尺寸确定主要考虑气井生产能力、井筒压力损失、抗冲蚀能力、携液生产能力要求确定。

1）产量对油管尺寸敏感性分析

按照地质与气藏工程研究，预测榆林南储气库注采水平井平均产量为50×10^{4}m^3/d，注气量30×10^{4}m^3/d。其中，Ⅰ类井调峰采气量（80~120）×10^{4}m^3/d，Ⅱ类井调峰采气量（33~45）×10^{4}m^3/d，Ⅲ类井调峰采气量（17~22）×10^{4}m^3/d。单井注采指标预测见表4-4。

表4-4 榆林南储气库注采井分类指标预测表

气井分类	采气期（10^{4}m^3/d）		注气期（10^{4}m^3/d）
	均采	调峰	
Ⅰ类注采井	99.5	80~120	59.7
Ⅱ类注采井	37	33~45	22.2
Ⅲ类注采井	18.8	17~22	13.8

Ⅰ类井按照无阻流量200×10^{4}m^3/d，Ⅱ类井按照无阻流量80×10^{4}m^3/d，Ⅲ类井按照无阻流量50×10^{4}m^3/d，应用气井节点分析技术进行油管尺寸对气井产量敏感性分析。

计算条件：地层上限压力24.6MPa，地层下限压力19.1MPa，井口压力6.4MPa。三种油管尺寸：ϕ88.9mm（d=76mm）、ϕ114.3mm（d=99.568mm）和ϕ139.7mm（d=121.361mm）。不同油管尺寸所对应的协调点产量，如图4-4至图4-6所示。

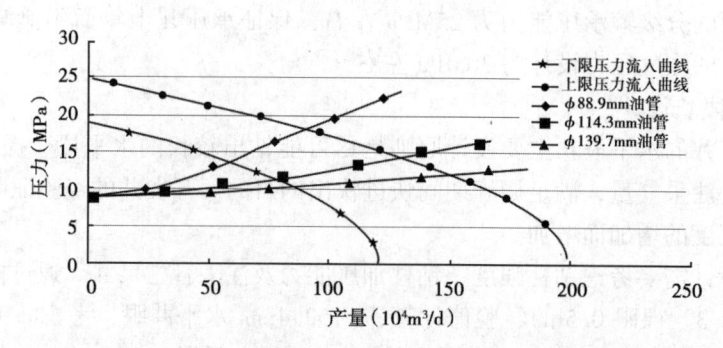

图 4-4　Ⅰ类井井口压力 6.4MPa 时油管对产量敏感性分析

由图 4-4 可以看出，Ⅰ类井在井口压力为 6.4MPa，地层压力由上限压力 24.6MPa 降低至下限压力 19.1MPa 时，ϕ139.7mm 油管的协调点产量（152.1616~86.9683）×$10^4 m^3/d$；ϕ114.3mm 油管的协调点产量（130.3252~77.3941）×$10^4 m^3/d$；ϕ88.9mm 油管的协调点产量（90.5845~58.3709）×$10^4 m^3/d$。

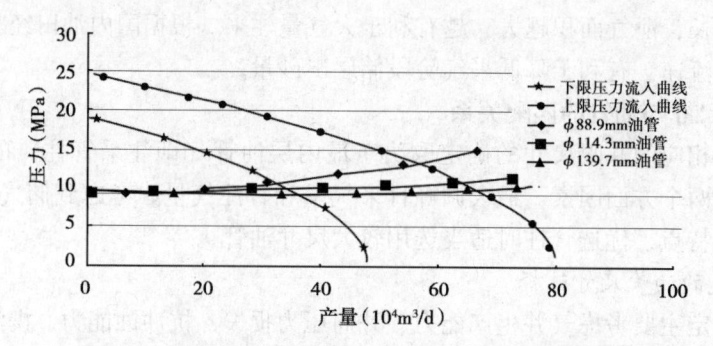

图 4-5　Ⅱ类井井口压力 6.4MPa 时油管对产量敏感性分析

由图 4-5 可以看出，Ⅱ类井在井口压力为 6.4MPa，地层压力由上限压力 24.6MPa 降低至下限压力 19.1MPa 时，ϕ139.7mm 油管的协调点产量（66.8059~36.6942）×$10^4 m^3/d$；ϕ114.3mm 油管的协调点产量（65.1735~35.8484）×$10^4 m^3/d$；ϕ88.9mm 油管的协调点产量（56.3914~32.5844）×$10^4 m^3/d$。

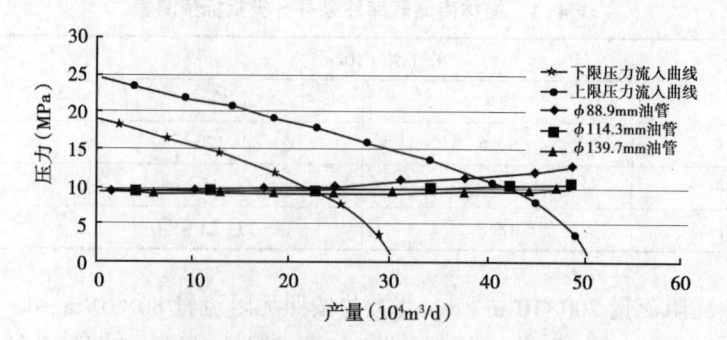

图 4-6　Ⅲ类井井口压力 6.4MPa 时油管对产量敏感性分析

由图 4-6 可以看出，Ⅲ类井在井口压力为 6.4MPa，地层压力由上限压力 24.6MPa 降低至下限压力 19.1MPa 时，ϕ139.7mm 油管的协调点产量（43.0315~23.5658）×$10^4 m^3/d$；

ϕ114.3mm 油管的协调点产量（42.0062~23.0731）×10^4m³/d；ϕ88.9mm 油管的协调点产量（40.2607~21.8704）×10^4m³/d。

三种类型注采水平井不同油管尺寸对采气量的敏感性见表 4-5。随着地层压力下降，三种油管协调点产量下降；相同条件下管径越大，协调点产量越大。最终管柱采气能力需要结合冲蚀、携液确定。

表 4-5　不同产能气井油管敏感性分析数据表（井口压力 6.4MPa）

无阻流量 (10^4m³/d)	地层压力 (MPa)	不同油管对应协调点产气量（10^4m³/d）		
		ϕ88.9mm ($d=76$mm)	ϕ114.3mm ($d=99.568$mm)	ϕ139.7mm ($d=121.36$mm)
200	24.6	90.58	130.32	152.16
200	19.1	58.37	77.39	86.96
80	24.6	56.39	65.17	66.80
80	19.1	32.58	35.84	36.69
50	24.6	40.26	42.00	43.03
50	19.1	21.87	23.07	23.56

2）抗冲蚀能力分析

高速流动的气体在金属表面上运动，在气体杂质机械磨损与腐蚀介质的共同作用下，会使油管腐蚀加速。高速气体在管内流动时发生显著冲蚀作用的流速称为冲蚀流速。按照气体冲蚀理论，当气体流速超过冲蚀流速，油管腐蚀加速。表 4-6 是不同油管内径、不同井口压力条件下气体临界冲蚀流量。

表 4-6　不同尺寸油管冲蚀流量计算值表

井口压力 (MPa)	不同油管冲蚀流量（10^4m³/d）		
	ϕ88.9mm	ϕ114.3mm	ϕ139.7mm
6.4	48.16	83.37	126.14
10	59.08	102.65	152.5
14	71.86	123.33	183.22
18	81.71	140.24	208.35
22	89.66	153.89	228.64
26	96.11	164.96	257.17

由表 4-6 可以看出，当井口压力 6.4MPa 时，ϕ73.02mm 油管的冲蚀流量为 32.05×10^4m³/d；ϕ88.9mm 油管的冲蚀流量为 48.16×10^4m³/d；ϕ114.3mm 油管的冲蚀流量为 83.37×10^4m³/d；ϕ139.7mm 油管的冲蚀流量为 126.14×10^4m³/d；177.8mm 油管的冲蚀流量为 205.52×10^4m³/d。

3）油管携液能力分析

按照榆林南储气库注采水平井采气量预测，Ⅰ类井采用 ϕ139.7mm 油管，Ⅱ类井采用 ϕ114.3mm 油管，Ⅲ类井采用 ϕ88.9mm 油管，气井产量完全满足气井连续携液生产要求，气井携液流量与油管直径的关系见表 4-7。

表 4-7 气井携液流量对油管直径的敏感性

井口压力 (MPa)	不同油管临界携液流量（$10^4 m^3$）			
	ϕ73.02mm	ϕ88.9mm	ϕ114.3mm	ϕ139.7mm
6	1.494	2.745	4.316	5.990
8	1.731	2.600	4.502	6.591
10	1.938	3.512	5.482	8.182
12	2.123	3.191	5.524	8.088
14	2.290	3.441	5.958	8.723
16	2.441	3.668	6.351	9.298
18	2.578	3.874	6.707	9.820
20	2.703	4.061	7.031	10.294

4) 最大合理采气能力分析

综合考虑注采井油管应急调峰能力、冲蚀流量、携液生产能力等因素。按照Ⅰ类井无阻流量 $200 \times 10^4 m^3/d$，Ⅱ类井无阻流量 $80 \times 10^4 m^3/d$，Ⅲ类井无阻流量 $50 \times 10^4 m^3/d$ 进行计算，按照储气库上限压力 24.6MPa、下限压力 19.1MPa 两种情况，计算不同井口压力下，各油管的允许最大产量，见表 4-8。

表 4-8 不同尺寸油管采气能力分析表

无阻流量 ($10^4 m^3/d$)	地层压力 (MPa)	井口压力 (MPa)	ϕ88.9mm 采气能力 ($10^4 m^3/d$)				ϕ114.3mm 采气能力 ($10^4 m^3/d$)				ϕ139.7mm 采气能力 ($10^4 m^3/d$)			
			协调产量	冲蚀流量	携液流量	最大产量	协调产量	冲蚀流量	携液流量	最大产量	协调产量	冲蚀流量	携液流量	最大产量
200	24.6	6.4	90.58	48.16	2.78	48.16	130.32	83.37	4.34	83.37	152.16	126.14	6.39	126.14
		10	77.36	59.08	3.50	59.08	105.87	102.65	5.48	102.6	122.17	152.5	8.1	122.17
	19.1	6.4	58.37	48.16	2.78	48.16	77.39	83.37	4.34	83.37	86.96	126.14	6.39	86.96
		10	40.72	59.08	3.50	40.72	52.94	102.65	5.48	52.94	57.02	152.5	8.1	57.02
80	24.6	6.4	56.39	48.16	2.78	56.39	65.17	83.37	4.34	65.17	66.8	126.14	6.39	66.8
		10	45.61	59.08	3.50	45.61	52.13	102.65	5.48	52.13	53.76	152.5	8.1	53.76
	19.1	6.4	32.58	48.16	2.78	32.58	35.84	83.37	4.34	35.84	36.69	126.14	6.39	36.69
		10	21.17	59.08	3.50	21.17	22.8	102.65	5.48	22.80	24.43	152.5	8.1	24.43
50	24.6	6.4	40.26	48.16	2.78	40.26	42.00	83.37	4.34	42.00	43.03	126.14	6.39	43.03
		10	31.75	59.08	3.50	31.75	33.8	102.65	5.48	33.8	43.81	152.5	8.1	43.81
	19.1	6.4	21.87	48.16	2.78	21.87	23.07	83.37	4.34	23.07	23.56	126.14	6.39	23.56
		10	14.83	59.08	3.50	14.83	14.65	102.65	5.48	14.65	14.86	152.5	8.1	14.86

由表 4-8 可知，在井口压力 6.4MPa 条件下，Ⅰ类井采用 ϕ139.7mm 油管可以满足 $(86~126) \times 10^4 m^3/d$ 的最大合理产量；Ⅱ类井采用 ϕ114.3mm 油管可以满足 $(35~65) \times 10^4 m^3/d$ 的最大合理产量；Ⅲ类井采用 ϕ88.9mm 油管可以满足 $(21~40) \times 10^4 m^3/d$ 的最大合理产量。

2. 满足注气的油管尺寸选择

在注气压力28MPa条件下，分别计算Ⅰ类井、Ⅱ类井、Ⅲ类井不同油管 ϕ88.9mm、ϕ114.3mm 和 ϕ139.7mm 的注入能力，如图4-7至图4-9所示。

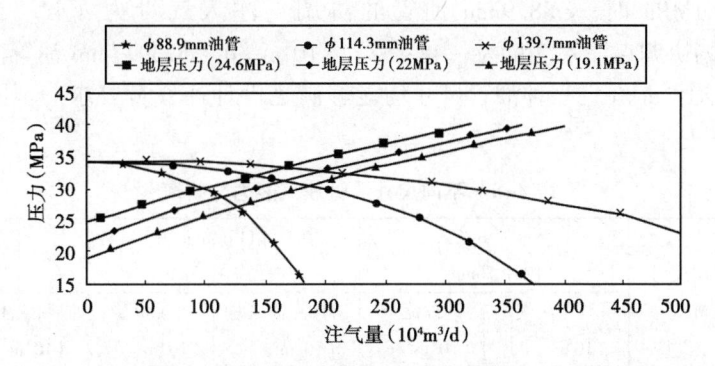

图4-7 Ⅰ类井不同油管注入曲线和地层吸收曲线

由图4-7可以看出，Ⅰ类井在注气压力为28MPa，地层压力由上限压力24.6MPa降低至下限压力19.1MPa时，ϕ88.9mm油管的协调点注入气量为（98~125）×10^4m³/d，ϕ114.3mm油管的协调点注入气量为（140~198）×10^4m³/d，ϕ139.7mm油管的协调点注入气量为（163~223）×10^4m³/d，三种油管尺寸均能够满足设计注气量要求。

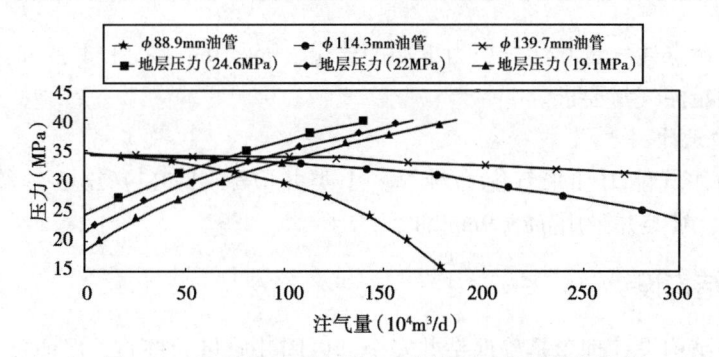

图4-8 Ⅱ类井不同油管注入曲线和地层吸收曲线

由图4-8可以看出，Ⅱ类井在注气压力为28MPa，地层压力由上限压力24.6MPa降低至下限压力19.1MPa时，ϕ88.9mm油管的协调点注入气量为（59~81）×10^4m³/d，

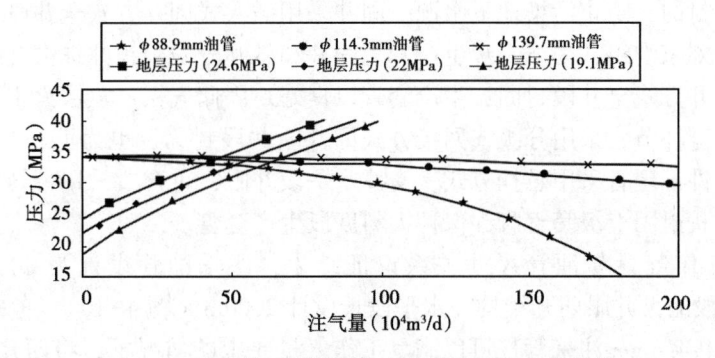

图4-9 Ⅲ类井不同油管注入曲线和地层吸收曲线

ϕ114.3mm油管的协调点注入气量为（70~100）×10⁴m³/d，ϕ139.7mm油管的协调点注入气量为（72~107）×10⁴m³/d，三种油管尺寸均能够满足设计注气量要求。

由图4-9可以看出，Ⅲ类井在注气压力为28MPa，地层压力由上限压力24.6MPa降低至下限压力19.1MPa时，ϕ88.9mm油管的协调点注入气量为（42~58）×10⁴m³/d，ϕ114.3mm油管的协调点注入气量为（48~62）×10⁴m³/d，ϕ139.7mm油管的协调点注入气量为（49~66）×10⁴m³/d，三种油管尺寸均能够满足设计注气量要求。不同尺寸油管注气能力分析见表4-9。

表4-9 不同尺寸油管注气能力分析表

无阻流量 (10⁴m³/d)	地层压力 (MPa)	ϕ88.9mm (内径76mm) 协调点注气量 (10⁴m³/d)	冲蚀流量 (10⁴m³/d)	ϕ114.3mm (内径100.3mm) 协调点注气量 (10⁴m³/d)	冲蚀流量 (10⁴m³/d)	ϕ139.7mm (内径121.23mm) 协调点注气量 (10⁴m³/d)	冲蚀流量 (10⁴m³/d)
200	24.6	98	103	140	176	163	262
200	19.1	125	103	198	176	223	262
80	24.6	59	103	70	176	72	262
80	19.1	81	103	100	176	107	262
50	24.6	42	103	48	176	49	262
50	19.1	58	103	62	176	66	262

综合考虑协调点注气量和注气压力下冲蚀流量，ϕ88.9mm、ϕ114.3mm和ϕ139.7mm三种油管均能够满足注气量要求。

3. 油管尺寸设计

通过油管的注气能力和采气能力计算，Ⅰ类井应采用ϕ139.7mm油管，Ⅱ类井采用ϕ114.3mm油管，Ⅲ类井采用ϕ88.9mm油管。

二、井身结构设计

注采井井身结构设计理念是确保钻井安全，以固井质量为核心，保证长周期注采运行过程中井筒的完整性和密封性。综合考虑大气量注采，井筒完整性和运行寿命，目前钻井和固井工艺水平、低压储层保护等问题，采用大尺寸多层套管的四开井身结构显然更为可靠。

根据储气库井的井身结构设计思路，采用四开井设计：表层套管以封固第四系易坍塌层和洛河组水层为目的，防止污染地下水源，固井采用插入式固井方式全井段封固；技术套管以封固易漏地层刘家沟组，为下一步生产套管固井和斜井段安全钻井提供良好井眼条件为目的，采用分级固井方式全井段封固；生产套管以良好封固储气层、盖层为主要目的，是保障井筒完整性的关键环节，采用分级或回接方式固井全井段封固，也为下一步低压储层专打、保护储层创造条件；尾管采用悬挂方式，支撑水平段井眼，重合段采用带管外封隔器和分级箍的半程固井方式封固上级套管脚，保护大斜度段生产套管。

根据注采工作气量与油管尺寸关系论证结果，注采油管设计为ϕ139.7mm时采用ϕ215.9mm水平段的大井眼四开结构，水平段长设计2000m（图4-10）；考虑到钻井周期和钻井成本，当ϕ114.3mm注采管柱可以满足工作气量要求的情况下，将四开结构缩小一级，钻1500m的ϕ152.4mm水平井眼（图4-11）。

井身结构设计一：φ660.4mm 钻头×φ508.0mm 表套+φ444.5mm 钻头×φ339.7mm 套管+φ311.2mm 钻头×φ244.5mm 套管+φ215.9mm 钻头×φ139.7mm 筛管，如图 4-10 所示。

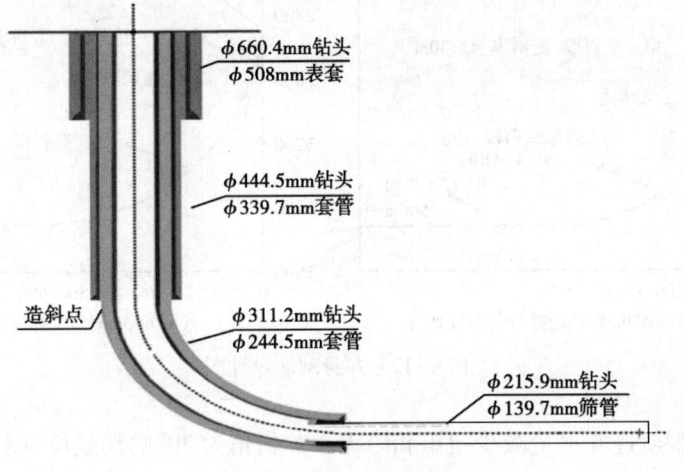

图 4-10 井身结构设计一

井身结构设计二：φ508.0mm 钻头×φ406.4mm 表套+φ346.1mm 钻头×φ273.0mm 套管+φ215.9mm 钻头×φ177.8mm 套管+φ152.4mm 钻头×φ114.3mm 筛管，如图 4-11 所示。

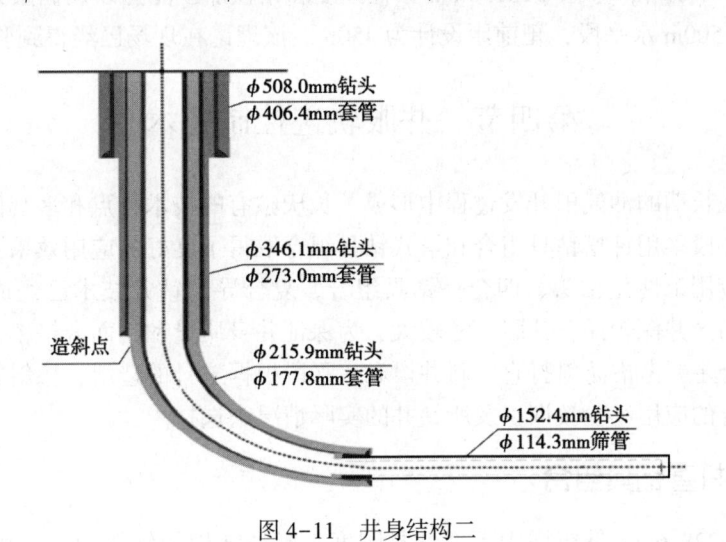

图 4-11 井身结构二

第三节 井身剖面设计

储气库水平井井眼轨迹设计应尽量平滑，全角变化率不宜太大，以满足大尺寸生产套管顺利入井，利于提高套管的居中度，为提高生产套管的固井质量创造条件。基于大量的水平井实钻经验，采用五段制"双增"剖面（直井段—增斜段—稳斜段—增斜段—水平段），设计合理的靶前距可以满足 1500~2000m 水平段钻井的需要，剖面设计如图 4-12 所示。

壳牌公司的大位移井研究小组（Extended Reach Drilling Team）开展的研究证实，600m 靶前距设计在技术上是可行的，其特点是造斜率较低，每 30m 长度上造斜 3°~3.5°，可以保

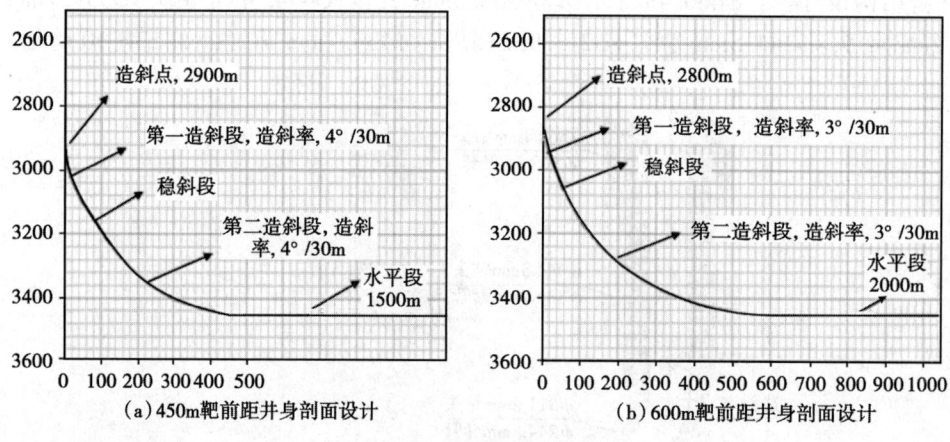

图 4-12 井身剖面设计图

证钻出平滑的井眼轨迹并尽量减少扭矩和阻力。井斜角为 30°的切线段（稳斜段）可实现良好的井眼清洗，降低钻具扭矩和阻力。该研究小组通过研究和实钻表明要钻出长为 2000m 的水平井段，井眼尺寸应设计为 ϕ215.9mm，靶前距设计为 600m，如果设计的井眼尺寸较小，使用相应的小直径钻柱，则钻柱不足以提供钻 2000m 水平井段所需的刚度。若采用 ϕ152.4mm 水平井眼时，考虑 ϕ101.6mm 钻杆强度和钻柱加压能力以及储层条件，理论模拟计算可以钻出 1500m 水平段，靶前距设计为 450m。该理论在现场已经得到验证。

第四节 井眼轨迹控制技术

长庆油田在长期的油气田开发过程中形成了长庆独有的技术特点和多套值得信赖的钻具组合系列。直井段采用钟摆钻具组合和塔式钻具组合取得了良好的应用效果；斜井段利用地层漂移规律，应用个性化钻头、四合一钻具组合，复合导向钻井技术已经成为成熟推广技术。榆林气田南区井深较深，井眼尺寸较大，为保证井身质量和剖面合格率，直井或定向井直井段钻具组合主要考虑防斜打直，斜井段和水平段根据工具的造斜、稳斜能力和以往现场所用的钻具组合的应用经验教训以及所钻井的实际情况来选择。

一、防斜打直钻具组合

设计采用 ϕ228.6mm 钻铤增大下部钻具刚度，提高结构的钟摆力，采用合理的钻井参数，能有效遏止直井段井斜超标问题，满足直井段钻井的要求。两种钻具组合经过现场实践证明可有效将井斜控制在 3°以内。

一开塔式钻具组合：

ϕ660.4Bit+ 730×730 接头 +ϕ228.6NDC×1 根 +ϕ228.6DC×5 根 + 731×630 接头 +ϕ203.2DC×6 根+631×410 接头+ϕ177.8DC× 18 根+411×520 接头+ϕ139.7DP。

二开塔式钻具组合：

ϕ444.5Bit+ 730×730 接头+ϕ228.6NDC×1 根+ϕ228.6DC×2 根+ϕ440 扶正器 +ϕ228.6DC×3 根+ 731×630 接头 +ϕ203.2DC ×6 根+631×410 接头+ϕ177.8DC× 18 根+411×520 接头+ϕ139.7DP。

二开钟摆钻具组合：

ϕ444.5Bit+ϕ229中空直螺杆+ϕ228.6NDC×1根+ϕ228.6DC×1根+ϕ440扶正器+ϕ228.6DC×4根+731×630接头+ϕ203.2DC×6根+631×410接头+ϕ177.8DC×18根+411×520接头+ϕ139.7DP。

二、斜井段钻具组合

根据长庆以往施工经验，设计采用四合一钻具组合。

三开定向钻具组合：

ϕ311.2Bit+ϕ229中空螺杆（1.25°）+731×630接头+ϕ203.2MWD接头+ϕ203.2mmNDC×1根（MWD）+ϕ203.2DC×2根+731×630接头+ϕ177.8DC×3根+631×520接头+ϕ139.7HWDP×60根+ϕ139.7DP。

三开稳斜钻具组合：

ϕ311.2Bit+ϕ229中空螺杆（1°~1.25°）+731×630接头+ϕ203.2回压阀+ϕ306扶正器+ϕ165.1测井工具（GR）+ϕ203.2NDC×1根（MWD）+631×520接头+ϕ139.7HWDP×60根+ϕ139.7DP。

三开入窗钻具组合：

ϕ311.2Bit+ϕ229中空螺杆（1.25°）+731×630接头+ϕ203.2回压阀+ϕ203.2测井工具（GR）+ϕ203.2NDC×1根（LWD）+631×520接头+ϕ139.7HWDP×60根+ϕ139.7DP。

三、水平段钻具组合

长水平段往往由于岩屑返排困难，在自身重力作用下沉积在井眼下端造成岩屑床，导致钻井过程出现钻压传递困难，甚至托压，严重时卡钻，以至于无法完成设计的水平段长。而水力振动加压器可通过自身产生的纵向振动来提高钻井过程中钻压传递的有效性和减少底部钻具与井眼之间的摩阻，这就意味着振动加压器可以在各种钻井模式中，特别是在使用动力钻具的定向钻井中改善钻压传递，减少钻具组合粘卡的可能性，降低钻具扭矩。

水平段稳斜钻具组合：

ϕ215.9Bit+ϕ172（0.75°~1.0°）单弯+ϕ165.1回压阀+ϕ213扶正器+ϕ165.1随钻测井工具（GR）+ϕ165.1NDC×1根（MWD）+4A11××520接头+ϕ139.7HWDP×9根+ϕ139.7DP×（72~171）根+ϕ139.7HWDP×51根+ϕ139.7DP。

水平段防震钻具组合：

ϕ215.9Bit+ϕ172mm（0.75°~1.0°）单弯+ϕ165.1回压阀+ϕ213扶正器+ϕ165.1测井工具（GR）+ϕ165.1NDC×1根（MWD）+4A11×520接头+ϕ139.7HWDP×9根+ϕ139.7DP×24根+521×410接头+ϕ171.45振动加压器+ϕ171.45减震器+411×520接头+ϕ139.7DP×（171~270）根+ϕ139.7HWDP×51根+ϕ139.7DP。

四、随钻地质导向技术

长庆气田储层的一个特点就是储层薄且小幅度构造反复，且往往夹有泥页岩层，水平井开发难度较大。开发前期多口水平井因为钻遇大段泥岩，井壁严重坍塌而不得不提前完钻，部分井完井前通井多次遇阻，导致完井管串下不到井底。另外，在水平段钻进过程中，由于薄储层复杂、测量工具的零长较长、检测值滞后等因素，很难保证井眼轨迹始终在气层中穿行,地质录井难度较大。为了提高储层钻遇率,降低泥页岩钻遇风险,长水平段钻进过程中非常有必要带 LWD 随钻地质导向工具来提高对储气层的判断。

LWD 随钻地质导向工具将地质参数测量传感器与定向工程参数传感器组合在一起,组成随钻测量/测井系统,除实时测量定向施工所需要的工程参数外,还可以实时提供井下地质参数。现场地质师可以根据随钻获取的地质参数,对地层变化做出准确、及时的判断和预报,配合工程施工,对井身轨迹进行及时的调整,确保井眼准确命中储层并穿行于储层中有利于油气开采的最佳位置。因此,在储层条件复杂、钻井成本允许的条件下,采用近钻头旋转导向和地质随钻导向相结合的方式钻井,将会极大提高储层的钻遇率,优化井眼轨迹,降低报废无效进尺的风险,提高钻完井工程质量,有利于实现注采井注采工作气量的最大化。

五、钻头选型

储气库井采用四开井身结构,一开表层钻井采用 26in 钻头,二开直井段采用 17½in 钻头,三开斜井段采用 12⅜in 钻头,四开水平段采用 8½in 钻头,这样的大尺寸水平井井身结构在长庆开发历史上极少采用,相应的大尺寸井眼钻头匹配也无成熟经验。

根据有限的实钻资料,大尺寸井眼钻井速度相比常规井眼慢很多,单只钻头进尺少。另外榆林南山西组石英砂岩含量高达 80%以上,石英是石英砂岩中的主要胶结物,在纯净砂岩中石英含量介于 3.7%~18.7%之间,地层可钻性很差,对钻头的优化选型提出了更高的要求。靖边 S224 区块开发时采用直井井身结构,无水平井开发资料可供参考,即使靖边气田也未采用过这样的大尺寸水平井设计。为了满足井眼轨迹控制需要,提高机械钻速,降低钻井周期,有效控制钻井风险,钻头选型工作都非常必要。钻头优选方法一是借鉴开发井实钻经验,通过技术分析优选大井眼钻头型号,二是在实钻过程中通过实效分析评价和优化完善。

调研长庆油田前期气田开发方案,仅在长庆油田长北合作开发区采用过大尺寸四开水平井身结构。长北为了钻出 8.5in 2000m 水平段井眼,采用 9⅝in 套管下入气藏封隔气藏上部相对不稳定的煤层。通过对长北四开水平井与常规水平井的技术对比分析,得到以下技术认识。

(一)表层段

钻井井段一般为 200~500m,常规水平井 13⅜in 表层井眼机械钻速是四开井 26in 表层井眼的 2~3 倍,钻头等材料消耗大约为大井眼的一半。

(二)直井段

钻井井深约为 2200m 左右,四开井 17½in 井眼平均消耗钻头 9 只,平均机械钻速 3.39m/h,和尚沟、刘家沟钻速最低,平均 0.67m/h,不论是三牙轮还是 PDC 钻头钻井过程中都表现为加压困难,蹩跳严重,钻柱扭矩大;而常规的 9½in 井眼平均消耗 PDC 钻头 5 只,平均机械钻速为 6.67m/h,约为 17½in 井眼的 1.97 倍,最低钻速出现在刘家沟组,但钻井过程平稳,复杂情况较少。

(三)斜井段

钻井井深约为 3200m 左右,四开井 12¼in 井眼平均消耗钻头 5 只,单只钻头平均进尺 201.4m,单只最高进尺 276m,平均机械钻速 2.37m/h,PDC 钻头综合性能优于三牙轮。常规 9½in 井眼平均消耗钻头 6 只,单只钻头平均进尺 171m,平均机械钻速 2.36m/h。两者技术水平相当,源于长北合作区开发过程中对 12¼in 钻头系列的持续优化。

(四) 水平段

井深为 4700~5200m，长北合作区与榆林南区储层为一套砂体，压力系统相近，储气层以石英砂岩为主，色泽晶亮，研磨性很强，可钻性差。三牙轮钻头单只进尺相比 PDC 钻头稍好，但掉齿、掉牙轮的风险较高。统计老井同井段 8 只 8½in 进口三牙轮钻头实钻资料，单只钻头平均进尺 127.4m，平均机械钻速 2.97m/h，钻头选型基本适应储层，还有提速的空间。

由此可见，由于四开水平井结构不常用，大尺寸井眼钻头匹配上还不成熟，钻井速度相比常规井眼慢，单只钻头进尺少。根据长北气田开发经验，推荐试验的钻头型号如下。

表层段（26in）：钻进第四系，主要采用铣齿钻头，推荐型号 S125CG、26SG525CG、PC2。

直井段（17½in）：该尺寸钻头未有成熟经验，主要依据以往老井实钻情况，开展多刀翼 PDC 钻头试验，对比牙轮钻头，筛选优化钻头系列。推荐型号为亿斯达五刀翼 ES1915SEPDC、六刀翼 ES1616SEPDC 钻头、江汉 GJ515G 等，开展 7 刀翼或 9 刀翼 PDC 钻头试验。

斜井段（12¼in）：该系列钻头主要借鉴长北成熟经验开展试验。推荐型号为哈里伯顿 7 刀翼 FX74Ds PDC，哈里伯顿 6 刀翼 FX65DPDC，三牙轮钻头 SVT537G、MD537HX、MDS716LHE 等。

水平段（8½in）：该尺寸钻头较为成熟，主要以 5 刀翼、外短锥、内浅锥形，双排齿等结构特点以适合钻石英含量较大的砂岩地层和砂泥岩交错的地层。推荐钻头型号为史密斯 GFi50YBOD2RDPD、GFi50YFX55、贝克休斯钻头 MXL-DS55DX、VMD-55DVXH1、亿斯达 EDM1616ELC9/M323、EDM1616 等。

第五章 储气库注采井钻完井液技术

相比常规气田开发井,储气库注采井钻完井液设计的难度也较大。一是储气库注采井的钻完井工艺复杂,钻井周期往往长达200余天,地层浸泡时间长、更易失稳;二是山西组、太原组、本溪组发育多套煤层,钻井困难,而且三开斜井段井眼往往以70°以上的井斜穿过煤层,煤层更易垮塌;直井段与斜井段钻井液要同时兼顾泥页岩层防塌和满足快速钻井的需要,入窗后水平段要同时考虑井壁稳定和低压储层防漏的需要。

第一节 榆林气田南区钻完井液技术

榆林南储层埋藏深度为2650~3100m,气藏中深平均为2841m,地层压力范围在22.93~28.87MPa,原始地层压力平均为27.2MPa,压力系数为0.94,属于正常压力系统,目前地层压力为16.3MPa,目前地层压力系数约为0.53,压力较低,钻井过程中容易污染储层。

一、储层伤害机理分析

岩矿分析表明,榆林山$_x$段砂岩储层的碎屑成分以石英为主,其次为岩屑成分,长石含量很少。主力气层山$_x$主要为石英砂岩,含量在90%以上;岩屑砂岩主要分布在山$_x^2$和山$_x^1$段。黏土矿物主要以高岭石、伊利石及伊蒙混层矿物为主,总含量5.4%,其中高岭石在气层中含量为3.3%,伊蒙混层矿物含量在气层中含量为0.4%,占黏土矿物总量的7.5%,总体上来说黏土含量较低。榆林南主要目的层山$_x$段储层孔隙度一般为2%~12%,平均孔隙度6.2%,分布频率主要集中在4%~10%,可占82.8%;渗透率一般为0.01~10mD,平均为8.865mD。表现为低孔、较高渗特征。

二、储层敏感性评价

榆林气田南区上古生界属低渗、低压气藏,非均质性强,孔隙结构特征表现为孔喉结构变化大。为此进行了上古生界储层的水敏、速敏、酸敏、盐敏实验分析。模拟温度49℃,地层水矿化度80000mg/L。实验表明上古生界储层表现为弱—中水敏、中等偏弱速敏、弱酸敏、弱盐敏。

(一)水敏实验

陕x井和陕y井水敏实验分析结果见表3-11。从表3-11中看出,陕x井山$_x$层的水敏指数为0.14,属弱水敏(弱水敏行业标准为0.06~0.3)。陕y井山$_x$层的5-103号岩样的水敏指数为0.36,属中等偏弱水敏;5-91号岩样的水敏指数为0.57,属中等水敏;5-38号岩样和6-31号岩样的水敏指数为弱水敏。

综合表5-1中6块岩样的实验分析结果表明:山$_x$储层的水敏程度属中等水敏和弱水敏。

表 5-1　岩心水敏实验数据表

井号	岩心号	层位	气体渗透率（mD）	孔隙度（%）	地层水渗透率（mD）	注入无离子水量（pV）	无离子水渗透率（mD）	水敏指数	水敏程度评价
陕 x	4-40-5	山$_x^y$	8.4	7.4	1.133	19.5	1.296	—	无水敏
	4-58-6	山$_x^y$	1.3	7.9	0.427	20.7	0.367	0.14	弱水敏
陕 y	5-38	山$_x^y$	1.26	7.68	0.407	39	0.388	0.045	弱水敏
	5-91	山$_x^y$	29.4	9.69	7.471	29	3.229	0.57	中等水敏
	5-103	山$_x^y$	6.62	8.95	1.801	28	1.145	0.36	中等偏弱
	6-31	山$_x^y$	1.52	7.77	0.567	24.5	0.486	0.14	弱水敏

（二）速敏实验

陕 x 井山$_x^y$层岩样的速敏实验分析结果见表 5-2。

评价结果表明陕 x 井山$_x^y$层速敏程度为中等偏弱。这主要是由于上古生界岩石微粒胶结致密。当液体通过岩心流速发生变化时，微粒不易脱落和运移所致。

表 5-2　岩心速敏实验数据表

井号	岩心号	层位	气体渗透率（mD）	孔隙度（%）	临界流速（m³/d）	损害率%	渗透率恢复程度（%）	速敏指数	速敏程度评价
陕 x	4-40-7	山$_x^y$	9.83	8	8.3	36.52	97.31	0.37	中等偏弱
	4-58-8	山$_x^y$	1.6	8.2	14.09	29.9	89.93	0.3	中等偏弱

（三）酸敏实验

陕 x 井山$_x^y$层岩样酸敏实验结果见表 5-3。

评价结果 2 块岩心均为弱酸敏。

表 5-3　岩心酸敏实验数据表

井号	岩心号	层位	气体渗透率（mD）	孔隙度（%）	地层水渗透率（mD）	酸液名称	浓度（%）	用量（pV）	酸后地层水渗透率（mD）	酸敏指数	酸敏程度评价
陕 x	4-40-6	山$_x^y$	8.2	13.2	2.263	HCl	15	0.63	1.776	0.22	弱酸敏
	4-58-7	山$_x^y$	1.34	7.9	0.449	HCl	15	0.73	0.423	0.06	弱酸敏

（四）盐敏实验

陕 x 井山$_x^y$层的盐敏实验结果见表 5-4。结果表明：山$_x^y$层为弱盐敏，压裂改造若用 KCl 溶液作为压井液和压裂液防膨胀剂，不会对地层造成新的伤害。

表 5-4　岩心盐敏实验数据表

井号	岩心号	层位	气体渗透率（mD）	孔隙度（%）	地层水渗透率（mD）	稀释后地层水渗透率（mD） 50%	稀释后地层水渗透率（mD） 25%	无离子水渗透率（mD）	盐敏指数	盐敏程度评价
陕 x	4-40-9	山$_x^y$	11.3	8.1	1.689	1.355	1.251	1.351	0.2	弱盐敏
	4-58-7	山$_x^y$	1.13	7.9	0.352	0.285	0.256	0.257	0.2	弱盐敏

三、储层伤害因素分析

榆林气田南区山西组目前地层压力系数为 0.53，储层伤害的主要因素是低压力系数条件下的外来液体侵入伤害。在钻井、完井、储层改造以及后期作业过程中都存在储层伤害风险。

岩心的水敏指数为 0.14~0.57，中等水敏和弱水敏。说明岩心中存在有微弱的水敏感性，但伤害不是很严重，根据现场条件选择强抑制入井液。

实验岩心的速敏指数为 0.3~0.37，属于中等偏弱速敏，这主要是由于上古生界岩石微粒胶结致密。当液体通过岩心流速发生变化时，微粒不易脱落和运移。

岩心酸敏指数为 0.06~0.22，属于弱伤害。

盐敏指数为 0.2，属于弱伤害，注入蒸馏水后，渗透率有所下降，这表明侵入液体维持一定矿化度，对保护气层是有利的，山$_x$ 储层个别岩心含有相对较多的伊—蒙混层矿物时盐敏伤害相对严重，但不多见。

榆林南山$_x$ 储层存在水锁效应，伤害程度为中到强，孔隙度越低，伤害越明显，也就是说对于低孔低渗的储层，外来水一旦侵入，便会严重伤害储层的气体有效渗透率。

四、储层保护技术

针对榆林气田南区山$_x$ 储层压力系数低的特征，基于伤害因素分析，储层保护的技术思路一是尽量做到减少侵入地层入井液，二是优化入井液性质，保持良好的配伍性，增强抑制性。

（一）钻井过程中气层的伤害原因

(1) 钻井液中固相颗粒堵塞气层孔喉。

(2) 钻井液滤液与油气层岩石不配伍诱发水敏、盐敏、碱敏、润湿反转和表面吸附等损害。

(3) 钻井液滤液与油气层中流体不配伍可诱发 5 种损害：无机盐沉淀、形成处理剂不溶物、发生水锁效应、形成乳化堵塞及细菌堵塞。

（二）钻井过程中影响气层伤害程度的工程因素

(1) 压差因素：高压差影响钻井液滤液的滤失量和侵入深度，固相颗粒更易侵入储层。

(2) 浸泡时间：浸泡时间越长钻井液中固相和液相侵入量越大。

(3) 环空返速：环空返速越大，钻井液对井壁滤饼的冲蚀越严重，钻井液的动滤失量越大，固液两相侵入深度随之增加。

(4) 钻井液性能：钻井液中固液两相侵入深度受钻井液静滤失量、动滤失量、初切终切等影响；井壁坍塌压力受钻井液抑制性的影响，可能使得钻井液密度不得不提高，从而使得钻井液液柱压力与地层压力之差随之增高，就有可能使损害加重。

（三）钻井过程中气层保护的主要措施

(1) 采用储层专打，减少储层漏失伤害，降低储层污染。

(2) 水平段钻井液体系采用无土相低伤害暂堵钻井液体系。酸溶率高于 90%。

(3) 严格控制钻井液密度和失水。钻井液密度不大于 $1.08 g/cm^3$，失水不大于 5mL。当地层压力系数大于 1.0 时，钻井液密度应在实际地层压力系数基础上附加 $0.07~0.15 g/cm^3$。

（4）采用黏土稳定剂，防止微粒迁移及水敏膨胀。

（5）加入表面活性剂，克服水锁伤害，采用与地层流体配伍性好的处理剂。

（6）优化钻井参数和钻头类型，实现储层快速钻进，减少钻井液浸泡时间。

五、钻（完）井液体系设计

（一）钻井液体系优选

榆林气田南区老井资料调研情况表明：表层采用膨润土体系，井眼中部层段采用低固相聚合物钻井液体系，下部井段使用三磺钻井液体系，钻进过程中没有发现大的井眼稳定问题。统计的30口井数据显示仅发生一例卡钻杆事故。

井身结构设计中的直井段，可考虑两种钻井液体系选择方案。

第一种方案在井眼稳定的上部2000m左右井段使用价格低廉的PHPA（部分水解聚丙烯酰胺）钻井液体系。该体系优点是可以显著提高该段的机械钻速，井壁稳定没问题。缺点是钻井液API失水很大（>30mL/30min），动态携岩效应显著降低，虚滤饼较厚，存在遇阻风险，虽然没有造成大量卡钻事故，但是处理起下钻遇阻消耗的时间降低了机械钻速提高的效益。

另外一种钻井液体系是考虑在上部井段使用气/雾钻井液体系。把压缩空气泵入到钻柱中，钻柱和井眼环空中的气体速度可以举升岩屑到井口。由于动态岩屑挟持效应的减少，ROP（机械钻速）可显著增加。但是根据长庆油田"十一五"期间开展的多口欠平衡钻井试验结果来看，没有达到预期的目标和效益，一是上部洛河等层系出水，导致施工失败，起不到提高钻速的目的，增加了钻井风险；二是空气压缩机产生的噪声污染，也是需要慎重考虑的一个因素；此外，欠平衡的作业费用较高。综合考虑，应用成熟的聚合物钻井液体系目前仍不失为明智的选择。

斜井段和水平段钻井依据以往实钻经验也可以考虑两种钻井液体系方案。

一是采用开发井常用的水基钻井液体系钻至气藏。这种钻井液体系应有足够的密度，保证从造斜段钻至水平段窗口，同时应能保持井眼稳定。钻井过程中的摩擦力会成为一个问题。如果解决好摩阻问题，使用水基钻井液体系无疑是最经济的，长庆油田已经钻出1500m以上的水平段的水平井多口，苏里格气田钻出2000m以上水平段的水平井1口，长北合作项目双分支水平井单只水平段均按2000m设计，实钻采用水基钻井液，通过在钻井液体系中加入降阻剂，控制平滑的井眼轨迹，解决了这个问题。

二是为了能够钻出2km长的水平井段，为了降低钻柱扭矩和阻力，可以考虑使用油基钻井液体系钻进，油基钻井液有很强的抑制性，可以减少扭矩和阻力，与水基钻井液相比，通常可以提高ROP（机械钻速），而且会减少对产层的伤害，这对于长水平段水平井而言，是有利的。但采用油基钻井液的缺点也很明显，油基钻井液的作业成本比水基钻井液高出数倍，维护也比较困难，需要多种措施保护环境，例如混凝土钻井液池地基和外沿，施工完毕后的无害化处理等，钻井中岩屑的处理也须考虑。另外，油基钻井液的使用给防火、井控安全也带来一定的风险，需要慎重考虑。

此外，依据以往经验，钻进2000m水平段过程中钻遇泥岩夹层的可能性非常大，水平井眼的稳定性直接影响到设计指标能否实现和井控安全，合理的钻井液密度无疑是很关键的设计参数，由于榆林南区开发多年，气藏层段压力低于静水柱压力，钻井液密度应尽可能的低以减少地层侵害，但对于水平井中的斜井段和水平段而言，老井资料显示一般需要密度为 1.4g/cm³ 左右的钻井液体系来稳定泥岩和极易垮塌的山西组、太原组煤层。因此，钻井液密度参数的设计应该兼顾井控安全、井眼稳定和储层保护，应尽可能采用较低的密度钻成长水平段，长北气田通过大量的实钻和技术研究，已成功使用较低的钻井液密度（1.1～1.27g/cm³）钻成双分支水平井。

储气库一般都建设在储层压力已经较低或枯竭的老井区，榆林南区实际地层压力系数目前为 0.53 左右，钻（完）井液密度的选择是储气库钻（完）井设计的一个难题，也是钻（完）井液体系选择的重要依据，前期研究曾考虑采用充气等欠平衡方式钻井，但榆林气田南区一口评价井的钻成提供了现场实钻的经验，该井为了保障太原组、本溪组多套煤层的稳定，钻达储层时钻井液密度达到 1.32g/cm³，且该井距离储气库建设区仅 2km，储层层位一致，由此综合考虑目前的技术条件和成本控制，以及安全环保要求，优先采用水基钻井液体系是合理的。储气库评价井的现场实钻情况也表明钻完井液密度在 1.35g/cm³ 时储层也未发生漏失，井壁稳定，下套管及水平段钻井情况正常。

（二）钻井液性能参数设计

钻井液需要解决的主要问题如下：

第四系黄土层及流砂层由于胶结松散，分散度高，对流体冲蚀敏感，而且欠压实，地层承压能力低，容易发生漏失或流砂层垮塌。

延安组和延长组中上部有大段的砂泥岩混层，易发生泥页岩吸水膨胀，造成缩径，导致起钻困难，遇阻遇卡。

延长组底部属砂泥岩互层，地层易吸水膨胀造成地层坍塌。

"双石层"容易垮塌，井壁稳定问题突出，水平段泥页岩夹层也存在井壁稳定问题。

刘家沟组地层承压能力低，容易发生井漏，严重时只进不出。

斜井段和水平井段长，施工中摩阻、扭矩大，尤其是滑动钻进困难。因此，钻井液必须具备良好的润滑性能。大斜度井段和水平井段携砂、润滑防卡和井眼净化也是影响井下安全的关键问题。钻（完）井液技术应以施工中确保井下安全为前提，尽可能地提高钻进速度，降低消耗，提高效益。目的层压力系数较低，水平段钻井液体系和性能应采用低压储层保护措施。

1. 一开钻井液设计

一开主要是钻穿第四系的黄土、沙土层。此井段使用低固相聚合物钻井液体系。钻井液主要组成有膨润土、高分子聚合物。主要性能指标：密度 ρ 为 1.02～1.10g/cm³，漏斗黏度 FV 为 30～80s，塑性黏度 PV 为 3～15mPa·s，动切力 YP 为 1.0～10.0Pa，滤失量 FL 为实测，pH 值为 7～8。

2. 二开钻井液设计

该井段钻进地层为延安组（防卡、防地层出水）、延长组（防地层出水、防缩径）、纸坊组（泥岩段防塌）、和尚沟组（防塌、防漏）、刘家沟组（防漏）。上部井段钻井液体系采用无（低）固相聚合物钻井液体系。主要组成有高分子聚合物、防塌剂、降滤失剂、提黏剂。以防塌、防漏、安全快速钻进为目的。下部井段钻井液体系采用无（低）固相聚磺钻井液体系。主要组成有高分子聚合物、防塌剂、降滤失剂、三磺材料，以防塌为主要目的。具体参数设计见表 5-5。

表 5-5 钻井液常规性能设计

性能	指标
ρ (g/cm³)	1.00~1.05
FV (s)	29~60
API FL (mL/30min)	不控~<15
pH 值	7~9
YP (Pa)	1~10
PV (mPa·s)	5~20

钻井液配置及维护应注意二开前在循环系统中加入 300~400m³ 清水，按配方加入各种聚合物处理剂，并在循环系统中充分循环、水化，使其性能达到要求后方可开钻钻进。采用大循环池快速沉淀钻屑，有效控制密度、含砂量，保持最低密度。工程上必须坚持好无（低）固相钻井液钻井的强化措施，以保证井下安全。进入延长组下部泥岩层钻进时，加大高分子聚合物处理剂和抑制防塌剂的用量，进一步稳定井壁，克服阻卡，提高钻速。纸坊组易坍塌发生井径扩大，且造浆性强，钻井液体系要有足够的抑制和絮凝能力。同时，刘家沟组易发生井漏，钻遇该层以防漏为主，适当提高钻井液黏度，要保持足够的钻井液量，进刘家沟组前尽可能将密度控制在 1.03g/cm³ 以下，以防止刘家沟组发生压力诱导性井漏。一旦发生严重井漏，可采用常规堵漏方法堵漏或打水泥堵漏。起钻前可采用高黏"清扫液"清洗井眼，以保证起下钻无阻卡。

3. 三开钻井液设计

三开造斜井段钻遇地层为石千峰组、石盒子组和山西组，主要复杂为"双石"层泥岩坍塌。为保证该井段的安全快速钻进，使用复合盐钻井液体系。钻井液参数设计见表 5-6。

表 5-6 钻井液性能设计

性能	指标	
密度 ρ (g/cm³)	1.05~1.30（具体根据井下情况确定）	
漏斗黏度 FV (s)	35~100	
API 滤失量 FL (mL/30min)	≤7	
pH 值	8~10	
动切力 YP (Pa)	6~20	
塑性黏度 PV (mPa·s)	10~30	
动塑比 YP/PV [Pa/(mPa·s)]	0.3~0.5	
静切力 Gel (Pa)	初切力	3~6
	终切力	5~12
含砂量 S_C (%)	≤0.3	
摩阻系数 K_f	≤0.07（滑块式摩阻仪）	

斜井段钻井液维护处理应在定向之前将钻井液体系转化为复合盐钻井液体系。使用适量聚合物抑制剂，控制地层造浆，同时使用好固控设备，及时清除有害固相。适当提高黏切，降低失水，增强防塌能力，改善滤饼质量。

此井段着重解决好"双石"层泥岩的井壁稳定以及润滑防卡、携砂等问题。钻井液处理要突出强抑制性，润滑防卡，良好携屑。为了提高钻井液的防卡润滑性能，加入1%~2%的润滑剂，使$K_f \leq 0.07$，各种处理剂加量要达到设计要求。

根据井下情况，必要时每钻一定进尺，用"高黏切稠浆"清洗一次井眼，尤其在起钻前，保证井眼畅通，避免岩屑床的形成。充分利用四级固控设备，控制含砂量和膨润土含量，以保证钻井液性能的可控性，确保井下安全。

进入"双石"层前50m，适当提高钻井液密度，密度确定具体以满足大斜度井段防塌要求为原则，控制失水满足设计要求。同时加入随钻堵漏剂，一旦发生漏失，进行常规堵漏。打开储层后如发生漏失，按钻井液施工设计中的堵漏方案进行堵漏，如果堵漏不成功，漏失严重不能继续钻进，则使用胶乳/膨胀水泥堵漏固井后，钻井液体系转换为无土相低伤害酸溶暂堵钻（完）井液体系，然后继续进行斜井段钻进。

入窗后适当提高钻井液的黏切、及时补充润滑剂含量，彻底清洗井眼，保证套管的顺利下入。

4. 四开水平段钻井液设计

四开目的层压力系数为0.53左右，长水平段储层保护和储层防漏堵漏是该井段施工的关键技术。从井下安全角度讲，润滑防卡问题突出，井壁稳定也是潜在的复杂问题（泥页岩夹层），因此，考虑后期改造措施采用酸化方式，钻井液采用"易酸溶易解堵"的低失水低伤害暂堵体系。

无土相低伤害酸溶暂堵钻（完）井液体系，选用粒级匹配合理的惰性颗粒作为支撑暂堵剂、用水溶性材料作为变形粒子，在近井壁带，快速形成一个薄而致密、无或微渗透的暂堵带，阻止钻（完）井液中的液相和固相颗粒进一步侵入储层，从而达到防漏的目的。

针对高要求的储层保护，选用粒级匹配合理的可酸化不规则刚性颗粒作为支撑暂堵剂、用水溶性材料作为变形粒子阻止钻（完）井液中的液相和固相颗粒侵入储层，这样通过后期的酸化处理可以很好地恢复储层渗透率。要求滤失量不大于5mL，储层伤害率低于10%，酸溶率高于90%，钻井液密度小于$1.35g/cm^3$。设计参数见表5-7。

表5-7 钻井液性能设计

性能	指标	
密度 ρ (g/cm³)	1.2~1.35（根据井漏以及井壁稳定性调节）	
漏斗黏度 FV (s)	40~90	
API 滤失量 FL (mL/30min)	≤5	
pH值	8~10.0	
动切力 YP (Pa)	7~25	
塑性黏度 PV (mPa·s)	10~30	
静切力 Gel (Pa)	初切力	2~6
	终切力	3~8
含砂量 S_C (%)	≤0.3	
摩阻系数 K_f	<0.05（滑块式摩阻仪）	

水平段钻井液配制与维护应着重解决好目的层的防塌、润滑防卡、防漏、携砂等难题的同时，加强气层保护技术，确保完井作业顺利。

及时维护处理，保证钻井液具备良好的防塌能力和润滑性能，防止储层泥岩夹层坍塌而发生阻卡。

储层压力系数低，为了保护气层，有效防漏，在保证井控安全的前提下，水平段钻井液密度尽可能控制到较低数值，并保持低黏度，降低循环压力，避免压差性渗漏发生，降低发生压差卡钻风险；如发现有泥页岩夹层的掉块，要严密观测分析，采取调节流变性及强化抑制性等措施解决；如发现摩阻和扭矩较大，采取加入润滑剂、短程起下钻和增大泵排量及加强固控等措施处理。

钻进过程中要勤观察、勤测量，及时维护各种处理剂加量达到设计要求。根据井下情况，每钻一定进尺可考虑用高黏"清扫液"清洗一次井眼，尤其在起钻前，保证井眼畅通，减小岩屑床的形成。必要时采用短起下钻或使用"段塞液"清除岩屑床。

充分利用四级固控设备，控制含砂量和膨润土含量，以保证钻井液性能的可控性，减少有害固相对气层的伤害，使用好四级固控设备是实现钻井液良好性能和确保井下安全的基础和关键。

水平段一旦发生井漏，适当降低钻井液密度，同时加入随钻堵漏剂。水平段完钻后要求充分循环，并加入一定量的润滑剂、提高钻井液的润滑性，保证井眼的畅通，为顺利下入筛管做好准备。

第二节 靖边气田 S224 区块钻完井液技术

S224 区块与榆林气田南区不同之处在于 S224 目的层为下古生界马家沟组，钻井时需钻穿山西组、太原组与本溪组，而榆林气田南区目的层为上古生界山西组，因此 S224 区块煤层坍塌的风险更高。钻井液处理技术重点是解决好三开斜井段钻遇多套煤层和碳质泥岩带来的井壁稳定问题。另外，S224 区块目前地层压力系数仅为 0.25 左右，储层承压能力更低，钻完井液技术要兼顾防漏和储层保护的要求。

一、钻完井液技术思路

二开直井段钻遇地层与榆林南区一致，钻井液处理方法基本一致，S224 区块钻完井液处理重点在于解决三开斜井段煤层防塌和四开水平段的防漏和储层保护问题。

（一）三开钻井液体系设计思路

根据长庆油田以往大量实验研究和实钻经验，S224 区块三开采用复合盐水钻井液体系。采用有用固相 SFT-1、超细钙等改善滤饼质量，逐步提高钻井液密度，力学防塌；强化钻井液的封堵性能，严格控制钻井液中压失水在 2mL 以下；采用甲酸钠与 NaCl 提高钻井液的矿化度，提高钻井液防塌性能的同时提高了密度，避免了加重材料加量过多造成固含过高，降低滑动托压，粘卡风险。

（二）三开斜井段煤层的钻井液技术思路

基于压力平衡理论，平衡煤层的有效措施首先必须采取适当的钻井液密度，设计合理的密度窗口，形成适当的液柱压力。

水平井地质分层可以看出，煤层、碳质泥岩、泥岩往往是交替分布的，井壁的稳定应当综合考虑，提高钻井液的抑制性，防止泥页岩的水化，是保证煤层和泥页岩不垮塌的必要保障。

严格控制钻井液失水，形成薄、密、韧的滤饼，最大限度减少水进入煤层是保证煤层稳定的重要因素。

改善钻井液封堵性，钻煤层时钻井液中封堵性粒子超细碳酸钙ZDS的加量达到6%~8%，阳离子乳化沥青粉SFT加量达到4%~5%，重晶石加量达到10%~12%，石灰石粉加量达到2%~4%，钻井液中封堵性粒子总量达到22%~26%，有利于封堵本溪煤层。

确保合理的流变参数，钻井液流变性能应该与煤层相适应。高黏切低失水钻井液有助于煤层防塌，也有利于携带岩屑，煤层之前利用改性淀粉控制黏度为80~90s，动切力15~20mPa，初切力为3~5Pa，终切力为6~10Pa。

（三）水平段钻井液技术难点

水平段钻井液技术难点一是大井眼环空容积大，钻井液上返速度低、钻井液携砂效率低，井筒清洁不彻底，容易形成岩屑床或砂桥，对井下安全造成威胁；二是马五储层薄，经常钻遇泥岩、碳质泥岩及黄铁矿，井眼变大后地层的结构应力降低，地层易坍塌，井壁稳定问题突出，加之水平段井斜高达88°~91°，泥岩及碳质泥岩的防垮塌难度进一步增加；三是该井区未施工过下古生界水平井，马家沟组承压能力低，井漏和井塌的矛盾突出，钻井液安全密度窗口较窄；四是大井眼钻速慢，钻井周期长，有害固相含量上升快，体系的润滑性容易变差，易发生卡钻、钻头泥包等问题。

二、钻井液体系设计

（一）一开钻井液设计

一开钻进地层主要是第四系的黄土、流沙层，该层胶结松散，分散度高，对流体冲蚀敏感，而且欠压实，地层承压能力低，容易发生漏失或流沙层垮塌，井眼尺寸大，携砂困难。根据地层特性，推荐钻井液体系为低固相聚合物钻井液体系。钻井液主要组成有膨润土、高分子聚合物（如KPAM、PAC-H、HV-CMC）等，钻井液性能见表5-8。要求钻井液具有良好的防塌能力，保证井壁稳定，防止流沙层垮塌，能够及时携带出钻屑，有效净化井眼，保证大尺寸套管的顺利下入。

表5-8 一开钻井液性能指标

性　能	指　标
密度 ρ (g/cm^3)	1.02~1.10
漏斗黏度 FV (s)	30~80
API滤失量 FL (mL/30min)	实测
pH值	8~10
动切力 YP (Pa)	1~10
塑性黏度 PV (mPa·s)	5~20

（二）二开钻井液设计

二开延安组和延长组地层中上部有大段的砂泥岩混层，易发生泥页岩吸水膨胀，造成缩径，导致起钻困难，遇阻遇卡；安定组底部、直罗组、延长组底部属砂泥岩互层，地层易吸水膨胀造成地层坍塌；刘家沟组地层承压能力低，容易发生井漏，严重时只进不出。推荐采用无固相聚合物钻井液体系。

钻井液配方见表 5-9，性能指标见表 5-10。

表 5-9　二开钻井液配方

处理剂	代号	加量（kg/m³）
聚丙烯酰胺	PHP	3
聚钾	KPAM	3
防塌剂	FT-342	3
提黏剂	PAC-HV	1~3
降失水剂	FL-1	5~10

表 5-10　二开钻井液性能指标

性　能	指　标
密度 ρ（g/cm³）	1.00~1.25
漏斗黏度 FV（s）	29~60
API 滤失量 FL（mL/30min）	不控~<15
pH 值	7~9
动切力 YP（Pa）	1~10
塑性黏度 PV（mPa·s）	5~20

直罗组、纸坊组易垮塌，发生井径扩大，且造浆性强，钻井液必须具有良好的抑制性和防塌能力，保证井眼稳定。延长组易缩径，在此段加大防塌剂量，有效抑制井眼缩径。必要时勤划眼。刘家沟组易发生井漏，钻遇该层以防漏为主，适当提高钻井液黏度，要保持足够的钻井液量，进入刘家沟组前尽可能将密度控制在 1.03g/cm³ 以下，以防止刘家沟组发生压力诱导性井漏。起钻前可采用高黏"清扫液"清洗井眼，以保证起下钻无遇阻，下套管顺利。二开 ϕ339.7mm 套管下深要求至少进入石千峰地层 50m，保证固井封固质量。

（三）三开钻井液设计

三开井段地层为石千峰组、石盒子组、山西组、太原组、本溪组。三开井段为增斜和稳斜段，井斜角将随井深增至 90°左右。该井段将在 60°~70°的大斜度井段施工过程中钻遇山西组煤层，地层破碎，坍塌严重，是三开井段安全钻井的关键层段。解决办法主要考虑通过力学手段（调节密度在 1.30g/cm³ 左右）、化学手段（增强抑制能力、控制失水）及工程措施共同来解决这一技术难题。

根据室内研究和长期现场施工经验，采用复合盐钻井液体系。三开直井段和斜井段的钻井液配方和性能参数见表 5-11 至表 5-13。

表 5-11　三开直井段钻井液配方

处理剂	代号	加量（kg/m³）
膨润土	Bentonite	30~80
提黏剂	PAC-HV（CMC-HV）	1~3
降滤失剂	FL-1	5~10

续表

处理剂	代号	加量（kg/m³）
聚钾	KPAM	1~2
有机硅腐植酸钾	OSAM-K	10~20
防塌润滑剂	FT-342	10~20
稀释剂	SMC	5~20
加重剂	石灰石粉	根据密度需要加入
其他	纯碱、NaOH 等	适量

表 5-12 三开大斜度井段钻井液配方

处理剂	代号	加量（kg/m³）
膨润土	Bentonite	30~80
提黏剂	PAC-HV（CMC-HV）	1~3
聚钾	KPAM	1~3
降滤失剂	FL-1	5~10
降失水剂	SMP-1	10~20
有机硅腐植酸钾	OSAM-K	5~10
防塌润滑剂	FT-342	10~20
稀释剂	SMC/SMK	5~10
加重剂	石灰石/重晶石	根据密度需要加入
氯化钠	NaCl	根据密度需要加入
其他	纯碱、NaOH 等	适量

表 5-13 三开钻井液性能指标

性　能	指　标	
密度 ρ（g/cm³）	1.15~1.30（具体根据井下情况确定）	
漏斗黏度 FV（s）	35~100	
API 滤失量 FL（mL/30min）	≤7	
pH 值	8~10	
动切力 YP（Pa）	6~20	
塑性黏度 PV（mPa·s）	10~30	
动塑比 YP/PV [Pa/(mPa·s)]	0.3~0.5	
静切力 Gel（Pa）	初切力	3~6
	终切力	5~12
含砂量 S_C（%）	≤0.3	
摩阻系数 K_f	≤0.07（滑块式摩阻仪）	

（1）钻井液必须增强抑制防塌性，有效解决"双石"层垮塌，防止斜井段遇阻、卡钻。

（2）提高钻井液的润滑性，加大润滑剂的含量，使$K_f \leq 0.07$，有效降低摩阻，保证起下钻畅通。

（3）根据井下情况，每钻进一定进尺，用"高黏切稠浆"清洗一次井眼，尤其在起钻前，保证井眼畅通，避免岩屑床的形成。

（4）充分利用四级固控设备，控制含砂量和膨润土含量，以保证钻井液性能的可控性，确保井下安全。

（5）补充胶液时按循环周均匀加入，严禁短时间内集中加入，防止性能变化太大，造成井塌。

（6）钻井液性能指标必须达到设计要求。

（7）入窗后如发生漏失，可加入随钻堵漏剂循环堵漏，如堵不住可采用其他方法堵漏。

（8）入窗后适当提高钻井液的黏切，及时补充润滑剂含量，彻底清洗井眼，保证套管的顺利下入。

（四）四开水平段钻井液设计

长水平段钻井，钻屑易在下井壁形成岩屑床，造成遇阻、卡钻。钻具趋向于下井壁，摩阻大，起下钻遇阻严重。泥岩夹层易吸水膨胀，极易造成井塌。低压目的层易被完井液污染。

1. 储层岩心分析

马五$_x^{y-2}$储层，深褐灰色白云岩，溶孔较发育，呈麻点状分布，泥质半充填；马五$_x^{y-1}$储层，褐灰色白云岩，溶孔发育，呈麻点状分布，泥质半充填；马五$_x^y$储层，褐灰色白云岩，溶孔极为发育，呈麻点状分布，未充填至泥质半充填（图5-1至图5-3）。

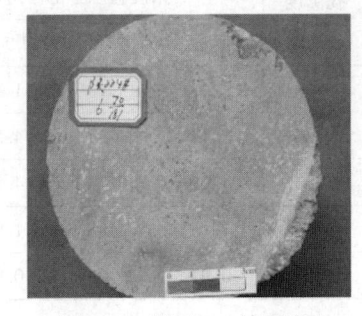

图5-1 马五$_x^{y-2}$储层岩心　　图5-2 马五$_x^{y-1}$储层岩心　　图5-3 马五$_x^y$储层岩心

2. 前期直井钻井情况分析

S224区块气藏埋深为3470~3480m，平均原始地层压力为30.4MPa，压力系数为0.88，井区内有3口采气井，均为直井，钻进储层过程中采用了无土相低伤害酸溶暂堵钻完井液体系，堵漏材料为超细碳酸钙粉，粒径主要分布在25μm（图5-4），实钻只发生了轻微漏失现象，漏失量小于10m³，防漏堵漏的效果较好。

3. 储层敏感性评价

依据前期敏感性评价结果，S224区块下古储层为弱—中偏弱速敏、弱—中盐敏、中强—强水锁特征。储层敏感性评价实验见表5-14至表5-16。

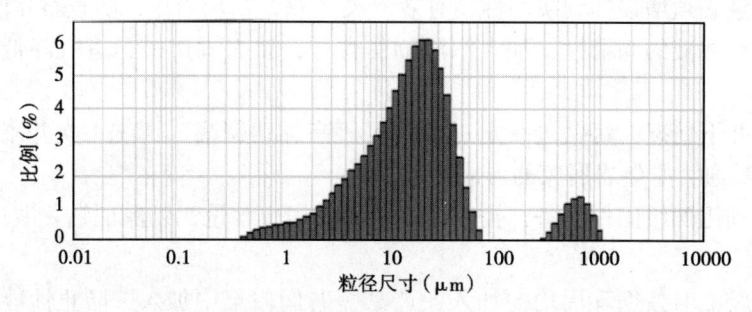

图 5-4 堵漏材料（超细碳酸钙粉）粒径分布图

表 5-14 速敏实验表

岩心号	层位	气体渗透率（mD）	孔隙度（%）	各流速（mL/min）下的渗透率（mD）				速敏指数	速敏程度
				0.5	1.0	3.0	5.0		
5-58/103	马五	10.54	11.0	4.88	4.23	3.28	2.97	0.39	中等偏弱
5-75/103	马五	38.07	10.6	4.90	5.35	5.70	4.33	0.32	中等偏弱
5-78/103-1	马五	5.06	9.32	0.59	0.57	0.50	0.40	0.32	中等偏弱
8-60/87	马五	32.0	8.97	4.36	4.60	4.31	3.81	0.17	弱
7-74/115	马五	14.2	8.62	1.58	1.65	1.16	1.10	0.33	中等偏弱

速敏实验结果表明，S224 区块储层速敏程度弱—中偏弱。

表 5-15 盐敏实验表

岩心号	层位	气体渗透率（mD）	孔隙度（%）	各浓度盐水下的渗透率（mD）				盐敏指数	盐敏程度
				10万	5万	2.5万	蒸馏水		
5-58/103-2	马五	9.62	9.26	2.05	1.94	1.83	0.74	0.64	中等偏强
5-75/103	马五	10.6	38.07	5.12	4.71	4.52	3.23	0.37	中等偏弱
8-60/87	马五	2.97	32.0	4.25	4.14	4.14	3.76	0.12	弱
2-16/25-1	马五	5.58	3.48	1.13	1.08	1.04	0.91	0.20	弱
3-40/62-2	马五	12.51	6.35	0.97	0.95	0.95	0.69	0.29	弱

盐敏实验结果表明，S224 区块储层盐敏程度弱—中偏弱—中偏强。

表 5-16 水锁实验结果表

井号	样号	层位	孔隙度（%）	气体渗透率（mD）	伤害程度（%）	水锁程度评价评价结论
陕参1	150	马五	0.34	0.006	100	强水锁
陕34	10	马五	2.5	0.016	95	强水锁
陕参1	99	马五	5.88	0.45	60.9	中强水锁
陕34	40	马五	5.0	1.40	61.5	中强水锁

水锁实验结果表明，S224区块储层水锁程度为强水锁。

1) 储层伤害因素分析

从表3-23看出实验岩心的渗透率伤害率为6%~39%，属弱伤害到中等伤害，说明岩心中存在有微粒的流速敏感性，但伤害不是很严重，其根本原因是岩心中存有少量伊利石，纵观实验结果，可认为临界流速间于1mL/min和3mL/min，接近于2mL/min。

从表3-24统计结果发现两块岩心属于中等伤害，其他属于弱伤害，而盐水浓度为$2.5×10^4$mg/L以上时，则伤害性较小，注入蒸馏水后，下降幅度较大，这表明侵入液体维持一定盐度，对保护气层是有利的，马五$_x^2$储层个别岩心盐敏严重时岩心中含有相对较多的伊—蒙混层矿物，所以入井液体的盐水浓度必须保证在$2.5×10^4$mg/L以上。

从表3-25实验数据分析，陕244井区储层伤害的最主要因素是水锁贾敏效应，伤害程度为中到强，孔隙度越低，伤害越明显，也就是说对于低孔低渗的储层，外来水一旦侵入，便会严重伤害储层的气体有效渗透率。

2) 储层保护技术

针对S224区块压裂系数低的特征，基于伤害因素分析，储层保护的主要技术思路一是尽量做到减少侵入地层入井液，二是改变入井液性质，增强抑制性，改变表面润湿性，使侵入的滤液易于反排。

在气层段避免加入大相对分子质量的聚合物处理剂，打开气层前将钻井液转换成具有保护气层性能的无土相低伤害酸溶暂堵钻（完）井液体系，钻井液密度≤1.08g/cm³，失水≤8mL。当地层压力系数>1.0时，钻井液密度应在实际地层压力系数基础上附加0.07~0.15g/cm³。

采用黏土稳定剂，防止微粒迁移及水敏膨胀；加入表面活性剂，克服水锁伤害，采用与地层流体配伍性好的处理剂；快速钻穿气层，减少钻井液浸泡时间。

4. 水平段防漏堵漏技术

储层压力系数大约为0.3左右，钻完井保护储层技术常用屏蔽暂堵技术和欠平衡钻井技术，但欠平衡钻井及气体钻井技术并不适用于高含硫、多产层、多压力系统碳酸盐岩储层，S224区块含H_2S浓度较高，欠平衡钻井风险较高。屏蔽暂堵技术成本低、工艺简单，能够解决H_2S腐蚀钻具以及固液相伤害储层问题，并可兼顾同一长裸眼井段高压气层的保护和弱承压漏层的治理，还有利于复杂地层的井壁稳定。因此，从钻井安全以及储层保护的角度来看，应用屏蔽暂堵技术保护该类储层最为有效和现实。

屏蔽暂堵技术是指储层被钻开时，在钻井液液柱压力与油层之间形成的压差下，钻井液中人为加入的各种类型和尺寸的固相粒子进入储层孔喉或裂缝的狭窄处，在井壁附近形成渗透率接近零的屏蔽暂堵带，进而防止漏失，保护储层。屏蔽暂堵材料一般包括架桥粒子、充填粒子和可变形粒子。根据暂堵材料的溶解方式可将其分为酸溶性、碱溶性、油溶性、水溶性暂堵剂。S224储气库注采井完井后为保护盖层，不进行大型压裂改造作业，而采用酸洗后进行投产，因此推荐采用酸溶性暂堵材料，屏蔽暂堵材料选择超细$CaCO_3$粉。

暂堵剂的粒径的选择主要依据理想充填等防漏理论，结合室内实验选择。实验结果如图5-5所示。

根据理想填充理论和d_{90}规则，要达到最佳的暂堵效果，需要筛选出不同粒径的暂堵材料。根据室内级配实验，$CaCO_3$粒径分布在20~60μm之间时储层岩心伤害恢复率最高，因此屏蔽暂堵剂粒径选择为20~60μm。

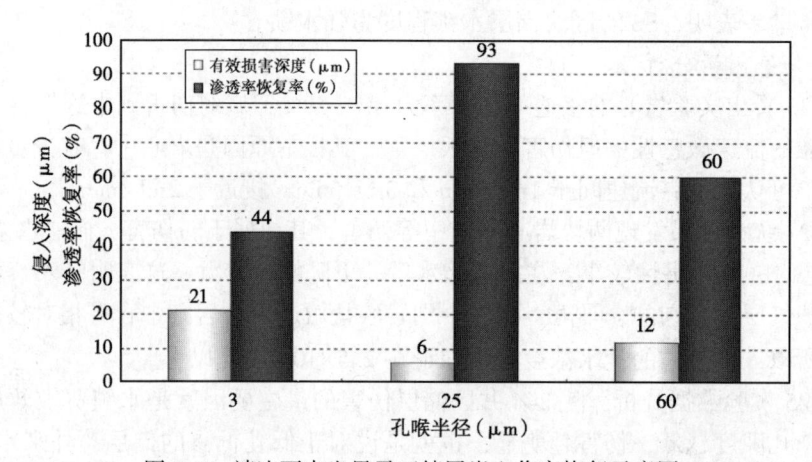

图 5-5 靖边下古生界马五储层岩心伤害恢复示意图

第六章　储气库注采井固井工艺技术

确保各级套管固井质量，特别是生产套管的固井质量是储气库钻完井工艺中的核心关键技术，由于注采井与常规开发井存在诸多区别（表6-1），因此对注采井固井的质量要求也远大于常规开发井。中国石油天然气股份有限公司勘探与生产分公司更是针对储气库提出了"以固井质量为核心的钻井工程"的质量要求，下发了油勘〔2012〕32号关于《油气藏型储气库钻完井技术要求》文件，对储气库的固井质量提出了严格要求，制定了储气库固井质量评价标准，其中对盖层固井质量要求极其严格，权重达到50%，确定了重点考核范围，即包括盖层的全井段固井质量合格率不得低于70%，盖层段固井质量合格率不低于70%，且连续优质水泥段不低于25m，套管试压30min压降不大于0.5MPa。

表6-1　储气库注采井与常规开发井的主要区别

项　目	储气库井	常规气井
工作目的	季节性调峰和应急用气	采油或采气
钻井时储层压力系数	低（枯竭油气藏储气库）	正常
生产套管尺寸	177.8mm（245mm，139.7mm）	139.7mm
固井质量要求	全井段封固，质量要求高	满足生产要求
井筒内气流方向	频繁地双向流动	向外单向流动
气流量	间断地高速流量	稳定流量
最大承受压力	经常大于地层压力	通常小于地层压力
管柱承压变化	周期性交变应力	单向排放压力
寿命要求	尽可能长，可达数十年	受可采量限制，年限要求较短

第一节　储气库注采井固井作业的难点分析

一、水泥性能

常规的水泥石是具有先天缺陷的脆性材料，井下水泥环在外部作用力下会破裂形成微观裂纹，油气井开发过程中或后续增产措施会使这些裂纹进一步扩大，致使水泥环的封隔作用降低或彻底失效。通常情况下，水泥浆体积呈现收缩趋势。常规水泥浆体积总收缩率为5%~14%，塑性体收缩率（初凝前）为0.5%~5%，硬化体收缩率（终凝后）为1%~5%，水泥石的收缩使界面产生微间隙，导致发生气水窜。水泥环常见的密封失效方式如图6-1所示。

储气库井要求水泥环应具有力学稳定性，水泥环完整性不受破坏，抗压强度不衰退；满足体积稳定性，水泥环体积不发生变化，不出现体积收缩或后期过度膨胀；应满足应力稳定

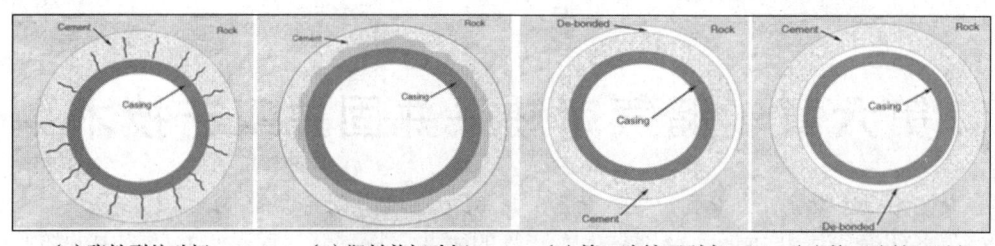

（a）张性裂纹破坏　　（b）塑料剪切破坏　　（c）第二胶结面剥离　　（d）第一胶结面剥离

图6-1 水泥环常见失效方式

性，在井下载荷条件下具有较好的交变应力承载能力；应满足温度稳定性，在井下温度变化环境中具有较好的温度适应能力；应满足腐蚀环境下的稳定性，在井下腐蚀环境具有较强的抗腐蚀能力。

二、储层特点

长庆气田含气层特点一是含气层段长，从上古生界石盒子组、山西组、太原组到下古生界奥陶系均含有天然气，总长约600m左右；温差变化大（65~85℃）；钻遇多套泥岩和煤层，井径扩大率大，平均井径扩大率15%，最大达到30%左右，影响套管柱的居中度，进而影响顶替效率；二是气层纵向上变化大，准确入窗难度大，常常造成进入气层的裸眼段长，另外井深度超过3000m，储气层的目前地层压力较低，高密度的水泥浆上返困难，漏失的风险增加，易造成水泥浆漏失而产生气窜。漏失层主要包括气层段的渗漏、延长组及刘家沟组（延长组当量密度1.30~1.40g/cm³，刘家沟组当量密度1.20~1.30g/cm³）的承压能力低而造成的漏失。由于在固井施工过程中发生漏失或水泥在凝固过程中的渗漏，都会造成水泥浆液柱压力降低，发生气窜的概率很大。

三、固井工艺技术难点

（一）固井质量的影响因素多

钻井过程中的井眼稳定性控制情况直接影响井径扩大率，进而影响固井顶替效率。井眼轨迹控制得光滑与否，将影响套管的居中度。井温情况也会影响水泥浆体系得性能。储气库井井眼尺寸大，井深达到3000m左右，三开井段井斜增至89°左右，井眼轨迹曲率大，钻井难度大，坍塌层（泥页岩和煤层）和漏失层的存在又增加了钻井的难度，这些不利因素的存在使得固井作业处于一个相对恶劣的施工环境，这些影响因素将不同程度地影响固井施工质量，甚至导致施工失败。

（二）固井工具及附件质量问题时有发生

多年来的固井施工作业经验表明，尽管对分级箍、悬挂器、管外封隔器等固井工具进行了严格选商，但现场缺乏工具质量的检验手段也是现实，实际施工时井下情况不一而论，固井工具附件出现问题的情况依旧存在，因为储气库的特殊质量要求，这种情况就可能导致严重后果。

（三）水泥浆体系的优选难度大

国外的"弹性"或"柔性"甚至"自愈合"水泥体系理论上成熟，在国内也开展了几口井的现场试验，但试验结果不一而论，不论哪种体系目前均没有提供有效的测井数据证明其功能的实现,水泥浆体系和性能指标仍需试验优化。

第二节 长庆气田固井气窜现象研究和分析

长庆气田开发井固井发生气窜现象主要表现在气层上下段,测井声幅值均偏大,从气层特性来看,水层活跃的气井容易发生气侵、气窜,开发经验也表明气窜现象与气藏埋深也存在相关性,气层浅易产生气侵、气窜,另外固井过程中有漏失现象的井容易发生气侵、气窜。

为了提高气田固井质量,多年来研究并试验了多种防气窜水泥浆体系,如低失水触变水泥浆、低失水水泥浆、低失水快凝水泥浆、低失水微膨胀水泥浆,低失水膨胀水泥浆等(性能参数见表6-2),对防气侵、气窜起到了一定的作用。

表6-2 水泥浆性能表

水泥浆类型	试验条件 (℃/30MPa)	密度 (g/cm³)	稠化时间 (min)	失水量 (mL)	析水 (mL)	抗压强度(75℃)	
						1d	2d
低失水水泥浆	65	1.91	136	50	2.0	21.64	24.85
低失水触变型	75	1.89	116	60	2.4	23.84	26.65
低失水快凝型	65	1.92	78	70	1.5	28.6	30.25
低失水微膨胀型	65	1.90	92	48	1.5	22.6	25.89
低失水膨胀型	70	1.88	106	17	1.5	23.8	26.67

大量老井现场施工资料分析表明,长庆气田固井过程中产生气侵、气窜的主要原因主要有以下原因。

一、地层漏失引起气窜

由于固井过程发生水泥浆漏失及候凝过程中的渗漏,使得水泥浆的液柱压力低于地层压力,促使地层流体侵入水泥浆体,造成窜槽,从而引起气窜。

二、水泥浆失重引起气窜

由于目前采用的水泥浆体系均表现为触变性较强,即水泥浆的胶凝强度大,在水泥候凝过程中液柱压力传递困难,造成气层段及水层易发生气窜;另一方面,过去只重视气层段水泥浆体系,而忽略了低密度领浆体系,一是低密度水泥浆本身稳定性差,析水大,容易产生桥堵,二是与高密度水泥浆配伍性的问题容易被忽略,造成水泥浆性能的变化而产生体系的不稳定。

三、水泥石形成过程中稳定性差异而引起的气窜

由于气井顶替压力的限制,水泥浆体系均加有一定量的分散剂,造成水泥浆自由水偏大,在水泥浆顶替到位,自由水向高渗透地层滤失,水泥浆稳定性遭到破坏,形成的水泥石渗透率较高,且易形成流体通道,地层流体进入水泥孔隙,或侵入水泥环与套管或地层界面,导致气窜。

四、顶替效率及注水泥均匀性差造成气侵

由于泥浆性能的差异性及井径扩大率大（15%~30%）等问题，使得井壁滤饼质量差，套管居中度难于控制，水泥浆的顶替效率很难提高，因而容易形成泥浆窜槽。另一方面由于设备及操作等因素，水泥浆密度不均匀也会造成气窜。

五、水泥浆体系与气田地质特征不配伍

长庆气田地域分布广阔，气层埋深和气层特点存在差异，南部的气田气层埋藏最深，次之中部的气田如苏里格气田，北部的气田如榆林气田，气层埋藏深度相差1000m左右，过去常采用同一水泥浆体系来固井，固井质量不稳定，特别是榆林等北部的气田发生气窜、气侵发生概率较大。

六、水泥浆性能差引起的气窜

在水泥浆体系使用方面，只片面重视水泥浆体系所表现的某一种或几种性能指标会导致水泥浆综合性能变差，引起气窜现象，如低失水水泥浆体系，其失水虽小，但稠化时间长，强度发展慢，特别是水泥浆在静止状态，初终凝时间过长，达到6~7h。触变水泥浆体系，虽然稠化时间缩短，抗压强度发展快，但由于触变性大而引起水泥在静止时所产生的静胶凝强度增大，随着水泥浆不断水化，水泥浆柱压力传递困难，造成地层流体压力大于水泥浆柱压力而发生气侵、气窜。

第三节 水泥浆防窜评价和预测技术

水泥浆失重及气侵的预测方法，国内外都作了不少研究，提出了很多好的见解，对预防气窜提供了理论依据。

一、气窜潜力系数法（G_{FP}）

该方法是由哈里伯顿公司的Sutton在1984年提出的，采用了水泥浆柱最大压力降低值与井内浆柱的过平衡压力之比来描述气窜发生的可能性，然后根据窜流可能性选择水泥浆的体系。

G_{FP}的计算式如下：

$$G_{FP} = \frac{\Delta p_{max}}{p_{OBP}} \tag{6-1}$$

$$\Delta p_{max} = \frac{0.96 L_c}{D_h - D_c} \tag{6-2}$$

式中 L_c——环空水泥浆长度，m；

D_h——井眼直径，mm；

D_c——套管直径，mm。

Δp_{max}——水泥浆柱最大压力降低值，MPa；

Δp_{OBP}——井内浆柱的过平衡压力。

$$p_{OBP} = p_{ST} - p_{G} \qquad (6-3)$$

式中　p_{ST}——初始静液柱压力，MPa；

　　　p_{G}——气层压力，MPa。

G_{FP}值越大，说明气层发生环空气窜的潜在危险程度越大，分级标准为：G_{FP}值为 1~3 时发生环空气窜的潜在危险程度为轻度，3~8 时为中等，大于 8 时为严重。

二、压力平衡法

该方法认为：注水泥后气窜的根本原因，在于地层流体压力（p_f）大于浆柱压力（p_s）。油、气、水窜的基本条件是：

$$p_f > p_s + p_{Rf} \qquad (6-4)$$

p_s包含两部分，泥浆液柱压力p_{ms}和水泥浆液柱压力p_{cs}。p_{ms}不变，而p_{cs}和水泥浆的阻力p_{Rf}却随水泥浆凝结过程而逐渐减少和增高。p_{cs}降低，p_s也随之降低，由于p_{Rf}，井内不会发生气侵。但当p_s降低到p_f以下某一数值，气侵发生在水泥浆初凝前某一时刻。

$p_f \geqslant p_{cs}+p_{Rf}$，井内将会发生气窜

$p_f < p_{cs}+p_{Rf}$，井内不会发生气窜

三、水泥浆性能系数法（SRN）

该方法是由哈里伯顿 Sutton 等人提出的。它采用了水泥浆胶凝强度（从 100~500lb/1000ft²）的变化速率与失水速率之比，来判定注水泥后气窜的可能性。

从目前的研究来看，发生气窜的主要原因是：当水泥注入环空后不久，水泥环空的压力就开始下降，这种压降主要是由于体积损失和静胶凝强度发展的综合影响所致。静胶凝强度的发展限制了环空静水压力的传递，水泥柱的静胶凝强度可以支撑的最大压差，可以用式（6-5）计算：

$$\Delta p = \frac{SGS}{300} \cdot \frac{L}{D} \qquad (6-5)$$

式中　Δp——压力限制，lb/in²；

　　　SGS——在一定时间里的水泥静胶凝强度，lb/100ft²；

　　　L——注水泥环空的长度，ft；

　　　D——井径与套管直径之差，in。

虽然水泥的静胶凝强度解释限制静水压力传递的机理，但实际压力降低是由水泥浆的体积损失（收缩）引起的。

$$\Delta p = \Delta V / CF \qquad (6-6)$$

式中　Δp——压力损失，MPa；

　　　ΔV——体积损失，m³；

　　　CF——压缩系数。

由于水停止流动之后马上就形成胶凝强度，所以引起压力损失的机理必然是顶替之后起作用的。水泥浆朝渗透性地层失水将引起水泥浆发生大量的体积损失，所以在刚注完水泥

后，水化体积损失不大。Sabins等人发现水泥静胶凝强度达到500lb/100ft² 之前，气体可渗透通过水泥。

第四节　提高水泥浆防窜能力的几种方法

通过对水泥浆的气窜的现象分析和理论评价方法的研究，解决气窜的主要途径有以下几种方式。

一、提高平衡压力

提高平衡压力的最直接方法是在施工前提高钻井液的密度，或在作业期间施加一定量的环空回压，保持合理的过平衡压力，直到水泥凝固或从液态向高度胶凝状态的过渡。

二、减少水泥柱的长度

减少水泥柱长度的常用方法是采用分级或回接注水泥固井工艺，尽量避免一次上返注水泥的施工方法，这也是长庆气田普遍采用的方法。

三、改善胶凝强度

静胶凝强度发展得愈慢，给予气体渗透的时间越长，形成气窜的可能性相应增大。改变水泥浆的静胶凝强度发展速度，也是防气窜的一种主要手段。

四、提高水泥可压缩性

水泥浆的压缩系数很低，大约为 $1.8 \times 10^{-6} \text{lb/in}^2$，压力降低主要是由水泥浆在凝结过程中的体积收缩引起的。在水泥浆中引入发气剂有助于补偿这部分压力损失。

第五节　储气库固井水泥浆体系优选

注采井注气时是一个增压过程，采气时是一个压力降低的过程，要确保储气库注采井在长期交变压力作用下的水泥胶结质量，水泥浆体系的选择和优化至关重要。根据国外储气库建设经验，一般要求水泥环要具有一定的韧性，能起到抗交变压力的作用，具有防气窜能力。国外储气库采用的水泥浆体系为柔性或者弹性水泥浆体系，国内类似的水泥浆体系研究相对较晚，还处在实验阶段，没有形成成熟的体系和标准。

一、水泥浆体系设计思路

调研表明储气库固井所需的水泥浆体系的关键是具有"韧性"或"弹性"，而水泥浆体系的韧性主要是由水泥石的抗冲击韧性、抗拉强度、抗弯曲强度、弹性模量等参数来描述，韧性性能高的水泥浆体系，在形成水泥石时，能够提高井下环境水泥环承受射孔、油气层改造等压力冲击时的抗碎裂能力，从而达到提高固井质量，延长油气井生产寿命的目的。

（一）水泥浆性能参数研究

改善固井水泥环韧性的基本思路是在水泥浆中加入能明显改善水泥石韧性的外加剂，以它为核心研究适合不同井况的水泥浆体系配方的组成、工程性能及力学特性，为固井施工水泥浆设计提供依据。描述水泥浆体系的塑性特性的力学性能参数包括抗折强度、抗冲击韧性、弹性模量等。

1. 抗折强度、抗冲击韧性测试实验

抗折强度、抗冲击韧性大小是表征材料韧性的量度,其值愈高,表明水泥石的韧性愈好,能承受的冲击力愈大。以长庆油田常用的水泥浆体系 GSJ 为例,测量水泥石的抗折强度和抗冲击韧性时,将配制好的水泥浆注入抗折强度试模和抗冲击韧性试模,置于相同的养护条件下养护成水泥石。然后分别测试其 48h 的抗折强度和抗冲击韧性。抗折强度试模和抗冲击韧性试模尺寸为 160mm×40mm×40mm,同一配方应为 3~5 块试件。表 6-3 是典型配方的抗折强度和抗冲击韧性的测定结果(G 级水泥,$W/C=0.44$)。

表 6-3 GSJ 水泥石抗折强度和抗冲击韧性测定

序号	配　　方	温度(℃)	48h 抗折强度 MPa	Δ(%)	48h 抗冲击韧性 MPa	Δ(%)
1	G 级水泥+1.5%GSJ+0.03GH-2	65	7.8	15.6	2.035	6.7
2	G 级水泥+1.5%GSJ+0.05GH-2	85	8.5	15.1	2.012	6.3
3	G 级水泥+2.0%GSJ+0.03GH-2	65	8.9	24.5	2.246	17.0
4	G 级水泥+2.0%GSJ+0.05GH-2	85	9.5	23.9	2.298	21.0

典型水泥浆配方水泥石的抗折强度和抗冲击韧性的实验结果说明,该水泥浆体系有利于改善水泥石的内部结构,对于保护套管、防止射孔作业,压裂对水泥石的破坏,相应地延长了气井使用寿命。

2. 弹性模量测试实验

弹性模量是材料刚性的量度,弹性模量越大,说明在相同外力作用下,其变形越差,越易脆裂。测量水泥石的弹性模量时,将配制好的加有 GSJ 降失水剂的水泥浆与 G 级水泥净浆注入试模中(试模尺寸 40mm×40mm×160mm),置于 75℃条件下养护。用材料试验机测定其 48h 弹性模量。同一配方应为 5 块试件。表 6-4 是典型配方的弹性模量的测定结果(G 级水泥,$W/C=0.44$)。

表 6-4 典型水泥浆配方的弹性模量($\rho_s=1.90\text{g/cm}^3$)

序号	配　　方	温度(℃)	48h 弹性模量 GPa	Δ(%)
1	纯 G 级水泥净浆	75	6.443	0
2	1.5%GSJ + 0.05%GH-2	75	5.372	16.6
3	2.0%GSJ + 0.05%GH-2	75	4.116	36.1

表 6-4 表明,随着 GSJ 降失水剂的加入,显著改善了水泥石的可变形能力,加入 1.5%、2.0%GSJ 降失水剂时,其弹性模量较原水泥浆下降了 16.6%、36.1%。下图为表 6-4 配方水泥石的应力—应变关系实验曲线。

3. 水泥石抗冲击破坏能力实验

按正常配浆方法制备水泥浆样品两份,一份为水灰比 0.44 的普通 G 级嘉华水泥浆,一份为水灰比 0.44,添加 2.0%GSJ 的 G 级水泥水泥浆。

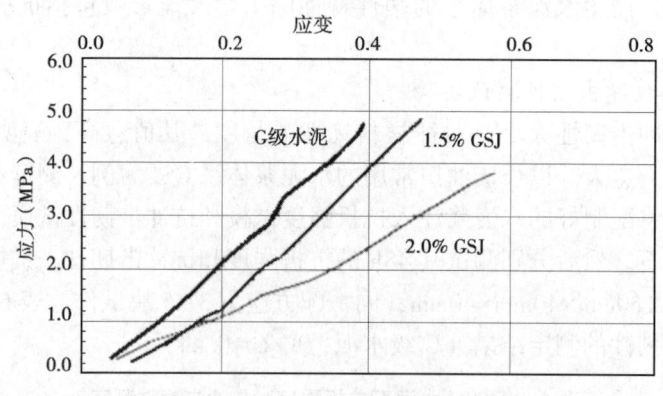

图 6-2 水泥浆应力与应变关系图

实验样品装入模具做 7d、15d 等不同龄期水泥养护，分别制得射钉试验用的水泥石试块。将不同龄期的水泥石，用常规射钉枪将钉子从水泥石一端射入，观察水泥石破裂情况。并对射钉结果进行评价。

养护 1d 实验结果如图 6-3 及图 6-4 所示。

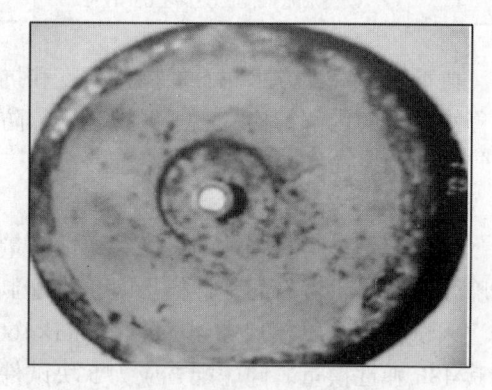

图 6-3 纯水泥，养护 1d   图 6-4 GSJ 水泥，养护 1d

养护 7d 实验结果如图 6-5 及图 6-6 所示。

图 6-5 纯水泥，养护 7d   图 6-6 GSJ 水泥，养护 7d

养护 15d 实验结果如图 6-7 及图 6-8 所示。

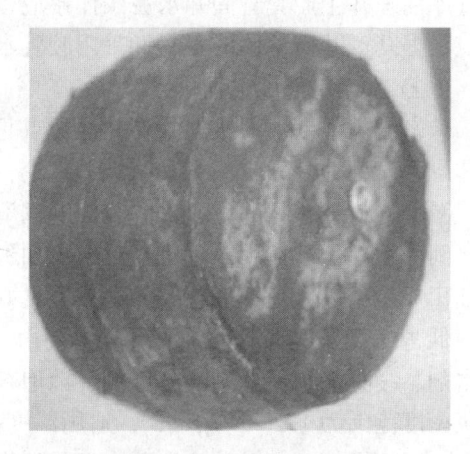

图 6-7　纯水泥，养护 15d　　　　　　图 6-8　GSJ 水泥，养护 15d

实验结果表明：在养护时间、养护温度、射钉冲击力相同的情况下，非塑性水泥石射钉后有明显裂缝，塑性水泥石裂缝很细小。养护龄期为 15d 的纯 G 级水泥石射钉后水泥石表面破裂很严重，而加有 GSJ 的水泥石只有细小裂缝。说明 GSJ 防气侵水泥体系具有较强的抗冲击破坏能力，可以有效提高水泥石抵抗射孔作业带来的破坏。纯水泥石抗冲击破坏能力随着养护龄期的增长而变差，而 GSJ 防气侵水泥石无论养护龄期的长短都具有较强的抗冲击破坏能力。

（二）水泥浆的防气窜性能

套管水泥环形空间的气水窜会严重影响固井质量，影响井筒运行寿命，前期大量的生产实践及研究表明，造成气水窜的主要原因，在于水泥浆凝结过程，其液柱压力在不断降低（即水泥浆失重），当作用于井筒环空内的浆柱（钻井液和水泥浆）压力逐渐降到低于气水层压力的某一时刻时，气水就会侵入环形空间，造成气水的窜流，甚至井口冒气。水泥浆失重的原因归纳起来有如下几方面：

（1）水泥浆在凝结过程中，其内部结构力不断增强，与井壁和套管的胶凝强度不断增加，水泥环重量逐步悬挂在套管和井壁上，导致对地层的压力降低。

水泥浆在凝结过程中，由于水化作用，水泥石基体内部收缩形成微孔隙，同时外观体积也产生一定的收缩，降低了孔隙压力和作用于地层的压力。一般水泥浆初凝时的收缩率为 0.1%~0.5%，到终凝时却大于 2%。

（2）水泥浆内自由水的分离，在水泥浆柱中，形成了连通的轴向水槽（或水带），降低了对地层的压力。这种作用，在斜井中尤为明显，模拟试验可以观察到井壁上侧形成一条明显的水槽，这就是斜井产生油气水窜的主要通道。

（3）水泥浆失水一般较大，在钻井液内滤饼质量较差时，其自由水容易向渗透性好的地层中渗滤，在环形空间中产生桥堵，妨碍了浆柱对桥堵以下井段的压力传递，结果使桥堵段以下浆柱压力降低，导致桥堵段以下地层易发生气水互窜。

二、注采井水泥浆体系设计

注采井水泥浆体系优选方法是在水泥浆韧性及防气窜能力的分析研究基础上，立足国内成熟水泥浆体系，开展储气库水泥浆体系的筛选和优化。基于大量的理论研究和实验分析，储气库注采井生产套管固井水泥浆体系应首选具有韧性的水泥体系，对于技术套管和表层套管应根据其对井筒整体的密封性采用胶乳水泥浆体系或低密高强水泥浆体系。

（一）低密度高强度水泥浆体系

低密度高强度水泥浆的主要性能特点是密度低，但强度高。该体系是以线性堆积模型和固体悬浮模型为基础，根据紧密堆积理论，利用合理的物料颗粒级配以及改善物料的表面性质，减少物料颗粒间的充填水和表面的润滑水提高单位体积水泥浆中固相，通过超细矿物材料之间的物理化学作用等手段，形成更加致密的水泥石。低密度高强度水泥浆体系在国内各大油田成功应用，施工工艺成熟，具有良好的水泥浆沉降稳定性能和防漏失性能。

低密度高强度水泥浆体系组成主要由G级水泥、漂珠或减轻增强混合材、增强剂、降失水剂、缓凝剂、促凝剂、分散剂、消泡剂等组成。利用以上的外加剂，体系可以配制的水泥浆密度范围为 $1.2 \sim 1.7 \text{g/cm}^3$，适用温度范围为 $22 \sim 150 ℃$。低密度高强度水泥浆体系可与降失水剂配合使用，有效地控制水泥浆的失水；增强剂是由具有活性的超细矿物材料组成，它的充填和胶凝反应，也有助于降低滤失，同时，由于其合理的颗粒级配，在渗漏性地层易于形成"搭桥"暂堵，有助于防止漏失的发生。

（二）胶乳水泥浆体系

胶乳水泥浆体系主要由G级水泥、胶乳、降失水剂、防漏增韧材料、缓凝剂、消泡剂、抑泡剂等成分组成。体系具有良好的失水控制和防漏失防窜性能，能改善水泥石性能（韧性、耐腐蚀性、胶结性能），有益于改善水泥浆流变性，具有良好的水泥浆稳定性。该水泥浆体系在辽河、大庆、长庆、新疆、四川等各大油田得到广泛应用，体系较为成熟，在其他储气库建设过程中也有大量应用的经验。

胶乳水泥浆体系是以胶乳聚合物作为分散体系的高浓悬浮水泥浆体系。体系的主要成分是水泥和胶乳，乳胶粒径 $0.05 \sim 0.5 \mu m$，具有抗高温，低失水，直角胶凝，防水气窜，良好的流变性等特点，并能增加水泥石的弹性。可以增加水泥石较高的抗折、抗压、抗拉、胶结强度。其特点是胶粒在压差的作用下在水泥颗粒间聚集成膜；小粒径乳胶颗粒填充于水泥颗粒间的空隙，堵塞通道，降低渗透率；胶乳水泥浆体系可以减小水泥环体积收缩，提高水泥石韧性；从相同条件下养护水泥石的电镜照片可以看出，纯水泥石中有少许类似颗粒状物堆积的海绵体结构，而胶乳水泥石中有网络状水化产物，胶乳粒子填充期间，相互交接形成三度空间网，有利于水泥石的韧性性能。

另外由于胶乳颗粒具有带电性（取决于合成胶乳时表面活性剂的电荷量），分散体系不仅对能加强凝固的自由离子很敏感，而且对温度和机械能量也很敏感，为了提高分散体系的物理、化学稳定性，在分散体系中加入高浓度的表面活性剂和分散剂，防止水泥浆发生絮凝和闪凝，同时由于大量表面活性剂的存在，配浆中起泡较多，需加入有效的消泡剂，控制过程中泡沫的产生。为了控制水泥浆的失水和体系调凝，根据情况还需加入一定量的降失水剂、调凝剂等。最终通过应用胶乳能够配制出分散性很好、稠度很稀的无胶凝水泥浆。

（三）韧性水泥浆体系

储气库注采井与常规开发井最大的不同在于水泥环要承受注气和采气阶段不同的交变压力，井筒温度也因作业阶段的变化而变化，如图6-9所示。

生产套管外的水泥环可能在长期交变压力下产生微环空或形成裂缝，从而降低或者失去气密封性能，造成生产安全事故、套管带压、提前产水等复杂情况，严重时可能造成井资产

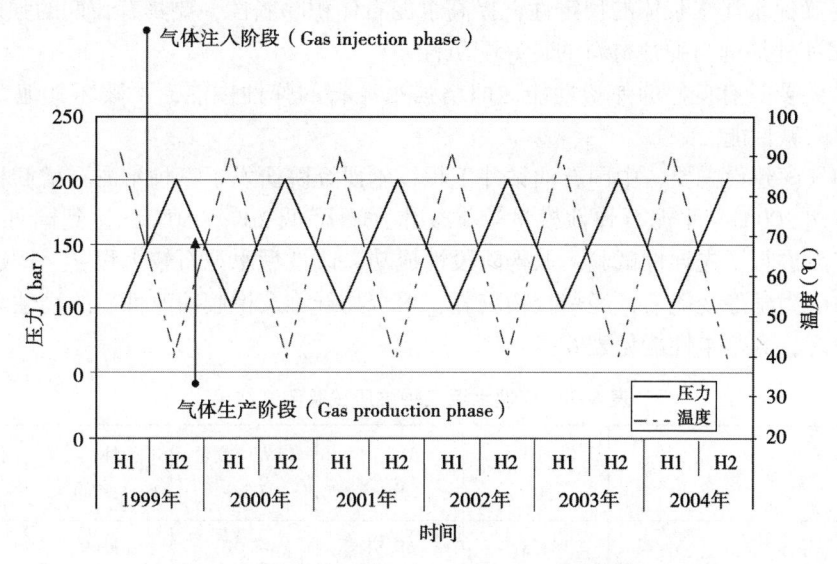

图 6-9　注采井生产运行过程中的压力温度变化

报废，如图6-10所示。

因此国内外石油公司开始试验和开发韧性（柔性、弹性）水泥体系，确保水泥环抗压强度大于注气时强度，抗拉强度大于注气时套管拉力来防止微裂缝的产生，韧性水泥石具有膨胀性，杨氏模量小于地层杨氏模量，可补偿微环空带来的不利影响。

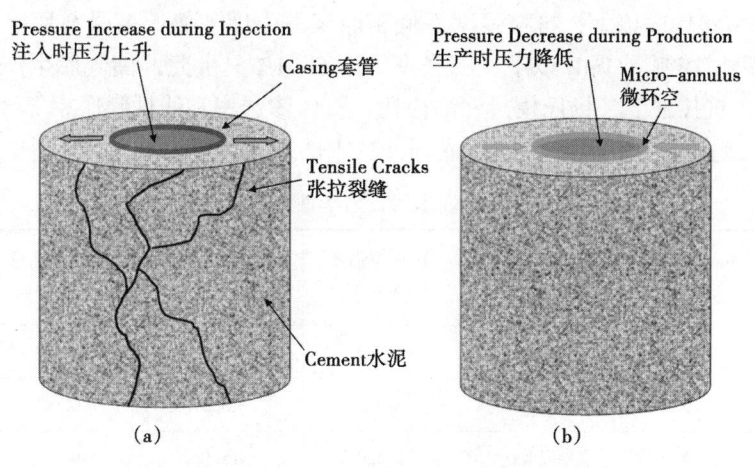

图 6-10　注采井生产运行过程中的水泥环变化

韧性水泥浆的特点：一是采用紧密堆积技术优化低密度水泥浆，提高水泥浆的综合性能，解决地层承压能力低的问题；二是在保证水泥浆综合性能的前提下，对水泥石力学性能进行改造，降低水泥石的弹性模量，胶乳、胶粉、纤维是国内外研究得较多的三种水泥增韧材料。

在对水泥石力学性能改造的同时，不能破坏水泥浆的其他性能，需要重点要解决以下几个矛盾：

（1）要解决水泥石韧性与强度之间的矛盾，降低弹性模量则会导致水泥的强度变低。

（2）解决好改善水泥的韧性与安全施工之间的矛盾，增韧材料一般加量较大，施工存在困难或风险。

(3) 要确保水泥浆浆体的稳定性，提高水泥石体积膨胀性，要具有长期的强度稳定性。
(4) 保证外加剂与弹性材料的良好配伍性。
(5) 体系要具有良好的弹塑性能，即增强水泥石的弹性性能，不破坏其他性能、具有良好的耐温耐碱性能。

根据储气库建设需要，中国石油钻井工程技术研究院研发了三种水泥石增韧材料，最高使用温度可达200℃，水泥石弹性模量较常规水泥石降低20%~50%，达到国外先进水平，在国内储气库进行了先导性试验，取得阶段性成功。改性后水泥石较大程度上增加了水泥石在弹性区内的力学形变能力，经聚合物胶乳、聚合物纤维及橡胶粉改性后的韧性水泥石力学形变能力最好，其基本性能见表6-5。

表6-5 韧性水泥三轴抗压试验测试结果

编号	轴向应力（MPa）	差应力（MPa）	最大应变量（%）	弹性模量（GPa）	降低百分数（%）
原浆水泥石	88.81	68.81	3.02	9.69	0
20%胶乳水泥石	74.17	54.17	3.33	6.30	35
20%胶乳+0.5%纤维水泥石	77.66	57.66	4.03	7.75	20
20%胶乳+0.5%纤维+2%橡胶粉水泥石	66.25	46.25	3.90	4.51	53

通过实验，韧性水泥的抗压强度方面取得新进展，常规密度体系可达到25MPa以上，低密度体系可达20MPa以上，抗拉强度不低于原浆的强度，杨氏模量与原浆相比降低20%以上，渗透率可以控制到1mD以下，膨胀率大于0.01%。由此，储气库生产套管固井水泥浆的抗压强度、抗拉强度、杨氏模量、泊松比、气体渗透率和线性膨胀率等性能指标得以确定，见表6-6。这些指标的确定为储气库固井技术的发展奠定了基础。

表6-6 韧性水泥石力学性能指标要求

密度（g/cm³）	48h抗压强度（MPa）	7d抗压强度（MPa）	7d抗拉强度（MPa）	7d杨氏模量（GPa）	7d气体渗透率（mD）	7d线性膨胀率（%）
1.90	≥16.0	≥28.0	≥2.3	≤6.0	≤0.05	0~0.2
1.80	≥15.0	≥26.0	≥2.2	≤5.5	≤0.05	0~0.2
1.70	≥14.0	≥24.0	≥2.0	≤5.0	≤0.05	0~0.2
1.60	≥12.0	≥22.0	≥1.8	≤4.5	≤0.05	0~0.2
1.50	≥10.0	≥20.0	≥1.7	≤4.0	≤0.05	0~0.2
1.40	≥8.0	≥18.0	≥1.5	≤3.5	≤0.05	0~0.2
1.30	≥7.0	≥16.0	≥1.3	≤3.0	≤0.05	0~0.2

第六节 固井工艺设计

一、平衡压力固井

根据长期开发过程中形成的固井成熟工艺，储气库固井采用平衡压力固井工艺，即对水泥浆密度和水泥浆性能及施工参数进行优化，进行平衡压力计算，严格测定水泥浆性能，严格控制二级或回接固井时间，确保水泥浆从注替到凝固过程中的液柱压力始终大于气层压力而小于地层破裂压力或漏失压力。

二、优化完井液性能参数

良好的完井液性能，是提高固井质量的重要保证。完井阶段应以压稳气层计算合理的完井液密度，选择具有良好流变性和低失水的完井液体系，有利于驱替。

三、套管扶正器放置要求

合理加放扶正器，一是按照储气库钻完井技术规范的要求，应用专业软件对扶正器安放就行模拟计算；二是根据井径扩大率的情况，确定加放扶正器的数量，使套管居中率大于67%。扶正器的加放基本原则是表套内加放 2~4 个，在分级箍位置上、下各加放 1 个，在气层上下 200m 内每根套管加放 1 个，在井径扩大率超过 20%，每根套管加放 1 个，在其他封固段每两根套管加放 1 个，扶正器必须安放在套管接箍上。

四、隔离液设计

根据储气库注采井的井身结构和地层物性，采用抗污染能力强的加重冲洗隔离液，密度范围为 $1.35~1.50 \text{g/cm}^3$ 以压稳地层为目的。要求隔离裸眼环空高度 300m 以上，有效保证冲洗接触时间大于 7min，提高冲洗顶替与隔离作用，降低地层承压能力，确保固井施工安全。隔离液的选择基本原则如下。

（1）隔离液应有效分隔完井液与水泥浆，防止钻井液与水泥浆接触污染。隔离液要与钻井液有很好的相容性，能够稀释钻井液，降低钻井液的黏度和切力，提高对钻井液的顶替效率。能够帮助剥离井壁上的松软滤饼，提高水泥环与井壁的胶结质量。隔离液要与水泥浆有很好的相容性，不应使水泥浆发生变稠、絮凝、闪凝等现象。

（2）隔离液和套管井壁的黏附力要小，易被水泥浆顶替走，提高水泥浆与两个界面胶结质量。隔离液的密度应能压稳地层，防止地层坍塌及气窜。

（3）隔离液应无毒无腐蚀，具有一定的热稳定性，防止隔离液分层，形成环空堵塞，造成注替困难。

五、分级箍安放位置

封固段长短对于保证产层及全井段的封固质量尤为重要。若一级返高超过主漏层，就可能将主漏层封堵，若一级返高过低，将影响二级固井质量，易形成空井段。为此，分级箍位置应选择放置于易漏层或裸眼井段上部，固井前应对漏层做承压堵漏试验。水泥浆用量需要认真核实井径数据，取准漏层数据，算准水泥量。

根据长庆储气库注采井的井身结构设计，ϕ339.7mm技术套管固井时，分级箍应置应根据主漏层刘家沟组的承压能力和水泥浆平衡压力计算适当的位置，为减轻一级领浆对刘家沟组的压差，应合理设计领浆密度，防止刘家沟组漏失，要做到平衡压力固井，搞清地层破裂压力系数是平衡压力固井所必需的（延长组和刘家沟组的破裂压力梯度见表6-7）。根据一级封固段的地质特点，可以考虑设计三凝水泥浆，一级领浆设计密度为$1.25\sim1.30\text{g/cm}^3$，一级中浆设计密度为$1.45\sim1.50\text{g/cm}^3$，一级尾浆设计密度为$1.85\sim1.90\text{g/cm}^3$；主要用于封固刘家沟组以上地层，减轻对刘家沟组的压力。

表6-7 地层破裂压力梯度

地层	埋藏顶界（m）	埋藏底界（m）	地层破裂压力梯度（MPa/m）
延长组	400~500	1400~1500	0.0135~0.0145
刘家沟组	1900~2000	2100~2300	0.012~0.0135

保证井筒密封性的关键是提高生产套管固井质量，如果盖层段固井质量发生问题，后期补救措施非常有限，甚至导致该井报废，造成重大经济损失。生产套管固井时应将分级箍置于裸眼层段以上，和上级技术套管重叠，以防止裸眼段和上级技术套管脚位置发生漏失，影响固井质量。

此外还应考虑分级箍结构缺陷，应尽量将一级和二级水泥浆衔接起来，增强分级箍位置的承压，这就要求一级固井时水泥浆应返至分级箍以上150m左右，防止一级水泥浆因渗漏和体积收缩造成二级界面出现空段。另外根据经验，二级固井前降低钻井液相对密度，增加去油类添加剂的前置液对技术套管内壁充分清洗，有利于提高二级固井质量。

六、水泥浆上返速度控制

控制水泥上返速度，确保水泥浆在不窜槽的情况下流动，是保证固井质量的一项重要措施，水泥浆流态为塞流时才能具有良好的顶替效率。水泥浆返速的控制一般原则是适当提高水泥浆在套管中的顶替速度，以缩短水泥浆顶替时间，提高前置液对钻井液顶替效率和对滤饼的冲刷能力。当水泥浆出套管时，水泥浆的顶替速率应适当放缓，防止水泥浆顶替压力过高，造成顶替过程中的漏失，现场注水泥过程完成后一般采用双泵顶替，当下胶塞通过分级箍位置时采用间隔顶替，后采用单泵顶至泵压。

七、各级套管固井工艺设计

长庆储气库注采井主要采用四开水平井结构设计，为保证各级套管有效封固，提高水泥环在注采的交变压力下长期可靠有效，总体设计思路是各级套管水泥浆均应返至地面，生产套管应采用批混批注方式施工。表层套管采用插入法固井工艺，固井水泥返至地面，管内留10~20m水泥塞，有效封隔上部黄土和流沙层；技术套管采用分接箍固井方式，水泥返至地面，封隔刘家沟组漏层，为生产套管固井提供较好的井筒条件；生产套管采用分级固井或回接方式固井，水泥返至地面，确保盖层封固质量，全井段封固合格率大于70%；生产尾管与ϕ244.5mm生产套管重叠段全部封固，水泥返至喇叭口。

（一）表层套管固井设计

技术要求水泥浆返至地面，防止套管脚漏失，有效封固表层确保二开正常钻进。水泥浆体系采用低密度高强度水泥浆体系。水泥浆体系及性能设计参考指标见表6-8。

表6-8 表层套管固井水泥浆性能参考设计

高密度水泥浆体系：G级（HSR）+3%G413-GQA					
水泥	水灰比	密度（g/cm³）	析水率（%）	抗压强度，30℃，24h（MPa）	稠化时间，30℃，10MPa（min）
G（HSR）	0.44	1.88	≤0.2	≥15	60~90
低密度水泥浆体系：50%G级（HSR）+50%粉煤灰+4%G401-GQD					
水泥	水灰比	密度（g/cm³）	析水率（%）	抗压强度，30℃，24h（MPa）	稠化时间，30℃，10MPa（min）
G（HSR）	0.65	1.50	≤0.5	≥5	150~180

（二）技术套管固井设计

技术套管尺寸大、裸眼封固段长，固井要求封固好漏失层刘家沟组，确保后期多煤层斜井段正常钻进。设计采用分接箍固井方式，封固好漏失层，保证固井质量。采用胶乳水泥浆体系，优化水泥浆性能，确保技术套管封固质量；水泥浆流变性好，体系稳定，稠化时间合理，满足现场施工要求；优化现场施工参数，防止漏失，提高顶替效率，减小"U"型管效应，确保一、二界面胶结质量；平衡压力固井计算，保证注水泥浆连续，密度均匀。前置液的性能要求具有良好的相容性及配伍性，要求有7~10min的接触时间，有效清除岩屑和紊流顶替钻井液，清洗套管外壁及井壁的油膜，提高表面水润性。

组成：清水+5%CXY。

性能指标：$\rho>1.09g/cm^3$，PV：3.3mPa·s、YP：0.79Pa。

水泥浆体系采用微膨胀胶乳水泥浆体系。保证体系稳定、失水、析水小、强度高、防漏效果好，稠化时间可调，满足现场施工要求。水泥浆体系设计参考指标见表6-9。

表6-9 技术套管固井水泥浆性能参考设计

一级常规密度水泥浆体系：G级（HSR）+膨胀剂+防窜降失水剂+胶乳						
水泥	水灰比	密度（g/cm³）	析水率（%）	失水，85℃，30min，7MPa（mL）	抗压强度，85℃，24h（MPa）	稠化时间，85℃，45MPa
^	^	^	^	^	^	初稠（Bc） / 时间（min）
G（HSR）	0.44	1.88	0	≤50	≥21.0	<15 / 150~170
一级低密度水泥浆体系：G级（HSR）90%+10%复合减轻剂G403-GJQ+膨胀剂+防窜降失水剂+胶乳						
水泥	水灰比	密度（g/cm³）	析水率（%）	失水，85℃，30min，7MPa（mL）	抗压强度，85℃，24h（MPa）	稠化时间，85℃，45MPa
^	^	^	^	^	^	初稠（Bc） / 时间（min）
G（HSR）	0.6	1.45	≤0.5	≤100	≥14.0	<20 / 170~200
二级常规密度水泥浆体系：G级（HSR）+膨胀剂+防窜降失水剂+胶乳						
水泥	水灰比	密度（g/cm³）	析水率（%）	失水，85℃，30min，7MPa（mL）	抗压强度，85℃，24h（MPa）	稠化时间，85℃，45MPa
^	^	^	^	^	^	初稠（Bc） / 时间（min）
G（HSR）	0.44	1.88	0	≤50	≥21.0	<15 / 150~170
二级低密度水泥浆体系：G级（HSR）90%+10%复合减轻剂G403-GJQ+膨胀剂+防窜降失水剂+胶乳						
水泥	水灰比	密度（g/cm³）	析水率（%）	失水，85℃，30min，7MPa（mL）	抗压强度，65℃，24h（MPa）	稠化时间，85℃，45MPa
^	^	^	^	^	^	初稠（Bc） / 时间（min）
G（HSR）	0.6	1.45	≤0.5	≤100	≥14.0	<20 / 170~200

(三) 生产套管固井设计

采用分级箍或回接筒固井,要求良好封固斜井段,保证盖层段连续优质段不小于25m,和隔段不小于70%,水泥浆返至地面。采用平衡压力固井,注水泥浆要连续,密度均匀。前置液的性能具有良好的相容性及配伍性,要求有7~10min的接触时间,有效清除岩屑和紊流顶替钻井液,清洗套管外壁及井壁的油膜,提高表面水润性。

组成:水+3.5%悬浮剂+3.5%高温悬浮剂+6%冲洗液+加重材料+缓凝剂+消泡剂;性能指标:$\rho>1.09\text{g/cm}^3$,PV为3.3mPa·s,YP为0.79Pa,上下密度差$\leq 0.03\text{g/cm}^3$。

分级箍或回接筒以下采用韧性水泥浆体系,以上采用胶乳水泥浆体系。要求体系稳定、失水、析水小、强度高、水泥石收缩率为零、防漏效果好,稠化时间可调。水泥浆游离液控制为0,滤失量控制在50mL以内,沉降稳定性试验的水泥石柱上下密度差应小于0.02g/cm^3,水泥石气体渗透率应小于0.05mD,膨胀率0.03%~1.5%。

韧性水泥浆参考配方:G级水泥+16%石英砂+3%微硅+8%乳胶粉+4%增韧材料+2.5%降失水剂+0.9%分散剂+52%水+0.5%消泡剂+0.5%抑泡剂+3.5%早强剂,参考性能设计见表6-10。常规密度水泥石24~48h抗压强度应不小于14MPa,7d抗压强度应不小于储气库井口运行上限压力的1.1倍。

表6-10 韧性水泥浆技术性能参考设计

套管程序	生产套管	
BHCT(℃)	90	
BHST(℃)	112	
压力(MPa)	53	
实验条件	90℃,53MPa,45min	
密度(g/cm³)	1.88	
稠化时间	领浆:施工时间+(90~150min),即370~430min	
	尾浆:施工时间+(60~90min),即190~220min	
API失水量(mL)	≤50	
游离液(%)	0	
抗压强度(MPa)	领浆:≥14(90℃,24h) ≥16(90℃,48h) ≥28(90℃,7d)	尾浆:≥14(112℃,24h) ≥16(112℃,48h) ≥28(112℃,7d)
7d渗透率(mD)	≤0.05	
7d弹性模量(GPa)	≤6.0	
7d抗拉强度(MPa)	≥2.3	
7d线性膨胀率(%)	>0.03	

(四) 生产尾管半程固井工艺设计

采用双管外封隔器加分级箍的尾管固井,封固好重叠段,确保上级套管脚不发生气窜。要求水泥浆返到喇叭口以上。尾管悬挂器位置尽可能选择井斜较小的位置,一般为30°~40°左右,与上级套管重叠段长一般设计150~200m,ECP放在生产套管内。

前置液要求性能具有良好的相容性及配伍性,要求有7~10min的接触时间,有效清除岩屑和紊流顶替钻井液,清洗套管外壁及井壁的油膜,提高表面水润性。

组成：清水+5%CXY；性能指标：$\rho>1.05\text{g/cm}^3$，PV：$3.3\text{mPa}\cdot\text{s}$，$YP$：$0.79\text{Pa}$。

水泥浆体系及性能指标：采用胶乳水泥浆体系。要求体系稳定、失水、析水小、强度高、流变性好，稠化时间可调，满足现场施工要求。参考性能见表6-11。

表6-11 尾管固井水泥浆性能参考设计

常规密度水泥浆：G级（HSR）+2%GSJ（防窜降失水剂）+0.04%GH-3+0.3%USZ+1%胶乳										
水泥	水灰比	密度（g/cm³）	析水率（%）	失水，30min，7MPa（mL）	抗压强度，85℃，24h（MPa）	流变性		稠化时间，85℃，40MPa	
							流性指数 n	稠度分数 k	初稠（Bc）	时间（min）
G（HSR）	0.44	1.88	≤0.1	≤50	≥21	0.8~0.9	0.2~0.3	<15	150~180

第七节 固井工艺要求及固井质量检测评价方法

一、固井工艺要求

（1）表层套管应下入稳定砂岩层，下深不小于500m，封隔饮用水层。固井水泥必须返至井口，且套管内留有的水泥塞不小于20m。

（2）技术套管采用防气窜水泥浆体系，采用优质分级箍，分级箍抗压能力大于35MPa以上。

（3）生产套管固井质量须满足储气库长期高低压交互变化条件下密封的需要，采用适用技术确保储气层及盖层以上至刘家沟组底部（700~800m）井段固井质量良好，第一、第二界面胶结质量优良可靠。

（4）水平段采用筛管完井，悬挂器悬挂于技术套管上，悬挂位置在井斜角30°~40°的井深处，正确安放套管扶正器，确保套管安全下入。

（5）各层套管固井水泥需上返至井口。

（6）采用声幅变密度和声波成像测井技术评价水泥环胶结质量。

二、固井质量检测评价方法

储气库对井筒的完整性的要求很高，固井质量是井筒完整性最为关键的指标之一，对水泥环胶结质量做出准确的评价一方面可以对问题井提前做出补救措施，降低运行安全风险，预防事故发生。另一方面也可以指导固井工艺和水泥浆的持续优化，以满足储气库建设的需要。同时，固井也是高风险作业，影响因素多且具有不可逆的作业特点，固井作业质量除了取决于固井设计和固井施工外，还受井眼条件、地质条件及其他施工因素的影响。除了水泥环质量外，固井质量评价结论还受固井质量测井技术、工程判别技术和测井解释人员固井质量综合评价水平等多种因素的影响。所以固井质量检测方法的优选也至关重要，下面简要介绍声幅和变密度测井原理，重点介绍目前国内外较为先进的声波成像测井方法，通过几种方法的应用和对比分析，为固井质量测井方法选择提供依据。

（一）固井质量基本要求

表层套管、技术套管和生产套管固井应达到地质、工程设计要求。

表层套管采用插入法固井，固井水泥返至地面，管内留10~20m水泥塞；技术套管采用分接箍固井方式，水泥返至地面；生产套管采用分级箍或回接筒方式固井，水泥返至地面；生产尾管与ϕ244.5mm生产套管重叠段全部封固，水泥返至喇叭口。

应正确安放套管扶正器，确保套管居中。气密扣套管入井时，必须对每根套管进行气密封检测，检测压力不超过套管抗内压能力的70%。套管整体试压达到工程设计要求。

要求固井质量一次合格。生产套管分接箍或回接筒下部及尾管固井采用成像测井技术进行水泥环质量检测，其余井段采用声波和变密度测井。

注水泥施工后，水泥胶结测井一般应在24~48h内进行，仪器应下至人工井底，特殊工艺固井测井时间依具体情况而定。

（二）固井质量评价方法

中国储气库建设起步比较晚，配套的水泥浆体系、固井工艺还处于试验阶段，缺乏相应的质量评价标准，目前主要做法是依据石油天然气行业标准SY/T 6592—2004《固井质量评价方法》，参考油勘〔2012〕32号《油气藏型储气库钻完井技术要求（试行）》和《储气库固井韧性水泥技术要求（试行）》有关固井质量要求，结合固井施工记录、水泥胶结测井资料和工程判别结果等对固井质量进行综合评价。

储气库生产套管固井水泥浆体系应采用韧性水泥浆体系，其质量要求应符合《储气库固井韧性水泥技术要求（试行）》中对抗压强度、抗拉强度、杨氏模量、渗透率、膨胀率等指标的要求。

固井质量是评价储气库注采井井筒完整性的重要依据之一，评价范围主要包括生产套管全井段固井质量、盖层段固井质量以及盖层25m连续优质段三项指标。全井段水泥合格封固段应大于70%，盖层段水泥合格封固段应大于70%，且具有25m连续优质段。

（三）固井质量测井方法

1. 声幅（CBL）及变密度（VDL）测井

采用声幅CBL及变密度VDL检测水泥环胶结质量已被广泛应用于开发井测井，解释方法成熟，但是其缺点也很明显，声幅测井对于第一界面的判断较为准确，但无法对第二界面进行解释，变密度测井可以评价两个界面，但对第二界面评价受仪器居中度、井径扩大率、温度等多种因素影响，往往只能定性分析，没有成熟的判别标准。两种方法都无法对天然气窜槽情况和方位做出准确解释，对低密度水泥浆的胶结质量测量也不准确。

常规的固井质量三样测井是由磁定位（CCL）、自然伽马仪（GR）和声幅—变密度仪（CBL-VDL）组成，能够实现一次下井，测出CCL、GR、CBL-VDL等多条组合曲线。声幅—变密度（CBL-VDL）井下仪包括电子线路和声系两大部分，其中声系包括一个发射器和两个接收器，源距分别为3ft和5ft。

对于3ft源距接收器，声波发射器发射声脉冲，经过钻井液（或井液）折射入套管，产生套管波。套管波沿最短路径传播，折射入井里钻井液（或井液）。接收器接受声波波列中首波的幅度。经过电子线路把它转换为相应的电压值予以记录。当仪器沿井身移动时，就测出一条随井深变化的声幅曲线。并通过声幅曲线值的高低对比来确定套管与水泥环胶结的好坏。

对于5ft源距接收器，接收到的是声波的全波列，分为三个部分，即套管波、地层波、直达波（钻井液波或井液波），接收电子线路把信号转换为与其幅度成正比的点信号，经电缆传至地面，检波后只保留其正半周部分，这部分电信号加到示波器或显像管上，调制其光点亮度。波幅大,电压高,光点就亮,测井图上显示条带为黑色。而光点亮度低时,测井图上显示为灰色条带。负半周电压为零,光点不亮,测井图上显示为白色条带。

变密度测井图就是黑(灰)白色相见的条带,以其颜色的深浅表示接收到的信号的强弱,通过对变密度测井图上显示的套管波、地层波和直达波(钻井液波和井液波)的强弱程度分析,来确定套管与水泥环和水泥环与地层胶结质量的好坏。在第一、第二胶结面均好的井段,波列变化与岩性具有相关性;变密度曲线在自由套管处应反映出套管波信号,呈现一条条黑白相间的直条带;声幅—变密度测井时,必须带扶正器,以保证仪器居中;测井一般在固井后 36~48h 进行。

声幅变密度测井解释方法比较成熟,根据声幅曲线的幅度值,采用相对幅度法评价第一胶结面的固井质量。即:

相对幅度 C = (目的层段的声幅值/自由套管井段的声幅值) ×100%

当相对幅度≤20%时,确定为胶结良好;

当相对幅度 20%~30%时,确定为胶结中等;

当相对幅度≥30%时,确定为胶结差。

根据变密度图上套管波显示的强弱来确定第一胶结面的胶结级别,套管波信号微弱或缺失定为第一胶结面胶结良好;套管波显示清晰,曲线粗而黑,套管接箍明显,定为第一胶结面胶结差;套管波显示较弱时定为第一胶结面胶结中等。依据变密度图上显示的地层波的强弱来确定第二胶结面的胶结级别。对同一口井的不同井段,变密度地层波显示强确定为胶结良好;地层波微弱或缺少,确定为胶结差;地层波可以辨认出,但地层波信息不清晰,确定为胶结中等。

2. 声波成像测井方法

声波成像仪是国外用于套管及固井质量评价的先进仪器,它通过结合两种声波技术:经典的脉冲回波技术和最新的挠曲波成像,可以准确评价任何水泥类型,包括从传统水泥浆和重水泥浆到最新的轻质水泥浆和泡沫水泥。这种新方法可以比常规技术更广泛的适用条件下提供实时的固井质量评价服务。结合其两种相互独立的测量,该仪器可以获得套管内壁光滑度、套管内径、套管厚度、套管与水泥的胶结、水泥与地层的胶结情况;另外,可以区分低密度固体和液体,从而分辨出轻质水泥、泡沫水泥和被污染的水泥。其全方位测量覆盖整个套管圆周,可发现水泥中的任何通道,从而确定固井作业是否达到有效的水力封隔。在条件有利的情况下,还可测定双层套管的居中情况。

以 SLBX 公司研发的固井质量测井仪器 IBC 为例,仪器平台上的旋转探头包含 4 个换能器(图 6-11)。其中换能器垂直放置于仪器的一侧,用于生成和检测脉冲回波,另外 3 个换能器(1 个发射器,2 个接收器)位于仪器的另一侧,成一定角度斜向排列,用于测量挠曲波衰减。测井时,旋转探头以 7.5 转/s 的速度旋转,超声波换

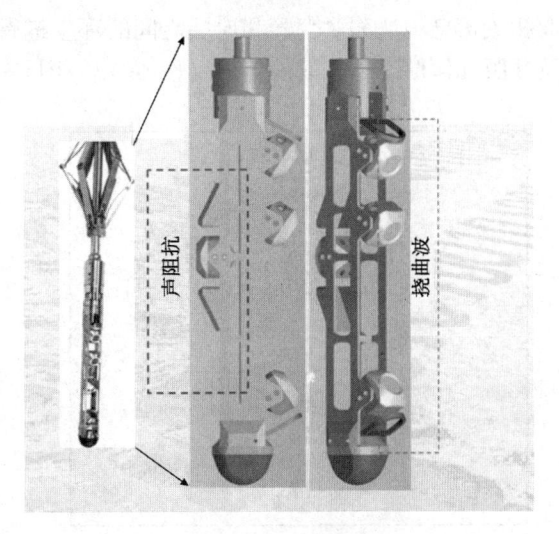

图 6-11 旋转探头

能器向套管发射一个稍微发散的波束,使套管转入厚度共振模式,提供一个5°或10度°的方位分辨率,从而在每个深度产生36个或72个独立波形,这些独立波形经过处理后可以从初始回波中获得套管厚度、内径和内壁光滑度数据,从而可评价套管腐蚀和变形情况,从信号共振衰减中产生有关水泥声阻抗的方位图像。挠曲波发射器同时发射250kHz左右的高频脉冲波束,在套管内激发挠曲振动模式。随着高频脉冲波束的传播,该震动模式将声能传入环空;声能会在具有声阻抗差异的界面(如水泥/地层界面)发生反射,然后会主要以弯曲波的形式由套管回传,从而将能量再传向套管内流体。两个接收换能器可以采集这些信号,通过结合经典的脉冲回波技术和最新的挠曲波成像,可以区分低密度固体和液体,从而辨别出轻质水泥、泡沫水泥和被污染的水泥。其方位测量覆盖整个套管圆周,可发现水泥中的任何窜槽,从而确定固井作业是否达到有效的水力封隔。

测井资料处理的首要目的是对套管外的介质进行可靠的解释。输入到处理程序中的数据包括由换能器脉冲回波测量所提供的水泥声阻抗数据以及抵达斜向排列的两个接收器的弯曲波衰减数据。上述两种输入数据都是独立的测量结果,通过与套管内和环空内流体性质的可逆关系相联系。通过交会解释,可消除井筒内流体影响,从而不必再单独测量流体性质。测量的最终成果是固—液—气(SLG)相图,能够显示套管外物质最可能的状态。通过在挠曲波衰减和声阻抗交会图上确定两种测量的位置

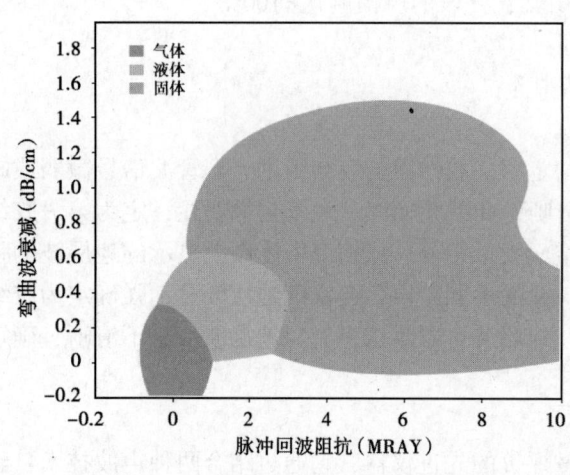

图6-12 固—液—气(SLG)相图

可以获得各方位上的物质状态(测量结果针对内流效应进行了校正),从而得到每种状态所覆盖的面积(图6-12)。可以在不同的区域利用三种分别代表不同状态的颜色绘制平面测量图。

除了评价套管外的物质之外,处理程序的另一个目的是从环空—地层反射波或回波中提取相关信息,从而对套管和地层之间的环空进行更详细的描述,包括套管在井眼中的位置以及井眼几何形态等方面的信息(图6-13、图6-14)。

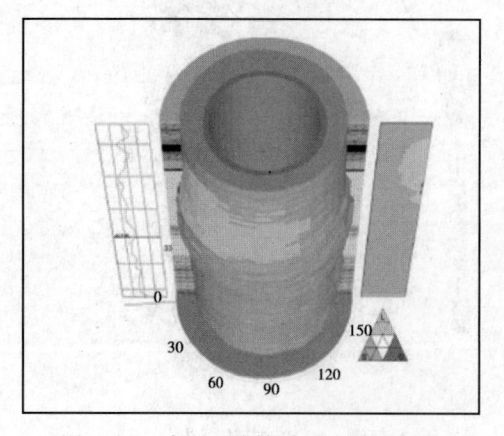

图6-13 水泥环胶结质量三维示意图

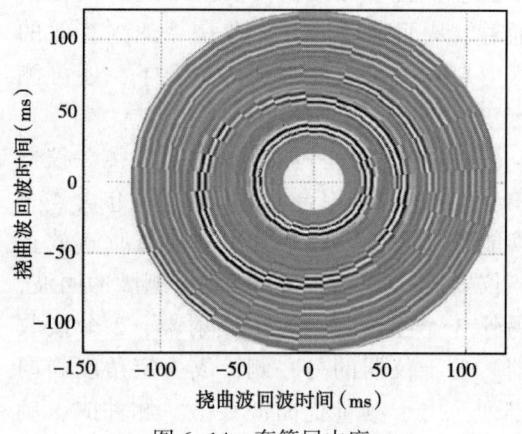

图6-14 套管居中度

为得到高质量的测井数据，要求测井前必须通井刮井壁，并循环洗井，否则井筒内的水泥碎屑影响测井质量；另外测井时钻井液内不能有任何气泡，否则影响测井质量。测井过程中实时监测测井质量，包括仪器偏心，探头的回波波形，接收器的时间窗以及探头转速。仪器能否正常居中，也对数据质量有影响。

套后成像测井通过结合声阻抗和挠曲波衰减两个独立测量，可准确判断套后环空内物质状态，以 SLG 固液气图显示，直观快速。套后成像不受套管偏心和微环隙的影响。根据套管后环空内是否有沟通窜槽、窜槽大小、分布密度及其空间位置，判断水泥是否有封隔作用，可将固井质量分为三等：

（1）胶结良好：环空内固结水泥占绝大多数，零星液体点孤立分布，没有沟通形成小窜槽的趋势。

（2）胶结中等：存在长度和宽度较小的窜槽且分布密度不大，或液体点较多，但空间位置均不连续，没有形成沟通大窜槽的趋势。

（3）胶结差：存在连通的一条或多条长度大于 2m 和宽度大于 20% 较大的窜槽存在，明显沟通或有沟通趋势，固结水泥较少且圆周上形不成封隔。

第七章　注采井油套管防腐工艺技术

第一节　概　述

一、井筒对天然气密封失效的原因

水平注采井井筒完整性主要包括管串的完整性和管外水泥环完整性两项关键内容。根据井身结构，井筒对天然气密封失效的原因如下（天然气泄漏气窜的可能位置和风险分析见图 7-1）。

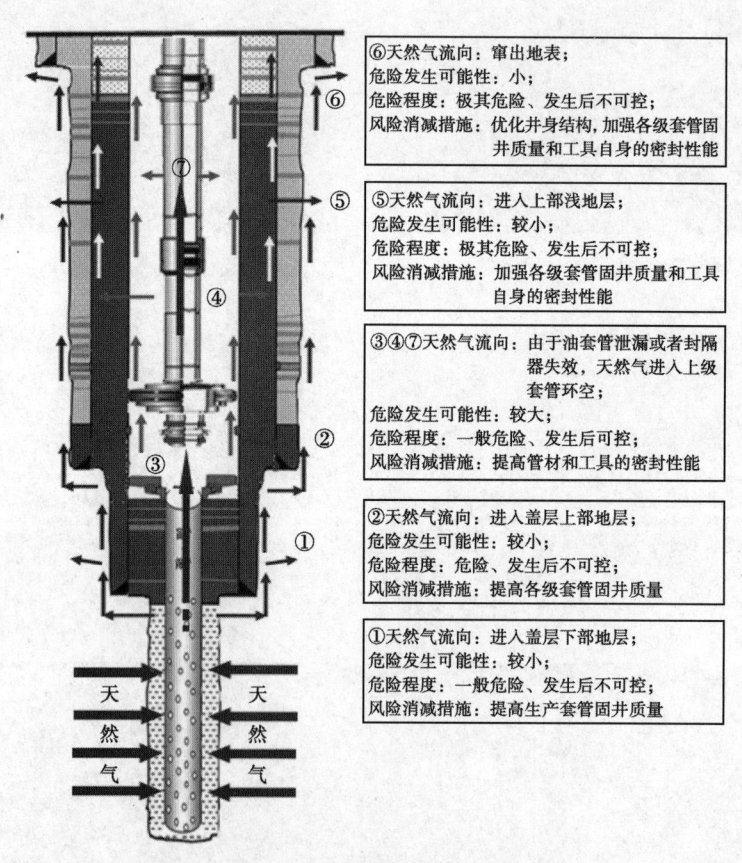

图 7-1　井筒密封风险点分析

（1）油套管螺纹或本体可能腐蚀穿孔或开裂导致漏气。
（2）环空水泥环胶结质量不好或在长期交变压力下封固失效。
（3）分级箍结构局限性造成其长期承压能力有限，出现漏气。

（4）封隔器难以长期密闭油套环空、腐蚀老化等原因造成油套环空带压。

（5）技术套管下部偏磨、固井质量问题等原因也能造成储层气窜至上部地层。

综合分析，井筒密封性的关键是确保入井管串的完整性和套管环空的固井质量。由此可见，油套管的管材选材是影响管串完整性的重要因素之一，对油套管应对腐蚀环境保障其运行寿命至关重要。长庆油田通过十几年不断的研究和现场试验，针对各油气田不同腐蚀环境，已经形成具有针对性的管材选择程序和办法（表7-1），为储气库井筒防腐工艺提供了科学依据。

表7-1 长庆各气田开发井油套管材质

气田	油套管材质	主要规格（mm×mm）	扣型
靖边气田	套管：80级/95级抗硫套管（0~2000m）+N80（2000~3000m）+P110（3000m至井底）	95级及N80：7in（φ177.8×9.19） P110：7in（φ177.8×10.36）	特殊扣
	油管：全井段采用抗硫油管	$2\frac{7}{8}$in（φ73.02×5.51）	特殊扣
榆林气田	套管：N80（0~500m）+J55（500~2700m）+N80（2700m至井底）	$5\frac{1}{2}$in（φ139.7×9.17） 或7in（φ177.8×9.19）	特殊扣
	油管：N80	$2\frac{7}{8}$in（φ73.02×5.51）	UP TBG
苏里格气田	套管：N80	$5\frac{1}{2}$in（φ139.7×9.17）	长圆扣
	油管：N80	$2\frac{7}{8}$in（φ73.02×5.51） 或$2\frac{3}{8}$in（φ60.32×6.45）	UP TBG

二、气井油套管选材基本程序

气井油套管选材基本程序如下：

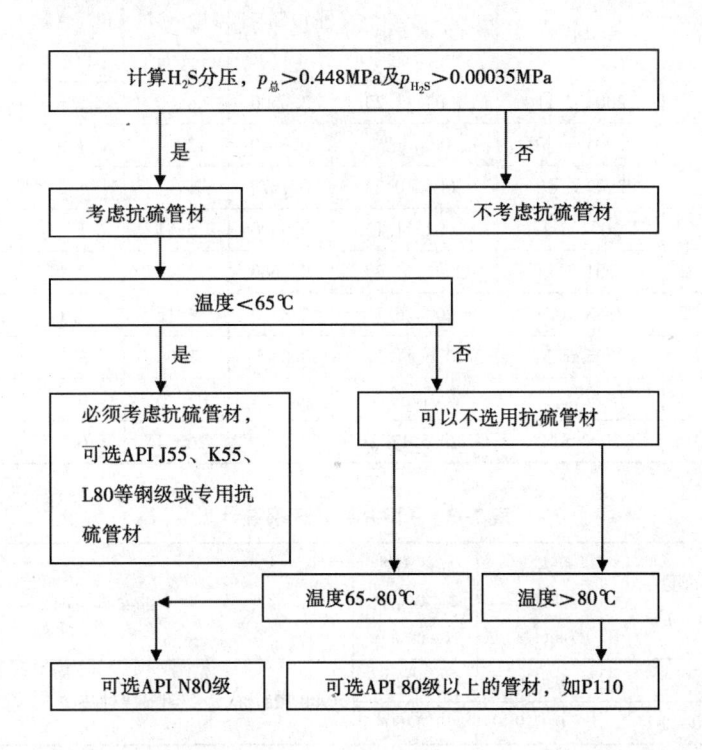

```
计算H₂S分压，p总>0.448MPa及p_{H₂S}>0.00035MPa
    是 → 考虑抗硫管材
    否 → 不考虑抗硫管材

考虑抗硫管材 → 温度<65℃
    是 → 必须考虑抗硫管材，可选API J55、K55、L80等钢级或专用抗硫管材
    否 → 可以不选用抗硫管材
         温度65~80℃ → 可选API N80级
         温度>80℃ → 可选API 80级以上的管材，如P110
```

83

第二节　榆林气田南区油套管选材

油套管的材质决定了油套管的运行寿命，油套管的选材取决于对井下腐蚀环境的准确评价。

一、榆林气田南区生产气井的腐蚀检测

榆林南区主力气层为上古生界山$_x$层。埋深为2650~3100m，原始地层压力27.2MPa，目前为16.3MPa，地层温度为75.8~97.8℃，平均86.0℃。H_2S在0.43~14.41mg/m³，平均4.05mg/m³，CO_2在0.7%~5.01%之间，平均1.78%，根据SY/T 6168—2009《气藏分类》标准，榆林南储层属于微含H_2S，低含CO_2气藏。

榆林南区单井平均产水0.79m³/d，平均水气比0.11m³/10⁴m³，地层水为$CaCl_2$水型。Cl^-含量17.73~95669.62mg/L，平均5014.87mg/L；总矿化度174.36~171599.74mg/L，平均10251.55mg/L。

CO_2是榆林气田南区的主要腐蚀介质之一。在没有水时，CO_2一般不发生腐蚀，当有凝析水时，CO_2溶于水生成碳酸，碳酸使水的pH值下降，对钢材发生电化学腐蚀。榆林气田南区气井主要腐蚀类型为CO_2-H_2O电化学腐蚀。影响CO_2腐蚀的主要因素有：CO_2分压、温度、产出水的物性（pH值、HCO_3^-和Cl^-的含量）、腐蚀产物膜状况等。前期在榆林南区（含长北区块）采用MIT+MTT、MID-K腐蚀检测技术，完成9口气井的不动管柱油套管腐蚀评价，结果见表7-2、表7-3。

表7-2　9口井管柱腐蚀因素表

井号	生产层位	完井日期	投产日期	平均日产水（m³）	H_2S含量（mg/m³）	CO_2含量（%）	Cl^-（mg/L）	矿化度（mg/L）
榆49-a	山$_x$	2004.7.11	2004.11.23	3.6500	0.00	2.6	1341.5	184979
榆51-a	马五	2005.7.30	2005.11.1	0.3140	129.47	3.9	11331.9	21106
榆43-a	马五	2003.9.20	2004.10.24	0.7670	17.1	5.2	4023.15	4125
榆43-b	山$_x$	2002.5.1	2002.11.12	0.9890	5.51	1.9	39.46	1162
榆43-c	山$_x$	2001.7.21	2001.11.27	0.7660	7.44	2.1	98.13	1245
榆43-d	山$_x$+马五	2003.10.3	2004.6.3	0.8300	6.12	2.1	26858.7	46216
陕a	山$_x$	2006.6.26	2006.11.27	0.8400	7.96	3.5	125.49	573
陕b	山$_x$	1999.1.21	2001.6.27	0.7655	2.76	0.4	4057.52	4356
榆a	山$_x$+马五	2003.8.4	2005.11.2	1.7390	269.44	6.0	109410	139449

表7-3　9口井腐蚀速率统计表

井号	深度（m）	平均腐蚀速率（mm/a）	局部腐蚀最大速率（mm/a）	油套管腐蚀程度
榆49-a	0~2200	0.026	0.1220	1900~2870m油管明显腐蚀迹象
	2200~2874	0.019	0.3260	

续表

井号	深度（m）	平均腐蚀速率（mm/a）	局部腐蚀最大速率（mm/a）	油套管腐蚀程度
榆 a	300~700	0.04	0.2100	1600~2600m 油管内壁腐蚀明显
	1800~2600	0.039	0.2250	
榆 43-a	0~2957	0.058	0.1800	1350~2000m 油管明显内壁腐蚀
榆 43-b	0~1450	0.014	0.0660	套管状况良好；油管 2000m 至井底，外壁存在一定轻微损伤痕迹
	1450~2734	0.018	0.0640	
榆 43-c	0~2691	0.022	0.0690	油管外壁 1500~2500m 存在一定轻微腐蚀痕迹；套管 1148~1322m 存在轻微腐蚀痕迹
榆 43-d	0~2860	0.03	0.0410	2048~2650m，油管整体状况较好，出现部分的腐蚀痕迹
陕 a	0~2650	0.01	0.0370	油管整体状况较好，套管状况较差，2098~2148m 套管腐蚀严重
陕 b	0~3737	0.026	0.0408	2400~2740m 套管多处腐蚀痕迹
榆 51-a	0~3071	0.0682	0.0965	2500~3060m，下端油管出现明显腐蚀痕迹，腐蚀明显，腐蚀区域较大

榆林南区不压井腐蚀检测结果表明油套管整体腐蚀轻微，下端腐蚀较严重，腐蚀主要集中在 2000m 以下部分。3 口井的纵向腐蚀检测结果如图 7-2 所示。

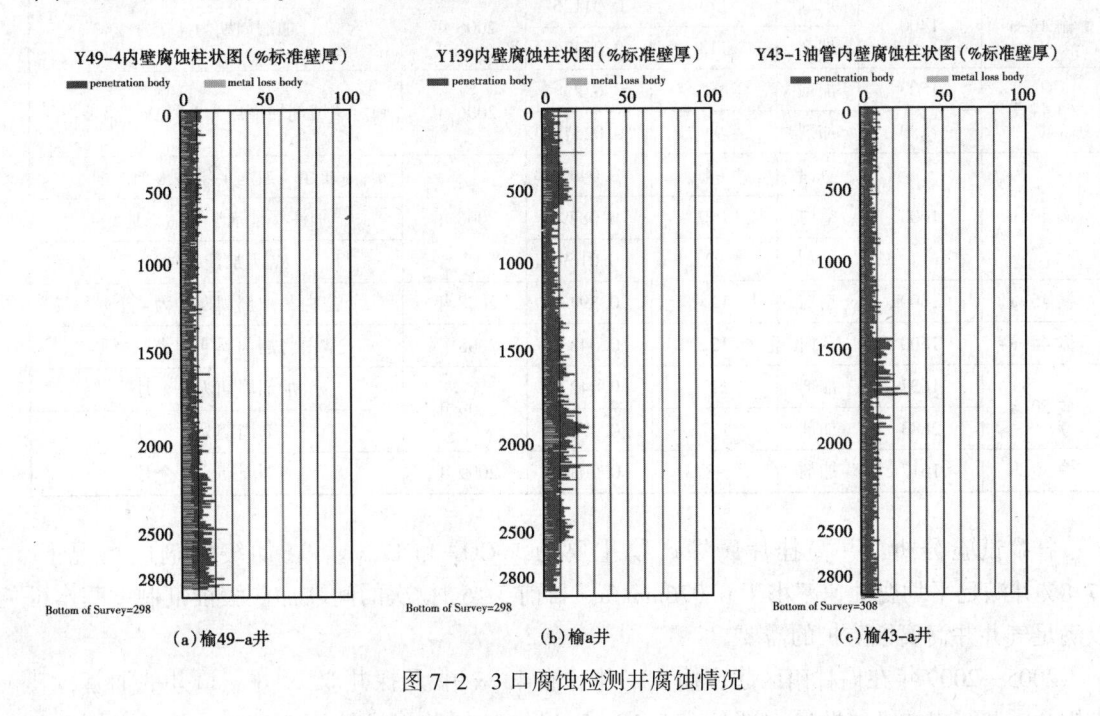

(a) 榆49-a井　　(b) 榆a井　　(c) 榆43-a井

图 7-2　3 口腐蚀检测井腐蚀情况

2005—2009 年在榆林南区选择了榆 42-a 井、榆 44-a 井、榆 44-b 井、榆 44-c 井、榆 46-a 井、榆 44-d 井、榆 50-a 井、榆 50-b 井等 9 口井开展了挂片腐蚀试验和缓蚀剂评价工作，气井基础资料见表7-4，挂片数据结果见表7-5。

表7-4 榆林南区挂片井基础数据表

井号	生产层位	完井时间	CO_2含量（%）	H_2S含量（mg/m^3）	总矿化度（mg/L）	Cl^-含量（mg/L）
榆44-a	山$_x$+盒$_8$	2003.6.3	1.8512	4.73	1002.85	27.65
榆44-b	山$_x$	2005.10.12	1.0936	4.75	16764.91	8320.82
榆42-a	山$_x$	2003.3.30	1.8425	1.71	361.34	62.75
榆44-c	山$_x$	2004.10.24	1.504	10.98	19607.86	7789.07
榆46-a	山x、太原	2004.6.16	1.98	4.16	14690.68	8057.79
榆44-d	山$_x$	2001.09.06	1.83	0.91	2591.48	1172.69
榆40-a	山$_x$	2004.3.28	—	—	—	—
榆50-a	马五	2005.9.24	1.86	16.72	23684.31	11973.24
榆50-b	山$_x$	2004.4.8	3.2	4.94	128784.89	74177.00

表7-5 试验井N80挂片数据结果分析表

井号	下入深度（m）	类型	挂入时间（d）	腐蚀速率（mm/a）	开展试验时间	备注
榆44-a	1000	加剂	92	0.00125	2005年	空白与加剂周期均为3个月
		空白	99	0.0063		
榆42-a	1400	加剂	113	0.01126	2006年	加剂周期为4个月
		加剂	113	0.01474		
榆44-b	1500	加剂	94	0.03258	2006年	确定缓蚀剂加注后1个月挂片腐蚀情况
	1880	加剂	94	0.02545		
榆40-a	1600	空白	94	0.0437	2006年	加注缓蚀剂半年后未加注剂
		空白	190	0.0879		加注缓蚀剂半年后未加注
		加剂	92	0.0169		87天加注缓蚀剂
榆46-a	1400	空白	124	0.3943	2008年	空白与加剂周期均为4个月
榆44-c	1600	空白	122	0.0485	2008年	空白与加剂周期均为4个月
榆50-a	1637	加剂	127	0.0427	2009年	加剂周期为4个月
	2883	加剂	127	0.2797		加剂周期为4个月
榆50-b	1617	加剂	98	0.0038	2009年	加剂周期为3个月

挂片试验分析，井筒挂片腐蚀产物主要为$FeCO_3$和Fe_2O_3。在加缓蚀剂的情况下，77.8%井满足平均腐蚀速率小于0.076mm/a。目前3~6月/次的间歇加注缓蚀剂制度基本可以满足气井井筒腐蚀防护的需要。

2005—2009年在榆林南区起出榆001井、榆43-x井及探井双xx井三口井的油管，其中榆001井起出油管的壁厚大部分在5.10~5.40mm，平均腐蚀速率0.080mm/a，如图7-3至图7-5所示。

榆43-x井起出的45根油管壁厚测量结果表明油管的平均腐蚀速率为0.0164 mm/a。从

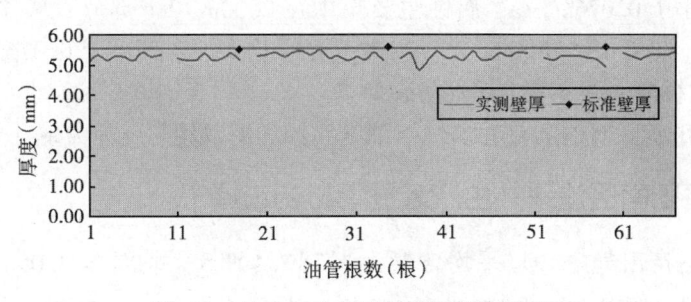

图 7-3　榆 141 井实测壁厚数据统计图

图 7-4 可看出该井油管外壁无明显腐蚀，且整体腐蚀轻微。

图 7-4　榆 43-x 油管外壁腐蚀情况

双 xx 井起出 82 根油管，其中 31 根油管的腐蚀速率在 0.0767~0.013mm/a 之间，属于轻度腐蚀，51 根油管腐蚀速率平均为 0.0608mm/a。

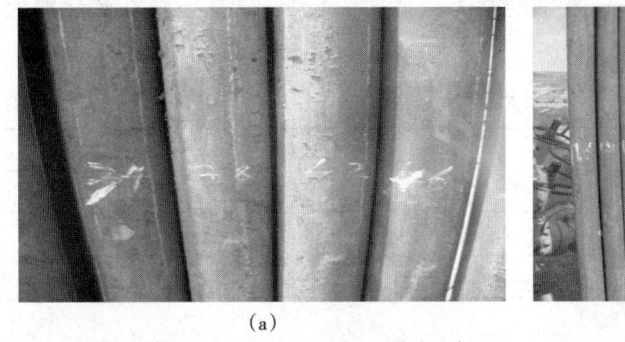

图 7-5　双 xx 井起出油管腐蚀情况

2005—2009 年以来，采用挂片试验、不压井腐蚀监测和起出管柱等三种手段检测 21 口井的油、套管腐蚀情况，结果如下。

（1）从油管的不压井腐蚀检测及起出实物的总测试井数来看，榆林南区 91.7% 的气井的平均腐蚀速率小于0.076mm/a，腐蚀主要集中在2000m以下部分。从挂片试验分析，下深分别为1400m、1600m和1800m，77.8%井满足平均腐蚀速率小于0.076mm/a。目前3~6月/次的间歇加注缓蚀剂制度基本满足防腐要求。

（2）榆林气田南区属中低CO_2腐蚀。油管腐蚀类型以均匀腐蚀为主，点蚀少。

二、榆林气田南区注采井生产套管管材的选择

榆林气田南区产出气中CO_2平均含量为1.78%，H_2S平均含量4.05mg/m³，呈现微含硫、低含二氧化碳、低产水、低矿化度的特点。根据SY/T 6168—2009《气藏分类》标准，榆林南储层属于微含H_2S，低含CO_2气藏。注气阶段，腐蚀环境为商品天然气，在不含水的情况下，不会发生CO_2腐蚀；采气阶段前期采出的天然气组分接近注入的商品天然气，腐蚀轻微，油管腐蚀主要发生在采气后期阶段。根据国际通行的管材选择标准ISO 15156/NACE MR0175及NKK等国外钢管公司的选材指南，榆林储气库区新钻井的油套管可选用普通碳钢、13Cr等。天然气行业标准H_2S气藏分类见表7-6，CO_2气藏分类见表7-7。

表7-6 SY/T 6168—2009天然气行业标准H_2S气藏分类表

分类	微含硫气藏	低含硫气藏	中含硫气藏	高含硫气藏	特高含硫气藏	硫化氢气藏
H_2S（g/m³）	<0.02	0.02~5.0	5.0~30.0	30.0~150.0	150.0~770.0	≥770.0
H_2S（%）	<0.0013	0.0013~0.3	0.3~2.0	2.0~10.0	10.0~50.0	≥50.0

表7-7 SY/T 6168—2009天然气行业标准CO_2气藏分类表

分类	微含CO_2气藏	低含CO_2气藏	中含CO_2气藏	高含CO_2气藏	特高含CO_2气藏	CO_2气藏
CO_2（%）	<0.01	0.01~2.0	2.0~10.0	10.0~50.0	50.0~70.0	≥70.0

（一）注采过程中的气质情况

榆林南储气库采气初期腐蚀环境为原始气藏，储气库运行阶段，根据储气库建设方案，最大注气压力28.0MPa，气质为脱水后的商品天然气，依据GB 17820—2004《天然气》，二类商品气H_2S≤20mg/m³，CO_2≤3%。从注采井腐蚀参数来看，在注气、采气阶段，H_2S分压均低于硫化物应力腐蚀开裂（SSCC）发生的临界门槛值345Pa，管柱不存在硫化物应力腐蚀开裂，见表7-8。

表7-8 注采井腐蚀参数表

阶段	最大压力（MPa）	H_2S 含量（mg/m³）	H_2S 分压（Pa）	CO_2 含量（%）	CO_2 分压（MPa）
采气	16.3	4.05	40	1.78	0.28
注气	28.0	≤20	≤345	≤3	≤0.84

注采气阶段井筒CO_2分压在0.28~0.84MPa。在气井产水情况下，管柱存在CO_2电化学腐蚀。CO_2腐蚀机理如下。

阳极反应：

Fe在CO_2水溶液中腐蚀的阳极反应为：

$$Fe-2e \Longrightarrow Fe^{2+}$$

阴极反应：
CO_2 溶于水后发生 2 级电离：

$$CO_2+H_2O \rightleftharpoons H_2CO_3$$
$$H_2CO_3 \rightleftharpoons H^+ + HCO_3^-$$
$$HCO_3^- \rightleftharpoons H^+ + CO_3^{2-}$$

阴极反应： $\quad\quad\quad\quad 2H^+ + 2e \rightleftharpoons H_2 \uparrow$

总的腐蚀反应为：

$$Fe + CO_2 + H_2O \longrightarrow FeCO_3 + H_2 \uparrow$$

（二）CO_2 腐蚀影响因素

影响 CO_2 腐蚀的主要因素有：温度、CO_2 分压、产出水的物性（pH 值、HCO_3^- 和 Cl^- 的含量）、腐蚀产物膜状况等。

1. CO_2 分压

一般认为，在较低的 CO_2 分压范围内，随着 CO_2 分压的增加，腐蚀速率上升，对于碳钢、低合金钢，腐蚀速率大致遵循 De. Waard—Millians 经验公式：

$$\lg v = 0.67 \lg p_{CO_2} + C \tag{7-1}$$

式中　v——腐蚀速率；
　　　p_{CO_2}——CO_2 分压；
　　　C——温度校正常数。

2. 温度

温度对 CO_2 腐蚀的影响主要体现在三个方面：温度升高，CO_2 气体在介质中的溶解度降低，抑制了腐蚀的进行；温度升高，各反应进行的速度加快，促进了腐蚀的进行；温度升高，影响了腐蚀产物膜的形成机制，可能抑制腐蚀，也可能促进腐蚀，这三个方面的综合作用导致铁的腐蚀速率在 60~90℃ 范围内出现腐蚀极大值的现象，如图 7-6 所示。

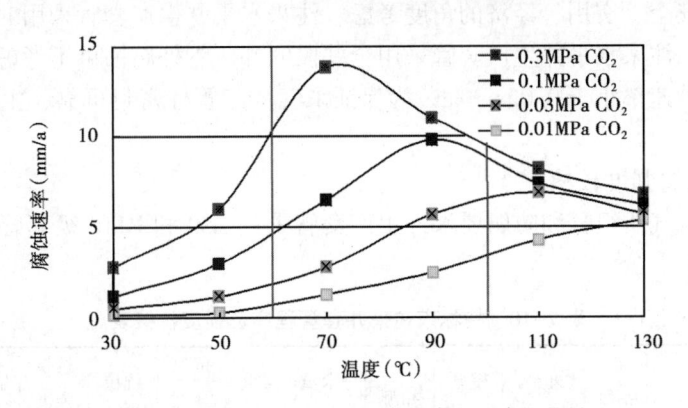

图 7-6　温度、CO_2 分压对钢铁腐蚀速率的影响

3. Cl^- 含量

一般认为 Cl^- 对均匀腐蚀影响不大，它主要影响点蚀等局部腐蚀。Cl^- 的存在会破坏腐蚀产物膜在试样表面的覆盖，Cl^- 的催化机制使得阳极活化溶解，随着 Cl^- 浓度的增加，试样表面活性区逐渐增多，Cl^- 的催化作用使阳极溶解速率增大，在这种机制下，局部腐蚀速率往

往比平均腐蚀速率高数倍甚至几十倍。

4. 流速的影响

流速也是 CO_2 腐蚀的一个重要影响因素。在一定的条件下，碳钢表面可以生成碳酸盐膜：

$$Fe^{2+} + HCO_3^- \longrightarrow FeCO_3 \downarrow + H^+$$
$$Ca^{2+} + HCO_3^- \longrightarrow CaCO_3 \downarrow + H^+$$

高流速容易破坏腐蚀产物膜或妨碍腐蚀产物膜的形成，使碳钢处于裸露状态，腐蚀速率升高。

（三）生产套管材质设计

管材腐蚀影响因素很多，机理复杂，效果评价周期很长，要准确地量化评价难度很大，油气田生产中往往借鉴老井腐蚀情况来验证。根据前期对榆林南老井的腐蚀检测认识，腐蚀厚度经验值按 0.076mm 每年预计，3 种规格 80 级碳钢油管服役 35 年后剩余壁厚分别为 3.75mm，4.67 mm 和 6.47mm（表 7-9），对应的抗拉强度为 552.74kN，886.23kN，1492.13kN，大于理论抗拉强度值，满足储气库注采井长寿命要求。

表 7-9 油管剩余壁厚及抗拉强度预测值

油管尺寸（mm）	规格（mm×mm）	35 年后最小剩余壁厚预测值（mm）	3000m 油管悬重（kN）	35 年后抗拉强度预测值（kN）
φ88.9mm	88.9×6.45	3.75	414	552.74
φ114.3mm	114.3×7.37	4.67	603	886.23
φ139.7mm	139.7×9.17	6.47	876	1492.13

根据建库区块原始气藏微含 H_2S、低含 CO_2、低产水、低矿化度的腐蚀特征、注采阶段腐蚀参数分析、16 口老井的管柱腐蚀检测认识，认为管柱不会发生 SSCC，碳钢在防腐措施下腐蚀轻微，从安全、实用、经济的角度考虑，注采水平井生产套管采用 L80 碳钢材质，配套采用防腐措施。注采水平井生产套管采用全井段固井，管外腐蚀可不考虑；环空坐封加注保护液后，内腐蚀速率小于 0.02mm/a。为保证采气生产管柱密封可靠，生产套管采用气密封扣。

（四）生产套管强度校核

根据榆林南区气质组分和防腐要求，生产套管采用 L80 和 P110 级套管、气密扣。强度校核见表 7-10。

表 7-10 榆林南注采井套管程序及强度校核表

套管名称	井段（m）	钢级	外径（mm）	壁厚（mm）	扣型	每米重（N/m）	累重（kN）	抗拉强度（kN）	抗拉系数	抗挤强度（MPa）	抗挤系数	抗内压强（MPa）	抗内压系数
表层套管	0~310	J55	508	11.13	BTC	1370.8	425	6232	14.66	3.58	1.12	14.55	2.91
技术套管	0~2259	N80	339.7	12.19	BTC	991.8	2240	7046	3.15	15.58	1.01	33.99	1.21
生产套管	0~2290	L80	244.5	11.99	NK3SE	686.0	2272	4831	2.13	32.8	1.12	47.4	1.35
生产套管	2290~3312	L80	244.5	11.99	NK3SE	686.0	701	4831	6.90	32.8	1.03	47.4	1.35

续表

套管名称	井段（m）	钢级	外径（mm）	壁厚（mm）	扣型	每米重（N/m）	累重（kN）	抗拉强度（kN）	抗拉系数	抗挤强度（MPa）	抗挤系数	抗内压强（MPa）	抗内压系数
生产尾管（套管+筛管）	2290~3322	N80	139.7	9.17	LTC	291.9	879	1903	2.16	60.9	1.62	63.4	1.81
	3322~5303	N80	139.7	9.17	LTC	291.9	578	1903	3.29	60.9	—	63.4	—

第三节　靖边气田 S224 区块油套管选材

靖边气田 S224 区块油套管选材原则和方法与榆林气田南区一致，所不同的是 S224 区块为下古生界气田储气库建设区，储气层含硫化氢，2012 年对 S224 区块 3 口老井的硫化氢及二氧化碳含量测试，平均 H_2S 含量达到 $540mg/m^3$、CO_2 含量达到 5.74%，含硫气藏井的油套管材质对管柱运行寿命的影响至关重要。

一、S224 区块老井腐蚀情况检测

为获得 S224 储气库建设区域内老井的腐蚀情况，2012 年 4 月采用套损检测测井设备，对 S224 区块 G22-3 等三口老井的套管腐蚀情况进行了检测。

（一）G22-3 井油套管腐蚀检测

G22-3 井已生产时间为 8.7 年，测量井段为 25~3380m，检测套管 313 根，检测结果表明 3126m 以上套管和油管外壁腐蚀轻微，油管内壁以均匀腐蚀为主，3126m 以下腐蚀程度加大，以点蚀、片蚀等局部腐蚀为主（图 7-7），油管平均腐蚀深度为 0.28mm，最大腐蚀

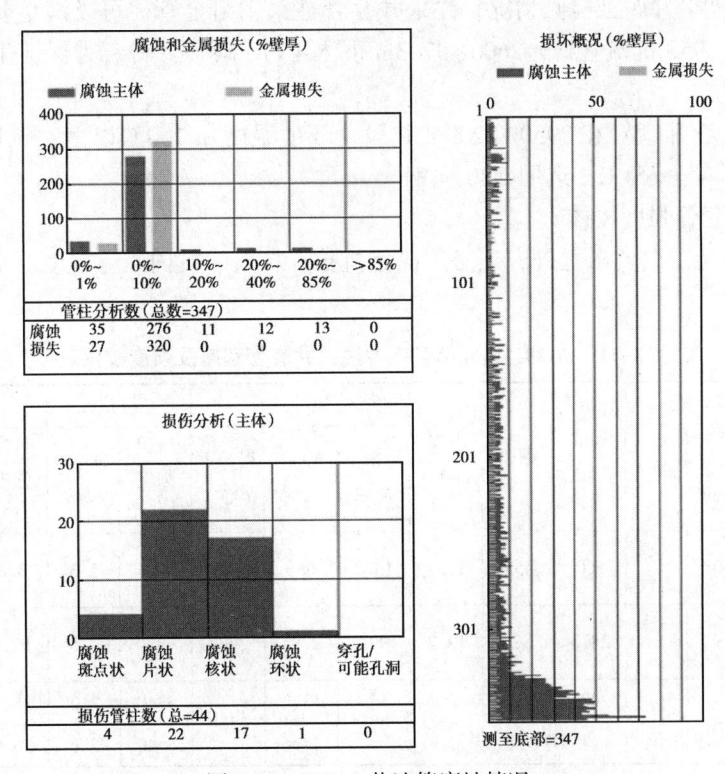

图 7-7　G22-3 井油管腐蚀情况

深度为3.97mm；平均腐蚀速率为0.03mm/a，最大腐蚀速率为0.46mm/a。

（二）S224井油套管腐蚀检测

S224井已生产时间为11.4年，测量井段为30~3409m，检测结果表明套管和油管外壁腐蚀轻微，油管内壁以均匀腐蚀为主，油管内壁平均腐蚀深度为0.3mm，最大腐蚀深度为1.55mm，平均腐蚀速率为0.026mm/a，最大腐蚀速率为0.14mm/a。

（三）G23-2井油套管腐蚀检测

G23-2井已生产时间为8.5年，测量井段为30~3395m，检测结果表明套管和油管外壁腐蚀轻微，油管内壁以均匀腐蚀为主，油管平均腐蚀深度为0.3mm，最大腐蚀深度为1.68mm，平均腐蚀速率为0.035mm/a，最大腐蚀速率为0.20mm/a。

二、注采井生产套管管材的选择

（一）生产套管材质设计

S224储气库套管程序为表套 ϕ508.0mm×11.1mm×500m + 技术套管 ϕ339.7mm×12.2mm×2810m + 生产套管 ϕ244.5mm×11.99mm×3743m + 生产尾管（筛管）ϕ139.7mm×9.17mm×5200m。

表层套管下深为500m，技术套管下深2810m，均在气层段以上，在正常固井后，与含硫化氢的天然气接触概率很小，所以表套选用J55，技术套管选用N80级碳钢套管，扣型采用气密封扣。

生产套管下入井段为0~3743m，为天然气注采通道，管柱长时间与含硫化氢气体接触，因此需采用抗硫管材，综合考虑生产套管的硫化氢敏感性和强度校核（抗拉、抗内压、抗外挤），结合前期老井腐蚀检测情况，注采井套管柱采用组合管柱可以满足防腐要求，上部0~2600m段下入95S抗硫管材，2600~3743m下入P110碳钢管材。为保证生产套管密封可靠，选用气密封扣。

生产尾管（含筛管）在2950~5200m井段，环境温度在100℃以上，硫化氢SSCC敏感性大大降低，不考虑SSCC，选用N80碳钢。

（二）生产套管强度校核

管柱除了满足防腐要求之外，还必须满足抗拉、抗挤、抗内压等强度要求，套管校核强度见表7-11。

表7-11 ϕ139.7mm筛管完井注采井套管程序及强度校核表

套管程序	井段（m）	规范 尺寸（mm）	规范 扣型	长度（m）	钢级	壁厚（mm）	重量 每米重（N/m）	重量 段重（kN）	重量 累计重（kN）	抗拉 抗拉强度（kN）	抗拉 安全系数	抗挤 抗挤强度（MPa）	抗挤 安全系数	抗内压 最大载荷（MPa）
表层套管	0~500	508	偏梯螺纹	500	J55	11.1	1372	686	686	367	5.3	3.6	1.3	14.5
技术套管	0~2810	339.7	气密扣	2810	N80	12.2	992	2787	2787	6920	2.5	15.6	1.12	34.6
生产套管	0~2000	244.5	气密扣	2000	95S	11.99	686	1372	2568	5740	2.2	35.1	1.6	56.2
生产套管	2000~3743	244.5	气密扣	1743	P110	11.99	686	1196	2568	6640	5.6	36.5	1.12	65.1

续表

套管程序	井段(m)	规范 尺寸(mm)	规范 扣型	长度(m)	钢级	壁厚(mm)	重量 每米重(N/m)	重量 段重(kN)	重量 累计重(kN)	抗拉 抗拉强度(kN)	抗拉 安全系数	抗挤 抗挤强度(MPa)	抗挤 安全系数	抗内压 最大载荷(MPa)
生产尾管(套管+筛管)	2950~3720	139.7	特殊扣	770	N80	9.17	292	225	657	2070	3.2	60.9	1.6	63.4
	3720~5200			1480				432				—	—	—

第四节　油套管防腐工艺技术

为延长注采井的管柱寿命，提高井筒的完整性，除了对油套管材质进行优选外，借鉴长庆油田长期开发过程中的管材防腐经验，采用管材内涂外喷和油套环空加注环空保护液等辅助防腐工艺措施，可以进一步降低管材腐蚀速率，延长管柱寿命。

一、内涂外喷防腐工艺技术

针对普通抗硫管材（如N80S）在高产水、高矿化度气井的腐蚀问题，长庆油田在开发过程中研究并形成了生产管柱内涂外喷防护工艺技术，即内防腐采用成熟的高性能DPC环氧酚醛高温烧结性涂层，外防腐采用底层13Cr不锈钢、面层Al合金的双金属复合涂层，针对涂层表面可能存在的孔隙，可以采用耐温无溶剂环氧涂料对表面进行封孔，保证微观完整性。长期开发的经验表明DPC内涂层机械性能和耐酸碱能力较强，其性能参数见表7-12。

表7-12　DPC内涂层耐酸碱试验结果

试验序号	1	2	3
试验目的	酸性环境下的耐酸性能	高温、高压下耐酸性能	高温、高压下耐碱性能
溶液	15%HCl 12%HCl+3%HF 9%HCl+6%HF	20%HCl	pH值为12.5的碱性溶液
试验条件	93℃，8h	70MPa，80℃，4h	70MPa，148℃16h
试验结果	无鼓泡，无脱落，无开裂，黏附力强		

靖边气田双金属复合喷涂现场挂片试验效果见表7-13。结果表明双金属喷层表面的环氧树脂封固层稳定，基体未腐蚀，封孔剂和表层Al不同程度地发生了粉化，但底层与基体材质连接良好，未见脱落，复合喷涂层表面稳定，呈黑色，基体无腐蚀。虽然各井的空白挂片腐蚀速率差存在差异，但腐蚀速率都保持在0.1mm/a左右，没有局部腐蚀发生，失重由表层Al层粉化引起。

内涂外喷防腐技术在靖边高产水、高腐蚀气井中已应用17口，最早实验的G8-17井和陕29井已超过4年。G8-17井于2003年4月17日投产，日产水15.98m³，CO_2含量5.07%，H_2S含量89.69mg/m³，Cl^-含量162.97g/L，总矿化度256.62g/L。2004年12月19

日油管腐蚀穿孔,造成油管与环空连通。油管正常生产时间仅为1.5a,折算最大腐蚀速率为3.67mm/a。2007年在G8-17井采用了全井双金属复合喷涂油管,2010年再次利用MIT+MTT腐蚀检测技术,进行了防腐油管的效果检测,如图7-8所示。结果表明油管内外的防腐层均良好,未见明显腐蚀,预计可延长管柱寿命15a以上。

表7-13 双金属复合涂层现场挂片试验数据

试验井	挂片深度(m)	试验周期(d)	空白挂片腐蚀速率(mm/a) 80S	空白挂片腐蚀速率(mm/a) N80	双金属复合喷涂试样
G21-11	1300	152	0.0139	0.0116	面层铝合金:0.086mm/a,基体:0 mm/a
G01-8	1300	139	0.682	1.486	面层铝合金:0.11mm/a,基体:0 mm/a
G1-10	1400	111	0.0602	0.0216	面层铝合金:0.109mm/a,基体:0 mm/a

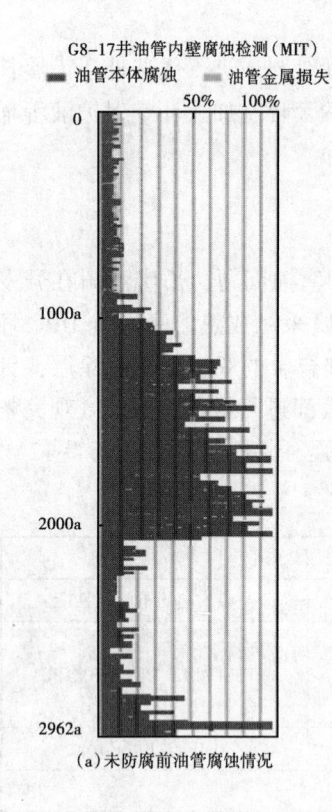

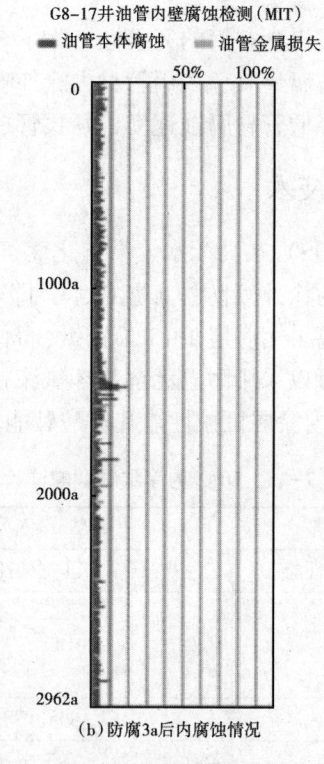

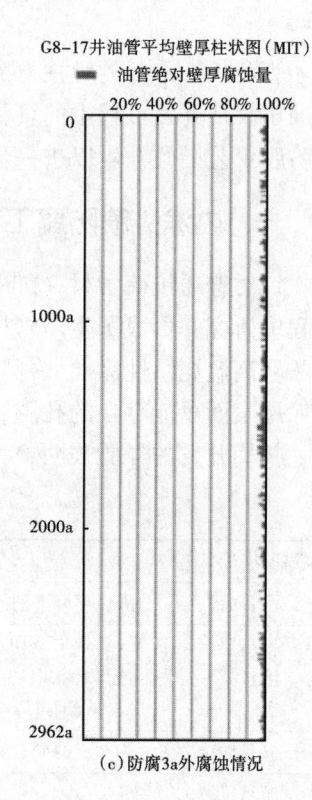

图7-8 G8-17井油管腐蚀检测结果

现场挂片试验和腐蚀检测结果说明内涂外喷防腐工艺技术性能稳定,耐蚀性能优异,可显著提高基体的耐腐蚀性能,可作为S224储气库井油套管配套防腐工艺。榆林气田南区属于上古生界不含硫气田,腐蚀比较轻微,暂不考虑喷涂工艺。

二、油套环空保护液防腐工艺技术

在气井的完井过程中,为保护油套管,常常配套高性能环空保护液。其作用为一是保护套管内壁、油管外壁和完井工具(井下安全阀、液控管线和封隔器等),防止凝析水或酸性介质造成的腐蚀;二是平衡地层压力,减小封隔器工作压差,保证坐封可靠。

（一）环空保护液的分类

根据流体连续相的性质，环空保护液分为水基和油基两种类型。油基环空保护液主要由轻质油、芳香烃等组成，密度比水基保护液低，在高温下的热稳定性好，但相对成本高，对封隔器胶筒有老化影响。水基环空保护液相对成本低，在国内普光气田和长北合作区、大张坨储气库气井等都有应用，但要达到高缓蚀率需要有缓蚀、杀菌和除氧等组分，配伍性和长期的稳定性都需要大量实验来优化，优缺点对比见表7-14。

表7-14 油基环空液与水基环空液优缺点对比

项 目	水基环空保护液	油基环空保护液
热稳定性	一般	较好
腐蚀性	本身有腐蚀	无腐蚀
经济成本	价格低	价格是水基的3~5倍
有效期	较长	更长
施工操作性	配置简单，易操作	专业队伍操作

根据表7-14可以看出，从热稳定性及腐蚀性考虑油基环空液优于水基环空保护液；从经济成本及施工操作性考虑水基环空液优于油基环空保护液。

（二）环空保护液的性能要求

环空保护液性能要求一是不产生固相沉淀，稳定性好，与完井液、地层水的配伍性良好；二是在修井或投产时过程中不伤害储层，保护气层能力强；三是自身无腐蚀，且防腐性能好，缓蚀率达到90%以上，对封隔器胶筒、密封圈等有机材质配件的老化影响小。

1. 气井缓蚀剂选择

气井缓蚀剂是环空保护液的主要防腐成分，它以适当的浓度和形式存在于井筒环境中，防止或减缓油套管腐蚀的化学物质或复合物质，用缓蚀效率来评价。

缓蚀剂根据作用机理可分为阳极型、阴极型和混合型缓蚀剂。根据所形成的保护膜特征可分为氧化膜型、沉淀膜型和吸附膜型缓蚀剂。根据缓蚀剂的溶解性可分为油溶性和水溶性缓蚀剂。根据化学组成可分为有机缓蚀剂和无机缓蚀剂。缓蚀剂分类及保护膜特性见表7-15。

表7-15 缓蚀剂分类及保护膜特性

缓蚀剂分类		缓蚀剂举例	保护膜特性
钝化膜型		铬酸盐、亚硝酸盐	致密
		钼酸盐、钨酸盐等	膜较薄，与金属结合紧密
沉淀膜型	水中离子型	聚磷酸盐、硅酸盐 锌盐类	较致密 膜较薄
	金属离子型	巯基苯并噻唑 苯并三氮唑等	
吸附膜型		有机胺、硫醇类 其他表面活性剂 木质素类、葡萄糖酸盐类	在非清洁表面吸附性差

缓蚀剂在金属表面形成新相，新相是具有一定厚度的钝化膜或产物覆盖层，使阳极反应困难。缓蚀剂分子上极性基团通过物理吸附或化学吸附，在金属表面形成一层吸附层，一方面改变金属表面的电荷状态和界面性质，增大腐蚀反应的活化能，另一方面被吸附的缓蚀剂上的非极性基团在金属表面形成一层疏水的保护膜，阻碍电荷或物质转移，从而减缓腐蚀。

缓蚀剂的组成比较复杂，其有效成分主要有咪唑啉类、酰胺类、季铵盐类等，为了获得其他性能，往往加入了一定的表面活性剂等助剂。长庆气田在开发井上使用的都是有机缓蚀剂，其缓蚀剂机理主要为吸附型，主要有油溶水分散型，用于产水量较低的气井；水溶型的用于产水量较大的气井。

2. 环空保护液的配伍性

参考其他储气库环空保护液配制思路，以及榆林南区、S224区块腐蚀环境，优选环空保护液配方为：主缓蚀剂1.6%+OS-2除氧剂0.2%+水98.2%。

1）配伍性实验

配制高、中、低3种矿化度的环空保护溶液，见表7-16。3种矿化度环空保护液静置6个月，未发现固相沉淀或絮凝。说明矿化度对环空保护液的稳定性没有影响，与不同矿化度地层水的配伍性良好。

表7-16 试验用水溶液矿化度

成分	Cl⁻含量（mg/L）	矿化度（mg/L）
高矿化度溶液	87653	131020
中矿化度溶液	21563	33637
低矿化度溶液	9306	14678

2）对封隔器的胶筒老化影响

环空保护液性能见表7-17，胶筒老化试验结果见表7-18。结果表明胶筒材料（HNBR氢化丁腈橡胶）30d老化前后各项性能指标的变化率均符合HG/T 2702—1995《油气田用扩张式封隔器胶筒》标准要求（表7-19），达到较高的控制水平，环空保护液对胶筒的老化影响小。

表7-17 试验用环空保护液性能

成分	Cl⁻含量（mg/L）	矿化度（mg/L）	pH值
试验溶液性能	21978	35582	6.5

表7-18 胶筒在环空保护液水质中30d老化前后的各项性能指标

检测项目	老化前	老化后	变化率（%）
质量（g）	2.7881	2.8590	+2.5
体积（cm³）	0.5725	0.5910	+2.4
尺寸（mm）	50.38	50.20	-0.4
表面积（mm）	12.10	11.90	-1.7
邵氏硬度HA（度）	70	72	+2
拉伸强度（MPa）	18.1	18.3	+1.1
扯断伸长率（%）	330	345	+4.5

表 7-19 油气田常用扩张式封隔器胶筒的各项性能指标

项目	指标要求
拉伸强度（MPa）	≥12
扯断伸长率（%）	≥300
邵氏硬度 HA（度）	70±5
热空气老化，90℃，2h，拉扯伸长变化率（%）	≤30
酸，常温，24h 体积变化率（%）	−5~18

3）高温高压模拟实验

模拟两个区块的注采井油套环空工况条件，开展了高温高压腐蚀试验。

试验条件一（模拟靖边气田 S224 区块）：温度 90℃，20MPa，72h，静态。评价 80S 和超级 13Cr 试样在环空保护液中的平均腐蚀速率，并计算环空保护液的缓蚀率。结果表明，环空保护液各项性能指标均满足使用要求。80S 和超级 13Cr 试样的空白腐蚀速率分别为 0.3032mm/a 和 0.0098mm/a，而在环空保护液条件下，腐蚀速率分别为 0.0202mm/a 和 0.0008mm/a，缓蚀率分别达 93.3% 和 91.8%，效果显著。因此该环空保护液可以满足 S224 储气库注采井管柱长寿命的使用要求。同时，该环空保护液可以在油套材料表面形成稳定的钝态保护膜，降低不同材质之间的电偶腐蚀倾向。

试验条件二（模拟榆林气田南区）：温度 90℃，20MPa，72hr 静态。评价 L80 和 L80-13Cr 钢材试样在环空保护液中的平均腐蚀速率，并计算环空保护液的缓蚀率。结果表明环空保护液在 60d 温度 80℃下的热稳定性良好，无絮凝物，L80 和 L80-13Cr 试片的空白腐蚀速率分别为 0.062 和 0.0864mm/a，而在环空保护液条件下，L80 和 L80-13Cr 试片的腐蚀速率分别为 0.0035mm/a 和 0.0007mm/a，腐蚀轻微，加注环空保护液后缓蚀率大于 90%，可有效降低油管的腐蚀速率，保护油管外壁，如图 7-9 所示。

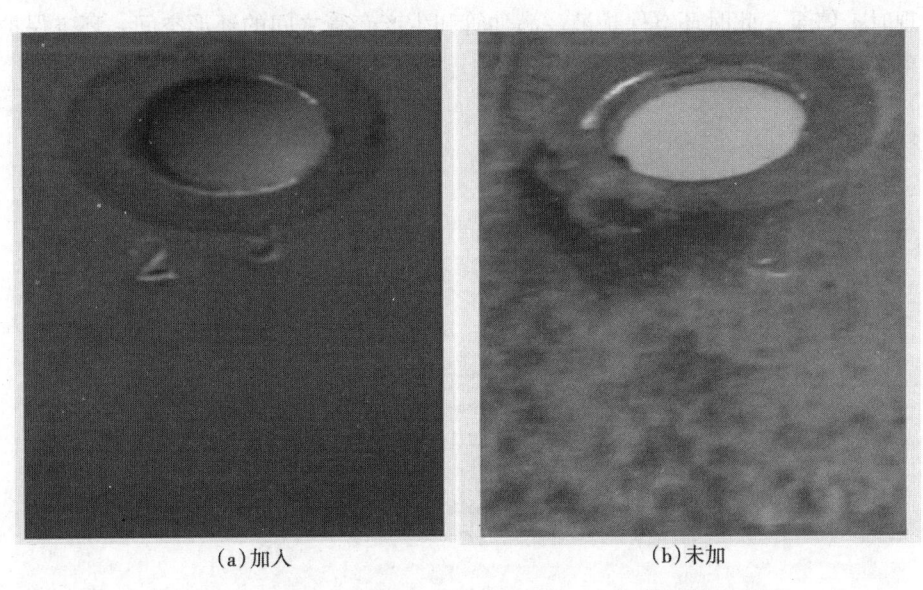

(a) 加入　　　　　　　　　(b) 未加

图 7-9 加入和未加环空保护液试验后的 L80 钢材试样对比图

4）长期耐温稳定性评价

评价环空保护液的热稳定性。

试验条件：温度80℃，常压，静态放置60d。

结果：环空保护液耐温性能良好，无絮凝物。

5）环空保护液的主要性能

环空保护液的主要性能指标见表7-20。

表7-20 环空保护液各项指标

项目	指标
密度（g/cm³）	1.05~1.15
凝固点（℃）	≤-10
钢材腐蚀速率（mm/a）	L80：0.0035；L80-13Cr：0.0007；80S：0.02；超级13Cr：0.0008
缓蚀率（%）	≥91%
pH值	8~9

6）环空保护液现场应用情况

在榆林南储气库Y**-1H和Y**-2H的2口水平井中已应用4年时间，目前未发现任何管柱腐蚀问题。

3. 环空保护液加注工艺

由钻机作业下入油管。通过油管注入活性水，开始洗井，正循环洗井至进出洗井液的颜色一致，无杂质时停止洗井。

采用反循环从油套环空注入带显色剂的环空保护液，循环顶替出洗井液。每隔5min用pH值试纸和电子pH计测试循环出的溶液，当pH值不小于7时，且同时看到蓝色的环空保护液出现时，停泵，此时环空保护液注满油管和生产套管之间的环形空间，环空保护液加注工艺结束。

第八章　储气库注采井完井工艺技术

储气库注采井完井工艺主要包括完井管柱设计和储气层改造工艺设计。完井工艺技术的核心是保障井筒和储气层的完整性，即密封性，以保证注采井长周期安全运行。

第一节　完井管柱设计

同一般的气井相比，注采井具有注采气量大、压力高且周期性变化等特点，完井工具及管柱承受的温度、压力变化范围大。因此，完井管柱设计必须具有注气、采气双重功能，能够防止大流量对油管及配套工具的冲蚀。要具有良好的防腐蚀和密封性能，确保井筒使用寿命。完井管柱能够在交变载荷作用下长期安全可靠工作，满足动态监测的要求，发生意外时能迅速关井。管柱结构要易于施工，便于后期修井作业。

国内外地下储气库完井管柱设计方法，其共同的特点是配套井下安全阀，可实现井下快速关断；配套封隔器，生产套管和油管之间的环空下部由封隔器分隔，封隔器以上填充有环空保护液；均配套坐落接头，可实施带压作业，实时监测井下压力；为应对管柱承受的交变载荷，一般配套有伸缩短节或流动短节。

根据国外储气库建设的经验，综合分析国内早期建成储气库注采井生产运行的情况，结合长庆储气库建设的要求，为满足百万立方米大气量注采和长期运行的安全要求，设计完井管柱结构自下而上为：

引鞋+RN型坐落接头+油管短节+带孔管+油管短节+R型坐落接头+油管短节+1根油管+油管短节+磨铣延伸筒+MHR永久封隔器+锚定密封总成+油管短节+1根油管+油管短节+滑套+油管短节+油管+油管短节+下流动短节+SP井下安全阀+上流动短节+油管短节+油管+油管挂。如图8-1所示。

这种管柱结构设计的特点是：

井下安全阀在异常情况下可实现气井的快速关断，即使井口采气树漏气、损毁，安全阀也能快速切断井底天然气上行的通道，为注采井安全运行提供了安全保障。

循环滑套可用于后期作业中压井，为修井等作业留下通道，可以在完井过程中替注环空保护液来保护封隔器以上的油套管。

永久封隔器和锚定总成配合流动短节可有效降低上部油管在注采作业过程中的伸缩量，保证完井管柱和工具长期有效，配备磨铣延伸筒，便于后期必要时更换管柱等作业。

相比带毛细管测压的管柱，这种管柱设计无法实时监测井底压力，但配套的坐落短节可以投放压力计监测，某种程度上高精度压力计比毛细管测压要精确，仪器更稳定，同时坐落短节也可用于后期不压井作业投放堵塞器。

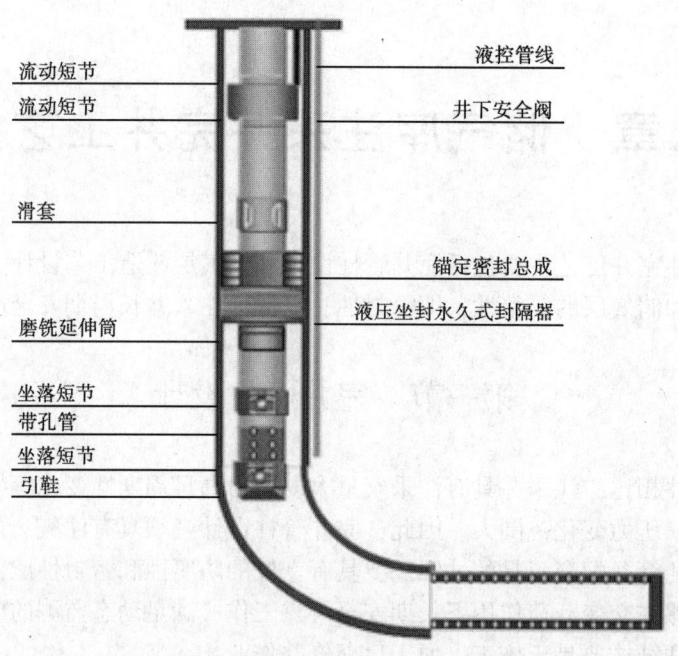

图 8-1 长庆储气库注采井完井管柱设计图

一、完井工具位置及设计要点

（一）安全阀

一般不宜太深，借鉴国内外经验，一般设计下深 100m 左右。为减小井下流体冲蚀，应选用与套管、油管规格匹配的安全阀，内径接近于油管内径。考虑到井下温度、注采压力及酸化作业需求，安全阀压力等级应为 70MPa（10000psi），温度等级应为 120℃。

（二）滑套

根据井身结构和垂深设计，置于直井段，处于锚定总成之上。可根据需要打开滑套，建立井下循环通道，为环空保护液循环或更换及压井作业创造条件。

（三）封隔器

应处于直井段，井斜小于 5°，通过电缆校深，避开套管接箍 2m 以上，确保坐封效果。为保证管柱安全性，应优先考虑永久封隔器，它在密封性、承压等方面都优于可回收式封隔器。同时，不论哪种封隔器，由于自身结构特点的限制，很难保证其长期的密封性，虽然目前没有准确的数据支持，但分析大港储气库油套环空带压问题，可能与封隔器密封失效有关，为方便后期管柱更换，应采用插入密封锚定的结构，便于后期倒扣起出封隔器上部管柱。

（四）伸缩短节

考虑注采过程中管柱在交变载荷下的强度和密封性能，伸缩短节的使用会增加管柱泄漏风险，故一般不配套伸缩短节，而改用流动短节改善管柱因注采压力带来的管柱振动等负面影响。

（五）坐落接头

根据用途，R 型坐落接头处于 RN 型坐落接头上方，中间为带孔管。可实现封堵油管，也可实现井下电子仪器的配接。

二、完井工具功能及性能要求

依据国内外储气库建设经验,考虑完井工具的长期密封性,要求完井工具的连接扣型与油管一致,采用3SB等气密封扣,材质防腐等级等于或略高于油管材质,工具压力等级满足注采要求,工具内通径能够通过2in连续油管,便于储层改造,为便于后期维护,完井工具应尽量采用同一家公司的成熟产品。主要完井工具的功能及用途见表8-1。

表8-1 主要工具功能及用途

名称	功能及用途	参数要求
井下安全阀	金属阀瓣密封,具有自平衡系统、自锁常开等功能,用液压管线连接到地面控制系统控制其开关; 用于紧急情况下实现井下关井,切断气源	通径与油管通径相当,材质防腐能力应与油管相匹配
流动短节	安装于安全阀的两端,内径与安全阀内径相同,稳定井下流体流态,消减流体对安全阀的冲蚀	
滑套	采用钢丝作业下入专用工具,可实现滑套开、关; 用于建立井内循环通道,满足替换保护液、循环压井等需要	
锚定工具	卡瓦锚定,可承受双向载荷;采用插入密封方式与封隔器连接,并可正旋起出上部管柱	
液压永久封隔器	正旋上提起出上部管柱功能;封隔性能优于可回收式封隔器;用于封隔上部油套环空、保护上部套管,并封存环空保护液;与工作筒配合可封堵井筒,实现带压作业	
磨铣延伸筒	采用专用工具磨铣封隔器时打捞磨铣延伸筒起出下部管柱	
堵塞器工作筒	与堵塞器配套为液压坐封封隔器及带压作业提供条件	
筛管	下入测压计后,提供注采通道	
压力计工作筒	悬挂电子压力计,可监测井下压力等参数	
喇叭口	为连续油管过油管作业提供通道	

三、管柱受力分析

为保障入井管柱的运行安全,应对完井管柱进行受力分析。管柱受力影响因素主要有注采气量,注采压力、温度、完井井深、井身结构等,不同区块和不同注采气量设计下,结果也不同,这里以长庆YL气田为例(气井基本参数和注采参数见表8-2),油管采用N80钢级,封隔器下深按3000m计算。采用计算机模拟软件分别对注采管柱在注采过程中受力进行分析,注采过程中油管挂处均受向下的最大轴向应力,在注气过程中管柱安全系数最小为1.55,生产管柱受力是安全的,试验数据见表8-3和表8-4。

表8-2 气井基本参数及注采参数

封隔器下深(m)	3000	井底温度(℃)	100	环空保护液密度(kg/m^3)	1000
井口限压(MPa)	28	注入气体温度(℃)	20	采出气体温度(℃)	60
注气量(10^4m^3)	\multicolumn{5}{l	}{88.9mm油管:25;114.3mm油管:50;139.7mm油管:150}
采气量(10^4m^3)	\multicolumn{5}{l	}{88.9mm油管:50;油管114.3mm油管:100;139.7mm油管:200}

（一）采气过程生产管柱受力分析

软件模拟得到3种尺寸生产管柱采气过程中安全系数分别为2.8，2.7和2.9，均大于1.5。采气过程中，油管挂最大受力分别为334.7kN，503.1kN和721.1kN，方向向下。封隔器处油管最大受力分别为74.2kN，97kN和168kN，方向向上。

表8-3 采气过程力学分析参数表

项目	88.9mm 油管	114.3mm 油管	139.7mm 油管
油管抗拉强度（kN）	959	1366	2073
油管挂最大轴向应力（kN）	334.7	503.1	721.1
封隔器处油管最大轴向应力（kN）	−74.2	−97.0	−168.0
安全系数	2.87	2.72	2.87

（二）注气过程生产管柱受力分析

生产管柱注气过程中安全系数分别为1.70，1.55和1.55，均大于1.5。注气时，油管挂最大受力分别为564.2kN，880.1kN和1340.5kN，方向向下。封隔器最大受力分别为155.3kN，280.0kN和451.5kN，方向向下。

表8-4 注气过程力学分析参数表

项目	88.9mm 油管	114.3mm 油管	139.7mm 油管
油管抗拉强度（kN）	959	1366	2073
油管挂最大轴向应力（kN）	564.2	880.1	1340.5
封隔器处油管最大轴向应力（kN）	155.3	280.0	451.5
安全系数	1.70	1.55	1.55

第二节 储气层改造工艺技术

根据国外储气库建设的经验，为了保证盖层的完整性，一般不进行压裂施工，以常规酸化工艺为主。国内大港油田在枯竭和半枯竭气藏上建成大张坨、板876、板中北、板中南、板808、板828等6座储气库，完井后通过负压射孔投注，不进行压裂酸化改造。华北油田在碳酸盐岩储气层建成京58、永22、京51等3座储气库，水平注采井采用自转向酸体系进行酸化改造。长庆储气库试验区，不论榆林南还是靖边气田S224区块的储层有效厚度都比较薄，实施压裂改造储气层不具备条件，改造主体技术也以酸化为主。

一、榆林气田南区开发井储层改造实施情况

榆林气田南区前期采用直井压裂开发模式，已压裂试气开发井、评价井83口，其中75口井平均无阻流量$20.26\times10^4 m^3/d$，总体表现为中高产特征。榆林气田南区历年完钻山$_x$气层参数及施工情况见表8-5。

表 8-5 榆林气田南区历年完钻山₂气层参数及施工汇总表

时间	井数（口）	有效厚度（m）	孔隙度（%）	基质渗透率（mD）	含气饱和度（%）	砂量（m³）	砂比（%）	排量（m³/min）	无阻流量（10⁴m³/d）
2000	1	6.1	6.3	2.83	79.8	24	26.7	2.45	26.8976
2001	5	8	6.6	6.892	80.3	30.8	28.2	2.52	13.1583
2002	16	10.3	6.2	5.699	80	25.3	25.7	2.67	15.2693
2003	31	10.4	6.48	4.815	84	24.9	24.1	2.8	22.6014
2004	30	7.8	6.7	6.558	75.3	20.2	27.7	2.6	22.0
平均	83	9.2	6.51	5.7166	79.81	23.6	26	2.68	20.26

二、长北气田合作区开发井储层改造实施情况

榆林气田长北合作区试验期完钻两口水平井采用原钻机酸洗工艺，酸液用量 20~25m³，酸洗完后后，采用连续油管+液氮气举排液，试气无阻流量达到 40×10⁴m³，见表 8-6。

表 8-6 长北气田合作区前期水平井改造情况

井号	层位	储层井段（m）	长度（m）	孔隙度（%）	渗透率（mD）	井口油压（MPa）	井口产量（10⁴m³/d）
长 1	山ₓ	2981~3516	535	5.65~5.91	1.2803~2.5536	4.64	40.5234
长 2	山ₓ	2895~3963	1068	4.35~5.36	0.014~0.69	5.4	27.4436

长北在规模开发期采用多分支水平井开发模式，方案设计单支水平段长度 2000m，单支水平段长度最长达到 2252m，累计水平段 1500~4000m，采用排液求产，完井测试的 18 口井中，有 11 口井产量超过 100×10⁴m³/d，最高的超过了 200×10⁴m³/d，如图 8-2 所示。

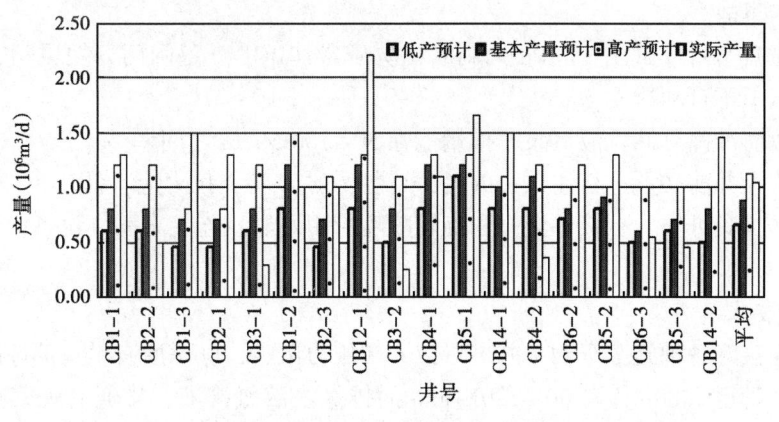

图 8-2 长北气田水平井产量对比图

三、靖边气田 S224 区块开发井储层改造实施情况

S224 区块前期应用常规酸压工艺改造 3 口直井，平均无阻流量 80.4×10⁴m³/d，改造效果明显。经过多年生产，地层压力已由 30.4MPa 下降至 10.8MPa，目前平均产量为 4.1×

$10^4m^3/d$。前期三口井改造工艺实施情况见表8-7。

表8-7 S224区块前期马五、组储层实施情况表

井号	有效厚度（m）	孔隙度（%）	含气饱和度（%）	基质渗透率（mD）	改造工艺	酸量（m³）	排量（m³/min）	无阻流量（$10^4m^3/d$）
G22-T	6.9	7.9	87.5	1.7	稠化酸 普通酸	55.5 27.0	2.5~1.5	65.3
G23-T	9.0	7.2	81.1	0.6	变黏酸 降阻酸	55.0 25.0	2.5~1.6	114.6
S22*	6.0	7.1	77.6	0.7	降阻酸 酸洗	51.6	2.2	61.2
井区	7.3	7.4	82.2	7.3	—	71.4	2.4	80.4

四、储气库注采井改造工艺设计

借鉴国外储气库井完井思路和前期水平井酸洗完井经验，长庆储气库水平注采井改造采用连续油管拖动布酸和液氮气举排液的方式。

（一）榆林气田南区完井工艺设计

根据榆林南区气层物性条件和完钻井深等条件，储气层改造设计选用1.5in连续油管拖动布酸，为了验证储层保护的情况，可先进行求初产作业，与改造后的求产情况进行对比，为下一步储气库改造方式的优化提供依据。

1. 连续油管排液求初产

1) 设备要求

连续油管车的连续油管接头要求采用外径与连续油管本体一致的内连接接头，防止连续油管出现阻卡事故。

要求防喷盒密封件试压35MPa无刺漏，防喷器（BOP）各闸门开关灵活，无刺漏。液压系统在高压下不自动泄压。

要求计数器准确可靠，液氮泵车排量能在50~100L/min之间调整。

连续油管入井前必须进行注入头的提升（拉力）试验，拉力应不低于8t。

试验入井工具可靠，下接单流阀和旋转喷嘴应用可靠，连接牢固。设备应保证长时间连续工作。

2) 工艺要求

按要求连接好各种施工车辆，并进行拉力和压力试验，确保所有设备部件能满足施工要求。下连续油管至1000m，以80~120L/min的排量注液氮排液，排通后观察喷势。如果能连续自喷，则排液结束。若喷势停止后继续下连续油管至2000m左右，开始第二次以80~120L/min的排量泵注液氮排液，排通后观察喷势。若喷势停止后继续下连续油管至3000m左右，通过引鞋前后试提连续油管，确认连续油管能够顺利通过引鞋后，在连续油管设备限压条件下，逐步下入连续油管，开始第三次以80~120L/min的排量泵注液氮排液，排通后观察喷势。排液结束后起出连续油管，关闭井口清蜡闸门，放喷观察。施工过程中如果压力高，可上提连续油管进行掏空，也可以根据现场情况采取边注入边下入的办法注液氮排液。

排液结束后即可按照试气地质设计要求求初产。

2. 连续油管均匀酸洗

求初产后进行压井作业，进行连续油管酸洗和排液求产。

根据榆林南前期大量储层改造经验设计降阻酸液配方：

10%HCl+1.5%HJF-94+0.5%CF-5A+0.15%柠檬酸+0.5%YFP-1+0.3%CJ1-2+清水；

活性水：0.3%CF-5A+0.3%COP-1+清水；

连接好连续油管设备，边注入活性水边循环，下入1.5in连续油管（连续油管接头采用外径与连续油管本体一致的内连接接头，外径38.1mm，内径31.750mm，壁厚3.175mm，长度5000m）至2200m左右，通过引鞋前后试提连续油管，确认连续油管能够顺利通过引鞋后，在连续油管设备限压（井口限压55MPa）条件下，逐步下入连续油管，用700型水泥车进行连续油管的拖动布酸施工。施工程序借鉴常规开发井做法，参考程序见表8-8。

表8-8 连续油管拖动酸洗施工参数

序号	工作内容	液体类型	注入酸量 (m^3)	速度 (m/min) 井段 (m)	速度 (m/min) 拖动速度 (m/min)	排量 (m^3/min)	时间 (min)	备注
1	替酸	降阻酸	4.5	—		0.2~0.3	20	不拖动连续油管
2	拖动布酸	降阻酸	155.5	4994~4677	2~5	0.2~0.5	158	—
				4677~4645	15~20	0.2	2	
				4645~4077	2~5	0.2~0.5	284	
				4077~4024	15~20	0.2	4	
				4024~3273	2~5	0.2~0.5	376	
3	顶替	活性水	4.5	12~20		0.3~0.6	—	—
累计			降阻酸：160m^3，活性水4.5m^3				844min	—

3. 放喷排液

采用连续油管注液氮气举排液方式诱喷排液，以尽快喷通。防喷过程中必须打好隔离墙等防护工作，防止产生污染。井筒明显有混气液柱时，在不影响排液效果的情况下，可根据液量大小估算液柱压力，在确保井底生产压差在8.0MPa以内的条件下放喷排液，不出液时立即关井。排液后期，井筒内混气液量较少，可按井筒压力梯度1.6~2.4MPa/1000m估算，生产压差应控制在4.0MPa以内。对于储层产能较低，关井压力恢复较低的井，井口关井压力小于5.0MPa时，油放可以不控制压力；井口关井压力在5.0~10.0MPa时，油放最低压力控制在1.0MPa以上。放喷时连续2~3h不出液，即可以关井，等压力恢复起来后再放喷；如果连续两次放喷5h以上，均不出液，且关井后油套压在短时间内达到基本平衡，或确定地层产液，且液性稳定，则排液合格，可以转入关井。关井压力恢复，油套压力在72h内上升不超过0.05MPa时，即可以进行测压、求产；若是低产层或气水同出井层，由于压力恢复缓慢，可采用不关井恢复压力直接进行测试。

4. 测试求产

在关井恢复压力达到测试要求后，按要求测井底静压，测试前对接好分离器、孔板流量计及测试管线，并根据排液过程中油套压变化情况选择合适的孔板。同时紧固各管线接头，检查地锚固定情况，并进行试压，保证不刺不漏；分离器上水并预热。分离器距测试管线出口必须大于20m，测试管线不能用任何弯头连接，孔板流量计距分离器必须大于10m，距点火口10m。测试求产需要录取油压、套压、针阀开度、流量计名称、孔板（挡板）直径、上流压力、上流温度、油气水班产量、液性、火焰长度、颜色、测试时间、稳定时间、地层静压力、地层流动压力、温度等资料。

1) 临界速度流量计测试产量

计算公式为

$$Q_g = 186 \times d^2 \times p_1 / (Z \times r \times T)^{1/2} \tag{8-1}$$

其中

$$p_1 = p_{上} / 0.0980665 + 1$$

式中　Q_g——日产气量，m^3/d；

d——孔板直径，mm；

$p_{上}$——上流表压力，MPa；

Z——压缩系数，气样分析得出，一般在 0.97~1.0；

T——上流温度，$T = t + 273℃$，t 为上流温度表读数；

r——天然气相对密度，气样分析得出，一般在 0.56~0.60。

应用条件：通过孔板的气流必须达到临界流速，气流达到临界流速的条件为下流压力与上流压力之比值小于或等于 0.546，或上流压力大于或等于 0.2MPa。

2) 垫圈流量计测试产量计算公式

当压力差用水柱高度测量：

$$Q_g = 2.89 \times d^2 \times [H_{水} / (r \times T)]^{1/2} \tag{8-2}$$

应用条件：适用于测量小于 $3000m^3/d$ 的气流流量。

当压力差用水银柱高度测量：

$$Q_g = 10.64 \times d^2 \times [H_{汞} / (r \times T)]^{1/2}$$

应用条件：适用于测量 $3000 \sim 5000m^3/d$ 的气流流量。

式中　$H_{水}$，$H_{汞}$——"U"形管内水或水银的高度差，mm；

其余参数与临界速度流量计计算参数相同。

（二）S224储气库注采井改造工艺设计

通过近年来不断攻关研究和试验，长庆油田形成了适合下古生界碳酸盐岩储层的三项水平井改造工艺。结合储气库注采井"改造不能突破隔层，改造后井筒内不留管柱"的原则，针对S224区块目前地层压力低的特点，设计采用连续油管均匀布酸酸洗工艺解除钻井液污染，改善注采能力。碳酸盐岩水平井改造工艺对比情况见表8-9。

表8-9　碳酸盐岩水平井改造工艺对比表

类型	不动管柱水力喷射分段酸压	连续油管均匀布酸酸洗	裸眼封隔器分段酸压
技术优势	（1）能够实现多段酸压改造； （2）管柱可以起出更换，油套管连通，有利于观察生产情况； （3）施工简单	（1）施工作业简单； （2）可以采用生产管柱施工； （3）可以实现全井段均匀酸洗	（1）改造段数多； （2）施工简单，分段可靠性高； （3）对于有部分层段含水储层可以有效分隔

续表

类型	不动管柱水力喷射分段酸压	连续油管均匀布酸酸洗	裸眼封隔器分段酸压
存在问题	施工管柱尺寸较小，不能满足生产要求，改造结束后需要更换管柱	改造强度相对较低，应用于物性较差储层增产效果不明显	（1）施工管柱不能起出；（2）多级滑套及球座节流作用，不能满足高产量生产要求
解决方案	采用不压井作业技术更换管柱	配套满足全井段均匀布酸的大直径连续油管	应用于部分含水层段的分隔及相对低产井

1. 工艺设计

1) 酸液体系

为有效解除近井地带钻井液污染，恢复储层的渗透率，开展钻井液滤饼溶蚀实验。结合岩心溶蚀实验情况，优选酸液体系：20%HCl+0.3%CJ1-2+其他添加剂。

表8-10 不同酸样下泥浆溶蚀情况表

项目	15%HCl	20%HCl	20%HCl+0.3%CJ1-2	5%HCl+6%甲酸
溶蚀前钻井液粉末量（g）	1.5	1.5	1.5	1.5
溶蚀后残留量（g）	0.1	0.06	0.04	0.17
溶蚀率（%）	93.3	96	97.3	88.7

2) 酸液用量

室内研究表明钻井液侵入带的深度一般为1~15cm，考虑酸液对水平井筒附近渗透能力的改善，设计预处理酸量，并结合储层钻遇情况进行调整（图8-3）。同时，为提高钻井液污染严重高渗井段的解除效果，在井口限压条件下采用定点挤酸10~15m^3，提高酸液溶蚀效率。

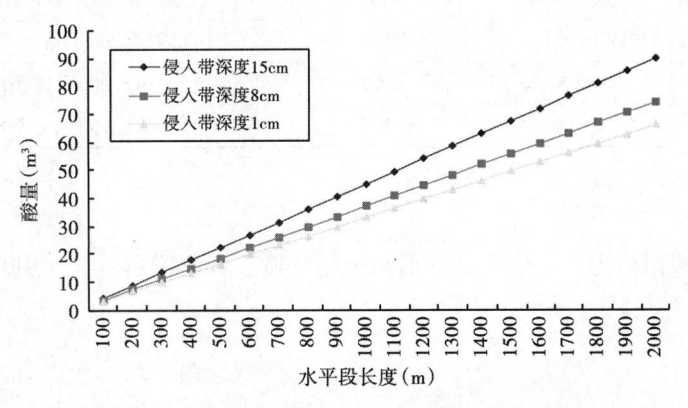

图8-3 不同水平井段长度下预处理酸液用量

3) 布酸排量

根据储层情况，结合连续油管设备能力，确定合理的施工排量和拖动速度，连续油管注入排量与压力预测见表8-11。

表 8-11 两种型号连续油管注入排量与压力预测表

排量 （L/min）	φ44.45mm，长度 5500m			φ50.8mm，长度 6200m		
	布酸压力 （MPa）	挤酸压力 （MPa）	套管压力 （MPa）	布酸压力 （MPa）	挤酸压力 （MPa）	套管压力 （MPa）
100	4.26	14.57	8.06	2.47	12.71	7.13
200	11.91	22.72	14.42	6.25	16.78	9.66
300	23.17	34.24	24.68	12.71	22.25	14.05
400	39.49	50.61	40.03	21.22	30.42	21.35
500	58.41	70.44	59.00	32.12	39.61	29.81
600	—	—	—	44.72	51.54	41.09
700	—	—	—	58.72	63.11	52.08
800	—	—	—	75.05	—	—

考虑连续油管拖动布酸和定点挤酸过程中限压要求，优选连续油管均匀布酸施工参数：φ44.45mm，长度 5500m，最大布酸排量 300L/min，最大挤酸排量 400L/min；φ50.8mm，长度 6200m，最大布酸排量 500L/min，最大挤酸排量 600L/min。

4）国内连续油管设备现状

目前国内大尺寸连续油管设备及施工能力见表 8-12，可以满足 2000m 水平段改造要求。

表 8-12 国内大尺寸连续油管设备情况

油田（公司）	连续油管直径	长度（m）	施工能力
川庆钻探	φ38.1mm	5000	满足 1000m 水平段改造，排量有限
长庆井下	φ50.8mm	3500	改造长度有限，水平段 1000m 左右
	φ60.3mm	4200	改造长度有限，水平段 1000m 左右
斯伦贝谢	φ50.8mm	5300	满足 1300m 水平段改造
长庆油田	φ50.8mm	3500	改造长度有限，水平段 1000m 左右
	φ44.45mm	5200	满足 1200m 改造，排量有限
北京华油	φ50.8mm	6200	满足 2000m 水平段改造
山东杰瑞	φ50.8mm	6200	满足 2000m 水平段改造

注：时间截至 2013 年

5）排液方式

施工结束后根据压力变化情况用针形阀控制放喷，若放喷不通，采用套管反注液氮及连续油管正注液氮气举排液。

第九章 提高井筒完整性的配套技术

早期建设的储气库运行情况表明井筒完整性方面普遍存在的问题是油套环空带压及技术套管带压,分析其原因及途径主要有以下几个方面:永久式封隔器由于工具自身缺陷导致漏气;滑套泄漏;油管泄漏;生产套管固井质量差,产层气体上窜使技术套管和生产套管间带压。

油套环空带压大多是由管柱不密封造成,如油套管泄漏,油套管螺纹连接不好、腐蚀或管柱热应力破裂或机械破损,封隔器漏失等(图9-1至图9-3)。

图9-1 伸缩短节密封失效

图9-2 套管气密封扣损坏

外层技术套管与生产套管带压多由生产套管的固井质量差引起。影响固井质量的因素较多,主要是井眼条件差、前置液设计不合理、固井工艺或现场施工过程中出现问题导致固井时顶替效率差;或者水泥浆性能设计不合理,失水量大、稳定性差、基质渗透性高、防窜性能差、体积收缩等原因;另外,水泥石力学性能与地层、套管不匹配,水泥环开裂或界面出现微环隙,在温度、压力变化下水泥环失去密封效果等原因均会造成生产套管外带压。

图9-3 油管腐蚀穿孔

井筒的完整性主要包括管柱的密封性和管外水泥环的密封性,本书第六章中对固井水泥浆体系的优选和固井工艺技术进行了探讨,这里不再赘述,本章主要关注管柱自身的密封性,进而提高井筒完整性。主要内容如下:

(1)储气库完井工具应采用质量可靠、寿命长的井口设备和完井工具,确保井口设备、封隔器、滑套、伸缩短节、坐落短节等工具的密封性。

(2)保证生产套管和油管的密封性,关注螺纹的质量及上扣质量。尽管油套管选择气密封扣,但螺纹泄漏的原因比较复杂,上扣扭矩、加工误差、运输环节、清洗环节等都可能造成螺纹密封不严,管材本体如果有缺陷,常规方法是无法发现的,结合国内气田施工经验，有必要对生产套管、采气管柱进行气密封检测，确保每根入井套管本体和螺纹的密封性。

第一节　油套管气密封检测技术

为提高管柱的气密封性能，储气库注采管柱均采用气密封扣，但长期的天然气开发经验也证实气密扣油套管也存在泄漏的风险。目前发现的影响螺纹密封性的因素主要有加工误差；运输或作业过程中的磕碰；密封脂的选择和使用；上扣扭矩值范围的选择；螺纹和密封面的清洁等。其中，管材生产过程中的加工误差是无法完全消除的，运输和作业过程中的磕碰也是难以避免的，注采过程中压力周期性变化引起的管柱变化等影响因素增加了气密封扣泄漏的不确定性。而一旦注采管柱发生泄漏，可能造成油套环空带压、增加了天然气向井筒外层窜漏甚至逸出地面的安全环保风险，如果油管刺断，修井费用巨大，采用注采管柱气密性检测可以大幅度降低油套管失效的风险。

一、气密封检测的意义

国外一项气密封检测实验资料显示，气密封检测螺纹599个漏点，其中178个漏点用高压气在水中冒泡的检测方法无法检测出来，占所有泄漏点的29.7%，由此可见，面对诸多影响气密封的可能性，气密封检测技术具有很强的优势，能及时发现气密封螺纹泄漏，及时更换管柱，避免造成后期修井等复杂作业。气密封检测采用的是氦气与氮气的混合气体，惰性气体氦气比空气轻，与不活泼气体氮气按1:7的比例混合，具有安全、无腐蚀性、对人体无害的特点。氦气分子直径很小、在气密封扣中易渗透，检测压力高，最高能达到140MPa，能满足各种压力等级的需要。氦气检测仪非常灵敏，能够检测出泄漏率10^{-7}bar·mL/s的氦气，检测精度可以达到千万分之一的浓度单位。气密封检测对于提高井筒管柱密封性有着重要意义。

二、螺纹气密性检测方法

在管柱入井前，先将坐封工具投入到被检测管柱内，调整工具的上、下卡封胶筒分别卡在油套管接箍的上下位置，通过高压水泵推动储能器中含氦气的混合气体压缩，在设定压力下坐封胶筒，当卡封胶筒坐封后，继续打压使密闭空间中的检测气体升压到设计检测压力。采用带有氦气检漏仪探头的检测集气套，从外部将油套管接箍包起来形成密闭空间，由于氦气分子直径小，易于沿微细间隙通道渗透，若管柱内有气体逸出，外部的高灵敏度氦气检测探头就会识别并报警，说明螺纹密封不合格。检测仪器及原理如图9-4所示。

三、气密封检测气体组分

气密封检测采用的试压介质为氦气和氮气的混合气体，通常检测过程中氦气和氮气的混合比例为1:7。氦气为无毒安全的探索气体，分子直径很小，在微小的裂缝中易渗透，对油套管无腐蚀。氮气为承载气体，对油套管无腐蚀，是无毒安全的惰性气体，价格低廉并易于购置。

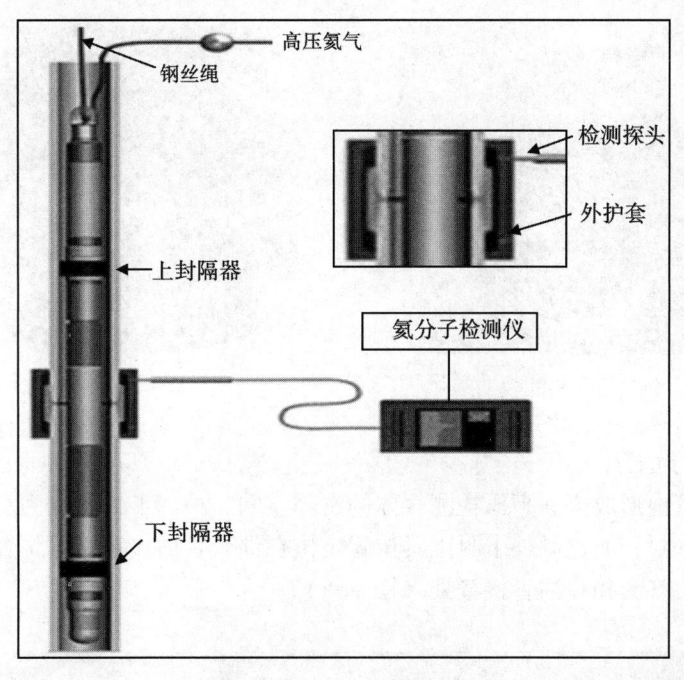

图 9-4 气密封检测原理图

四、气密封检测设备

气密封检测的设备组成主要有氦气分子检测仪、检测卡封工具、操作台、储能器以及动力部分。气密封检测设备各部分组成及工作原理如图 9-5 所示。

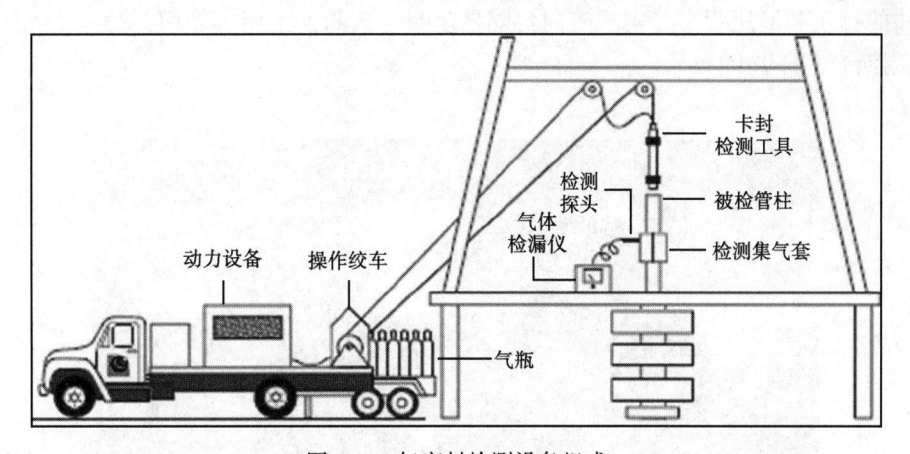

图 9-5 气密封检测设备组成

（一）氦气检测仪

主要用于检测氦气的流动速率，根据检漏仪探测到的氦气泄漏率来判断螺纹密封性能是否合格。若检漏仪漏率超过 2×10^{-7} bar·mL/s，则表明螺纹密封性不合格，需采取相应的整改措施。若检漏仪检测到的漏率低于 2×10^{-7} bar·mL/s，则表明螺纹密封性能合格，其检测最低值为 0.1ppm，检测灵敏度为 0.1ppm（图 9-6、图 9-7）。

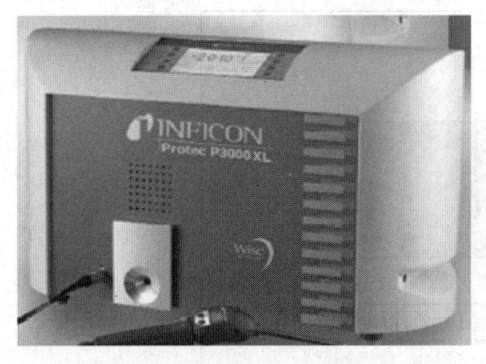

图 9-6 氦气分子检测仪　　　　　　　图 9-7 检测管柱护套

(二) 检测卡封工具

用于在油套管内形成充满高压检测气体的密闭空间，检测卡封工具为双胶筒结构，通过打压在油套管内胀封，通过调整卡封工具位置定位在油套管内接箍上下位置，将连接有检漏仪探测头的检测集气套扣在油管接箍处（图9-8）。

图 9-8 管柱内卡封工具

(三) 操作台

操作台由绞车、滚筒、液压马达、液控阀等组成，用于控制检测工具进出油套管，控制检测气体的打压和泄压程序，实现管内封隔器坐封、解封、泄压等作用，是整个气密封检测过程的总控台（图9-9）。

图 9-9 操作台

(四) 液力增压设备

产生高压检测气体的设备，由储气筒、单流阀和控制阀组成，储气筒为内空金属筒，低压氦气和氮气的混合气体进入储能器，高压水推动混合气体产生高压检测气体，检测压力最高能达到140MPa，能满足各种压力等级的检测需要（图9-10）。

(五) 动力设备

动力设备主要由柴油机、高压水泵、液压泵、空气泵、气控溢流阀等组成，为施工准备动力（图9-11）。

图9-10 液力增压设备

图9-11 动力设备

第二节 油套管入井工艺技术

生产套管及油管作为后期注采井注气和采气的通道，保证其安全顺利入井，对顺利开展后续作业至关重要。

一、油套管入井风险辨识

长庆储气库注采水平井井身结构为四开结构，井眼尺寸大，采用311.2mm钻头钻至入靶点，下入244.5mm生产套管和139.7mm油管，215.9mm水平段井眼下入139.7mm筛管。榆林气田南区生产套管下深为3200m左右，靖边气田S224区块达到3700m，油管下至2900m左右。根据设计，每口井入井生产套管数量达到300余根，加上管串气密封检测、灌浆、设备保养等时间，套管入井作业时间长达4~5d，作业时间相比常规开发井增加1~2d，裸眼井壁浸泡时间增加，套管入井的风险大幅度增加。如果发生井壁坍塌等事故，导致生产套管遇阻遇卡，轻则需要倒扣起出套管，造成大量套管损伤或报废，储气库采用的是进口的气密封防硫套管，材质为超级13铬，价格十分昂贵，备用管子数量也有限，倒扣拔套管作业将带来巨大经济损失，损失大量作业时间，而且下一步补救措施风险也极大，严重时会造成井眼报废。根据一口井报废一个储气库的要求，由于储气层盖层已经打开，如果发生此类事故，也必须处理好事故井，要么恢复井眼，要么妥善封堵该井，由此可见，套管遇卡造成的损失无法估量，对整个储气库的建设都具有影响。

油管入井作业是在套管内，不存在井壁稳定性问题，但储气库油管串相对比较复杂，带有井下安全阀、管外封隔器、滑套等完井工具，这些完井工具结构复杂，外径也不一致，价格昂贵，如果发生遇阻遇卡或者开关问题，将会严重影响作业进度，前期的检查工作务必细心而严谨。假设发生管外封隔器不坐封或坐封不严、安全阀不密封等问题，现场没有处理手段，只有起出油管，更换问题工具。

由此可见，油套管入井作业看似工艺简单，但实则风险极大，作业方务必高度重视。通过风险分析和辨识，造成套管入井问题的最大风险是井壁浸泡时间过长，井壁失稳。分析原因有很多，如井眼轨迹控制问题，狗腿度过大；井眼不规则、井径扩大率过大；管柱变形；井下落物以及一切导致作业时间延长的问题都会增加套管入井作业的风险。

二、油套管入井工艺技术

根据油套管入井风险辨识结果，保障油套管顺利入井的关键在于前期准备工作要充分，检查要严格细致，所有工作要围绕减少不必要的作业时间这个核心开展。保障措施的总体思路就是"超前准备、以快治稳"，具体方法就是重视每步作业环节上的细节工作，超前准备，严格技术交底，明确职责，协调施工各方齐抓共管。

（一）井眼准备

良好的井眼环境是套管入井的最好保障，在钻完井过程中应重视以下几方面工作：一是根据地质设计和前期施工经验，做好钻完井液体系的优选优化工作，确保钻进过程中的井壁稳定；二是高度重视井眼轨迹控制技术，避免钻出大狗腿度的井眼，施工必须符合钻井工程设计对井眼质量的要求；三是下套管前应严格按照工程设计对井眼进行多扶正器通井，确认井眼干净方可进入下一步作业；四是加强井眼数据的检测和分析，下套管前应通过测井收集和分析井径和井眼轨迹数据，为套管扶正器加装提供依据；五是重视下套管前的钻完井液性能参数，严禁大幅度调整钻井液性能，尤其是钻井液密度，确保"不漏、不塌、不喷"，维持井壁稳定。依据井筒实际情况，必要时可添加一定比例的润滑剂降低下套管摩阻，加入比例应考虑对后期固井的影响。对于易发生或已发生坍塌掉块的井段可注入高抑制性能稠浆段塞。

（二）油套管及配套工具的准备和检查

1. 管柱及工具检查

作业队要在地面检查好所有入井油套管、接头及短节等，对管柱逐根编号并准确丈量长度，用通管规逐根通径，检查螺纹，保证油管畅通。下工具前必须丈量和记录入井工具的型号、内外径、长度等数据，并记录在工程班报中。监督方应全程监督复核数据的准确性，项目监管人员应询问、抽查工作开展情况和数据是否一致。

1）管柱数据采集检查要点

为确保管柱数据的准确，防止入井工具达到设计位置要求，应要求井队和录井方共同完成管柱的编号和丈量，监督人员全程监督，也可要求井队和录井方各自丈量再核对数据是否一致。检查的要点是要注意丈量的起始端位置，不可将外螺纹端螺纹也丈量进去。由于生产套管采用的是芯轴式悬挂方式，为确保其金属密封性能，套管挂必须坐在四通台肩上，因此在设计生产套管下入深度时,应在满足施工设计的前提下充分考虑长时间作业可能导致井底沉砂的可能,设计下深要留有余地,下不到位将导致套管挂无法坐挂,距离井底太远又不利于固井,一般建议预留7~8m沉砂口袋,并组织足够的调节短套管应对特殊情况。

2) 螺纹的检查要点

应注意任何穿越密封面的划伤、磕坑、锈坑等均为不可接受的瑕疵,在入扣面和承载面上的毛刺务必磨除,台肩上有大坑点也不可接受,螺纹长度内不可有黑皮和明显的凹坑。套管本体如果存在严重的腐蚀情况,也应予以更换。

3) 通径的检查要点

通径的要点是要符合工程设计要求,特别注意通径规的外径和长度是否符合要求,应逐根通径不可遗漏。保险起见,油套管上钻台时可投入1m左右外径5~10cm圆柱体(如拖把柄)检查是否存在阻塞,防止手套、擦洗丝扣的毛巾等物品误入油套管。

4) 工具的检查要点

工具到达现场后,对照清单清点数量,逐件核对材料号是否正确、各技术参数是否准确,对工具外径、内径、长度进行测量,检查外观是否完好,扣型是否正确。

应检查井下安全阀控制管线是否畅通,安全阀做入井前的开启、关闭试验。

检查滑套是否处于正常关闭状态,配套开关工具尺寸是否合适。

检查锚定密封总成与永久式封隔器连接是否正确,封隔器销钉是否短缺、卡瓦是否牢固、胶筒是否完好。

核实坐落接头型号及配套锁定芯轴是否正确,打捞、投放工具是否匹配。

检查引鞋倒角是否符合要求。

2. 井控设备检查

施工队应检查并确保井口及防喷器正常有效,闸板芯子应与入井管柱尺寸匹配,按设计要求试压合格,做到井口紧固,不刺不漏,压力表、指重表齐备完好。监督方应重点监督检查此项工作,做好记录,并向项目监管人员专项汇报井口及防喷器是否完好。

准备油管旋塞阀,配齐相应的转换接头,加工的转换接头应符合API标准。

3. 配套工具检查

做好油套管配套的套管钳、吊卡和卡瓦的准备和检查工作,特别是特殊管材(如超级13铬管材)的配套工具准备,采用无牙痕套管钳时应优选好合适好用的牙板和金属衬网。

(三) 提高油套管入井作业效率

(1) 油套管入井前应由项目管理方组织施工各方进行技术交底,重点复核准备工作落实情况,开展风险辨识,组织应急保障措施,如果准备工作不到位,检查有疏漏,有风险却无对应应急措施,则严禁进入下一步作业。

(2) 梳理油套管入井程序,提高作业效率,降低非作业时间。可在下油套管前在地面上就提前做好螺纹的检查和螺纹脂的涂抹工作,并做好保护。套管入钻台鼠洞时一般都高出2m左右,作业时极不方便,需要脚手架才能扶正气密封检测工具入内,增加了作业时间和作业风险,可根据油套管平均长度和外径更换鼠洞,下244.5mm套管建议采用339.7mm鼠洞,长度10m左右,以244.5mm套管内螺纹端高出钻台面1m左右方便作业即为合适。

(3) 下油套管前应清理井口,不必要的工具应收纳到工具房,常用工具应做好交接记录和防掉措施,如引绳、毛毡,严防落物,确保施工安全。检查的重点是套管扶正器、安全阀控制管线护套、套管钳牙板、管钳、链钳、扳手、手套等。

(4) 入井管柱每道螺纹按规定扭矩上扣,并检测上扣扭矩曲线是否合格。

(5) 按设计做好管柱螺纹的气密封检测工作,提高该环节的作业效率可有效降低套管入井作业风险。气密封检测队绞车操作工与下套管施工方司钻的良好配合是提高作业效率的保证。应注意高压伤人和检测工具断落入井是该项施工的重大风险,如检测工具还未解封,钻井司钻就下放套管轻则拉翻检测工具所连的绞车,重则拉断检测工具钢丝绳,工具落井。因此有必要对检测工具下放至检测位置时做一标记,提醒绞车工。应每检测一定数量油套管时对连接钢丝绳的情况进行检查,特殊天气应加密检查。

(6) 应按设计控制合理的下套管速度,严禁猛提、猛刹、猛放。司钻要时刻观察指重表悬重变化,遇阻超过警戒吨位时,施工方应及时通知监督及项目管理方共同研究施工措施,不得盲目操作,导致事态严重化。

(7) 应确保油套管上扣质量,降低因质量问题频繁更换油套管造成的时间损失,过多的油套管废弃也可能导致现场备用管材不足而影响施工进度。应注意,螺纹脂油的涂抹量应略微高过螺纹平面并全周面涂抹,内螺纹要比外螺纹多抹些,尤其在内螺纹台肩处,要多抹。螺纹脂油应 API 规范的要求,或遵守套管厂家要求,如 Tenaris 推荐使用 API modified RP 5A3、Shell-type1 等型号,国内品牌推荐使用西安贝斯特出品的 CS-5。在外螺纹落入内螺纹时,可使用对扣器,上扣速度一般不超过 10r/min,最后两圈因内外螺纹密封面开始咬合,上扣速度不超过 5r/min,铬管等特殊管材要使用带钳引扣。

(四) 完井工具入井和钢丝作业

完井工具入井及钢丝作业是注采井完井工程的最后阶段,作业涉及刮管、下通井管柱、下油管及完井工具、安装井口、洗井、替环空保护液、坐封封隔器等环节,其工序最为繁杂,施工方也最多,作业风险较大,不容忽视。

1. 按工序的施工质量要求和检查要点

1) 刮管通井

为保障完井工具顺利入井和封隔器顺利坐封,应下入设计尺寸的套管刮管器,在封隔器坐封段及上下 5m 反复刮管。采用设计尺寸的通井规通至封隔器坐封位置,上下 50m 范围内反复通井 3 次。应循环钻井液至少两周,观察钻井液是否气侵,检测进出口密度是否一致。

2) 下完井工具

(1) 任何完井工具在过防喷器、套管四通时要小心缓慢下放,密切观察悬重变化,以免碰挂、刮伤封隔器、安全阀等井下工具。所有入井工具及油管螺纹连接后必须进行气密封检验。

(2) 安全阀连接液控管线时需进行试压,并带压下入。液压控制管线入井后,应有专人负责控制管线的下入,在每根油管上必须用过油管接箍液控管线保护器固定,以防夹伤、挤压控制管线。要经常观察压力表的压力变化,发现压力下降应及时查找原因,处理好后方能继续入井。应注意油管挂上的液控管线通过口一般有丝堵封闭,施工时应拧下保存,防止大钳等其他工具碰撞导致通过口螺纹损坏而使油套环空密封性降低。

(3) 安全阀检查要点:检查外观是否有损伤,打开安全阀保护螺帽,检查腔体内是否干净,做 HIF 接头,排除液压控制管线及腔体内的空气,将液控管线连接到安全阀上,并按要求带紧 HIF 接头;开关及试压,液控管线内打压到 5000psi,期间观察安全阀开启过程的压力变化,并对比下入前的开启压力是否有出入,稳压 15min,压力不降为合格;放压到 3500psi,拉紧安全阀上部的液控管线,保持 3500psi 的压力继续下入剩余油管,并坐挂油管挂，确保管挂试压合格。

（4）永久式封隔器下入位置应满足以下条件：井斜一般小于35°；狗腿度小于10°/30m；坐封位置避开套管接箍2m以上；坐封位置附近的生产套管固井质量合格。

3）安装注采井口

（1）关闭井下安全阀，观察油套压，确认安全后进行拆卸封井器，安装注采井口作业。在拆卸钻井封井器之前不得随意降低井筒中液体的密度。

（2）拆卸挡泥伞、溢流三通、防喷器组、钻井四通。

（3）安装采气树应注意采气树安装方向要符合工程安装的要求，按API标准上紧全部紧固螺栓，按要求对采气树整体试压。

4）反循环洗井

（1）保持井下安全阀处于打开状态，用活性水反洗井至合格。要求以设计排量洗井，洗至进出口水色一致，返出洗井液机械杂质含量应小于0.2%。

（2）反循环洗井是降低井筒液柱压力的一项作业，应高度重视井控安全，做好有毒有害和可燃气体的监测，施工方和监督方应清楚应急程序和工艺，做好悬挂器密封试压和井下安全阀的检查工作，配备足量的压井液备用，地面准备足够的压井和放喷管线备用。要提前准备好各种转换法兰和接头，检查扣型、密封等是否相互匹配。

（3）循环洗井起泵时可能会发生起泵压力过高的现象，如果安全阀、地面阀门管线都正常，则可能是完井钻井液长时间静止，其中固相颗粒沉积在管外封隔器等外径较大的工具和套管之间的环隙，造成憋压，此类情况可通过倒换循环流程，改成正循环开泵，复杂解除后再恢复到反循环流程。

（4）在封隔器坐封前，如果需要正循环替液，泵排量应严格控制小于0.3m³/min。在封隔器坐封及验封过程中，水泥车操作人员要按照完井工程师的要求，确保水泥车操作平稳、压力控制准确。

5）注环空保护液

按设计排量反循环替入环空保护液至井口。关采气树翼阀，观察套压变化情况，确认无异常后方可进行下步钢丝作业。

6）钢丝作业坐封封隔器

确认套压变化无异常，进行钢丝坐封封隔器作业。

（1）作业钢丝的选择

常规钢丝作业使用的钢丝规格为2.8mm，多用于2⅞in油管内投捞直径小、重量轻的井下工具。储气库井的油管为4½in或5½in，锁定芯轴及投捞工具直径、重量和作业力量较大，采用2.8mm钢丝作业的风险较大。经过调研，目前最大尺寸的钢丝规格为3.2mm，按同一材质，3.2mm钢丝的有效破断负荷比2.8mm钢丝的有效破断负荷大700lb左右。若钢丝入井深度相同，对相同的井下工具串来说，3.2mm钢丝的安全负荷比2.8mm的安全负荷大685lb左右，而对储气库大尺寸井下工具的投捞来说，显而易见采用3.2mm钢丝更安全。现场应注意核查钢丝的规格是否符合设计要求，检查钢丝的本体外观是否锈蚀，询问钢丝作业井数，严禁疲劳钢丝入井。

（2）钢丝作业过程中必须保证井下安全阀全开，严禁半开半闭或者中途泄压使安全阀关闭切断钢丝。作业方应常备钢丝绳头找寻和打捞工具。

（3）应加强钢丝作业工具的入井前检查工作，防止井下事故。

①做好井口钢丝防喷设备检查。

②对 R 锁芯、锁芯下入工具、锁芯打捞工具 GR、平衡杆、打捞工具等专用井下工具进行严格检查，应注意检查平衡杆的压力平衡设计是否符合要求，应提前做好各类钢钉的分类和剪切试验，为施工提供依据。

③应对钢丝绞车提升拉力进行复核，符合打捞要求，应确保绞车的动力系统、液压系统、控制系统、计量系统、盘绳系统、电路系统均处于正常有效状态。

第三节　井口设备优选

井口设备主要包括套管头和采气树等设备，井口设备的选择应考虑设备的尺寸、压力等级、材质、密封等性能是否满足井的使用环境和气质情况，是否与设计的井筒寿命相匹配。

一、井口主要设备的功用

套管头作为套管和采气树之间的重要连接件，主要由套管挂、油管挂、套管四通、油管四通、阀门、压力表、密封件等组成，它的下端通过焊接或螺纹与表层套管相连，上端通过法兰与封井器或采气树相连，其功能是通过悬挂器支撑表层套管以外的各级套管，支撑井口设备重量，可在内外套管柱之间形成压力密封或提供出口，可为流体提供循环通道。

套管悬挂方式一般采用卡瓦或者芯轴式悬挂，根据悬挂套管的级数，套管头分为单级或多级套管头，长庆储气库注采井采用四开井身结构，套管头为三级。在注采井生产运行过程中，套管头主要起套管和采气树的连接作用，通过悬挂的油套管为天然气提供注采通道，为了保障注采井的密封性能，注采井的生产套管和油管多采用芯轴式全金属密封管挂。

采气树安装在油管头装置的上面，是天然气注入和采出的地面控制设备，可以实现井口开关、压力控制、流量调节功能。采气树与采气和注气管线相连，可实现天然气的计量和注采。可为注采井完井酸化、后期压力监测、排水采气、清蜡等井下作业提供通道。由于长期注采的需要，储气库对采气树的材质、压力、密封方式等技术参数有着严格要求，考虑井控安全，注采井一般要求安装可远程关断或者着火自动关断的井口安全阀。

二、井口设备优选设计

依据储气库注采井强注强采交变载荷的特殊工况及储气库井筒寿命的要求，注采井设计应采用标准套管头，为保证其长期的密封性，采用芯轴式管挂，主密封采用全金属密封。设备材质的选择根据国际标准对应的天然气气质进行设计。

（一）套管头设计

1. 压力级别

以榆林气田南区为例，该区平均原始地层压力 27.2MPa，目前地层压力 16.3MPa。地质与气藏工程设计榆林南储气库运行上限压力 24.6MPa，下限压力 19.1MPa。设计井口注气压力 28MPa。由于储气库注采井不进行压裂改造，只需配备生产井口即可，依据 GB 22513—2008 井口额定工作压力规范，井口装置压力等级选择 35MPa。

2. 材质选择

榆林气田南区天然气组分和物理性质稳定，天然气相对密度平均为 0.5682，甲烷含量 91.9%~96.27%，平均为 94.1%。H_2S 含量 1.42%~7.07mg/m³，平均为 2.39mg/m³；CO_2

含量平均为1.7%。储层基本不产水，水气比稳定在0.082m³/10⁴m³左右，属凝析水。产出液总矿化度平均为4761mg/L，气质情况表见表9-1。腐蚀特点表现为微含硫、低含CO_2级别，腐蚀类型为CO_2电化学腐蚀。

表9-1 榆林气田南区气质情况表

组分	CO_2（%）	p_{CO_2}（MPa）	H_2S（mg/m³）	p_{H_2S}（MPa）	总矿化度（mg/L）	Cl^-（mg/L）
平均	1.7	0.58	2.39	0.0002	4761	504

榆林气田南区储气库注采阶段H_2S分压小于345Pa，CO_2分压为0.28~0.84MPa，平均0.58MPa，按照国际材质选材标准（表3-69），材料应选择CC级。

靖边气田S224区块平均原始地层压力30.4MPa，目前地层压力10.8MPa。生产过程中H_2S监测含量为155.4~1365.3mg/m³（目前最高H_2S含量667.3mg/m³）；CO_2含量5.46~7.46%，平均6.01%。计算H_2S分压为0.013MPa，属于酸性环境，CO_2分压为1.8MPa，属于酸性工况条件下的中度至高度腐蚀，井口材料级别应选用FF级。

表9-2 井口装置材料选型表

硫化氢分压	二氧化碳分压（MPa）	二氧化碳分压（psi）	封存流体	材料级别
<345Pa	<0.05	<7	一般工况	AA
<345Pa	0.05~0.21	7~30	一般工况	BB
<345Pa	>0.21	>30	一般工况	CC
≥345Pa	<0.05	<7	酸性工况	DD
≥345Pa	0.05~0.21	7~30	酸性工况	EE
≥345Pa	>0.21	>30	酸性工况	FF

注：数据来源 GB 22513—2008 附录。

3. 结构设计

根据榆林和靖边气田的气候条件和储气库的运行要求，井口装置设计、加工、制造和检验应执行 API 6A 标准，温度等级采用 LU 级（-46~121℃），整体结构如图9-12所示。

油管头四通上、下法兰均为11in（或13in）5000psi，油管四通下部配备金属密封+注塑密封对套管进行两层密封；旁通径为2¹⁄₁₆in 5000psi，双翼双阀结构。一翼为两个2¹⁄₁₆in 5000psi 非橡胶密封型闸阀，配2¹⁄₁₆in 5000psi 螺纹法兰（2⅞in EUE），配2⅞in EUE 盲堵；另一翼为两个2¹⁄₁₆in 5000psi 非橡胶密封型闸阀，配2¹⁄₁₆in 5000psi 螺纹法兰（2⅞in EUE），配丝堵（2⅞in EUE 转½inNPT），配针阀、压力表；油管挂上部为4½in（或5½in）EUE 内螺纹，下部为4½in（或5½in）3SB 内螺纹。

4. 密封方式

金属密封方式是目前世界上使用寿命最长、安全可靠性最高的现代油套管密封技术，而其他仅仅采用橡胶密封的油管悬挂器，由于橡胶密封件有老化、变质、寿命期限的影响，通常仅用于短期性安全生产作业要求的条件下使用，不适合储气库长周期运行要求。

金属密封的原理是靠油管挂下端管串悬重挤压，辅助利用油管挂与上法兰之间环空打压，来激发金属密封，使金属密封通过锥面变形来填充油管挂本体与油管四通内孔之间的环

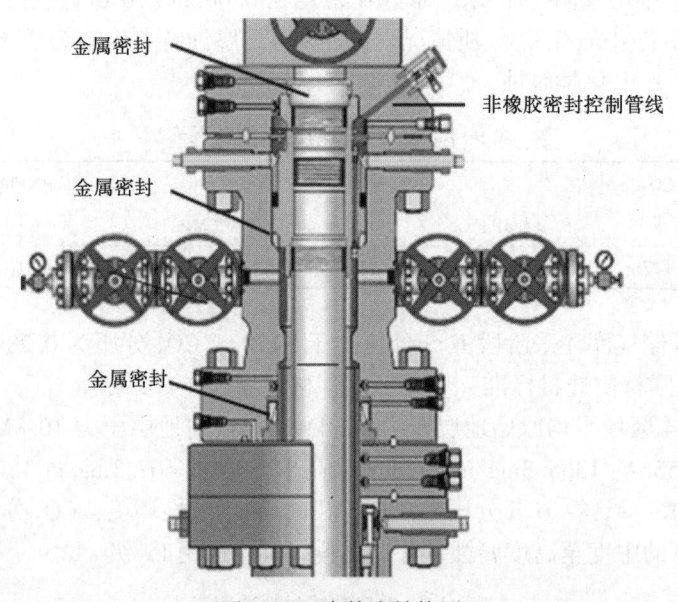

图9-12 套管头结构图

空间隙，使之密封，具有密封可靠性强，不易老化，可适用于高含硫及其他恶劣的工况环境，使用寿命长，操作简便等优点。

金属密封一般为一次性密封，不宜单独使用，一般需要配合橡胶密封等其他辅助密封方式。根据储气库长周期运行和对井筒完整性的要求，油管挂颈部密封采用金属密封+注塑密封，下部为全金属密封。

油管悬挂器预留井下安全阀液控管线通道，可通过¼in安全阀控制管线，所有控制管线穿过油管挂的进出口均采用金属对金属密封。

5. 设计特点

套管头主要部件包括最下层的表层套管头、套管悬挂器，上层的套管头四通和套管悬挂器、油管悬挂器。在套管头、套管四通、套管悬挂器中，设计有两道45°角的台肩。上部台肩承受密封压力和测试载荷，而下部台肩则独立承担套管串的重量。

表层套管头用于密封表层套管并为后续的套管串和防喷器等设备提供支撑。

套管四通用于密封表层以下的套管并为后续的套管串和防喷器等提供支撑。

技术套管悬挂器是一种环绕卡瓦组合，密封承压达5000psi。额定载荷为管体屈服强度的70%，通过15000lb的力实现密封，通过螺栓可以加强密封。套管悬挂器达到额定载荷时即完全可实现密封。

油管悬挂器，装有两对金属对金属密封，分别位于油管悬挂器的颈部和底部。可承压20000psi和使用高腐蚀井液工况，其密封寿命极长。并可设有井下安全阀地面控制管线接口，可安装控制管线，控制井下安全阀，不使用时可安装盲堵。

（二）采气树设计

1. 设计依据

采气树的技术规格设计需要考虑储气库的气藏气质条件、注采压力、地面环境气候等影响因素。以榆林南气田南区为例，南区夏季酷热、冬季严寒、四季分明、昼夜温差较大，无霜期短，日照丰富，冬春两季多风沙，降雨少，蒸发大。主要气候指标见表9-3。

表9-3 榆林气田南区主要气象指标

气温（℃）			地面温度（℃）		最大冻深	平均无霜期	最大积雪厚度
平均	极端最高	极端最低	最高	最低	（cm）	（d）	（cm）
8.6	38.4	−29.0	67.3	−30.2	129	180	8
风速（m/s）			降雨量（mm）			平均蒸发量	年平均大风数
平均风速	最大风速	最多风向	平均	最大	最小	（mm）	（d）
2.7	3.0	西北	380.6	687.7	165.3	2088	21.3

气藏条件：埋深2750~2950 m，原始地层压力26.71MPa。采出气体相对密度0.5682。甲烷含量94.1%，H_2S平均含量2.39mg/m³，CO_2平均含量为1.7%。

注采情况：注采井井口注气压力30MPa，注气温度70℃，单井注气量为（50~80）×10^4m³/d。单井采气量为（100~200）×10^4m³/d。注采井的生产套管为9⅝in（ϕ244.5mm），油管外径为5½in（ϕ139.7mm）。

2. 采气树技术设计

榆林南储气库注采的气质为一般腐蚀环境，根据国际通用选材标准，材料级别应与套管头一致，选用CC级，压力等级设计5000psi，温度等级为LU，规范等级采用PSL3G，性能等级采用PR2。靖边S224储气库气质为酸性腐蚀环境，材料级别选用FF级，其他与榆林南选择方法一致。

采用整体式采气树，采气树主通径处设有液控安全阀，具有失火、超欠压保护功能。主通径要求5⅛in，压力等级10000psi，从下至上包含一只主阀、一只液控安全阀、一只清蜡阀。侧通径要求5⅛in，压力等级5000psi，采用双翼双阀结构。一侧配置与地面注采管线（地面注采管线：L245NCS-114×17.5）配套的焊颈法兰，另一侧配置5⅛in×5000psi-1/2 NPT螺纹法兰。采气树帽顶部和螺纹法兰翼阀端分别配置0~5000psi压力表，采气树帽带3SB提升螺纹。油管四通上法兰5⅛in×5000psi BX169，裁丝螺栓连接。

第十章 注采水平井钻完井工艺现场应用实例

长庆主力气田均为岩性气藏,根据岩性气藏储气库的工作气量设计,综合考虑建库的必要条件和技术适应性评价,筛选出榆林气田南区作为岩性气藏储气库建设试验区,部署以山$_x$段为目的层的注采水平井2口。同时,为了探索下古生界含硫气藏建库的可行性,掌握和评价硫化氢酸性气藏在注采过程中的组分变化,选择靖边气田S224区块作为下古生界岩性气藏储气库建设试验区,部署了注采水平井3口。这5口井成为岩性气藏储气库首批注采水平井,通过钻完井工艺技术试验和评价,初步形成了岩性气藏储气库注采水平井钻完井工艺技术。

第一节 储气库建设区井位部署情况

一、榆林气田南区注采水平井井位部署及设计

(一) 地理位置

注采水平井Y**-1H、Y**-2H井位于榆林市榆阳区。两口水平井位于同一井场,井口间距88m。

(二) 钻探目的

评价榆林气田山$_x$气藏水平井注采能力,开展储气库钻完井工艺试验。

(三) 井位部署原则

根据榆林气田南区储层发育地质特点,确定水平井的优选原则。

(1) 山$_x^y$砂体展布相对稳定,砂体厚度大于10.0m。
(2) 山$_x^y$气层厚度大于6.0m。
(3) 储层物性较好。
(4) 构造相对平缓。
(5) 有地震测线支持。
(6) 邻近直井产量较高,试采效果较好,生产相对稳定。
(7) 丛式井组,考虑不同储层条件可能对气井产能的影响。

(四) 井位部署依据

1. 构造特征

榆林气田区域构造为一宽缓西倾斜坡,坡降一般3~10m/km。在单斜背景上发育着多排近北—东向的低缓鼻隆,鼻隆幅度一般在10~20m左右,宽度为3~6km,这些鼻隆构造对天然气的聚集不起控制作用。Y**-1H井、Y**-2H井井口位于山$_x$底构造的鼻翼部位(图10-1),预测Y**-1H井、Y**-2H井组井口山$_x$底海拔为−1808.0m;Y**-1H井沿水平段方向地层倾角约0.5°,坡降9.0m/km;Y**-2H沿水平段方向地层倾角约0.02°,坡降0.4m/km。

2. 沉积特征

榆林气田上古生界以海陆过渡相—内陆湖盆沉积为主。地层自下而上发育着石炭系本溪组、二叠系太原组、山西组、下石盒子组、上石盒子组和石千峰组，以山西组山$_x$段砂体为主。山$_x$段砂体为河流三角洲沉积，沿近南北向呈带状展布，属于以河流作用为主的高建设性三角洲。其分流河道砂体块状发育，单个砂体厚达十几米，由于砂体间的冲刷、切割和垂向叠置加积，砂体规模较大。依据沉积厚度展布预测，Y**-1H、Y**-2H井组位于山$_x$砂体厚度大于15m部位，处于有利的沉积相带。

3. 气层分布特征

根据钻井资料评价，Y**-1H井、Y**-2H井区气层比较发育，横向分布稳定，但砂体垂向叠置关系存在变化。推测Y**-1H井、Y**-2H井山$_x$砂体厚度约为17m，气层厚度约15.5m（图10-2）。

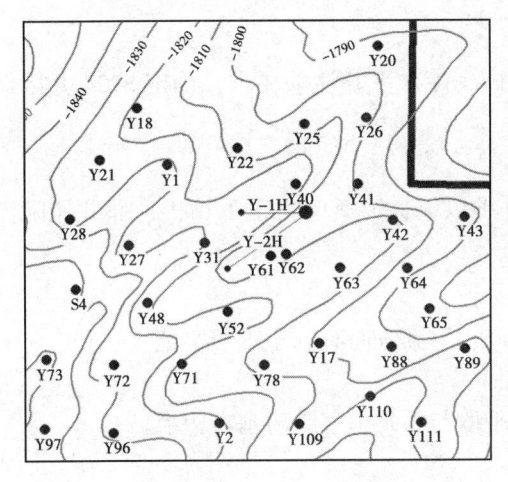

图10-1　Y井区山$_x$底面构造图 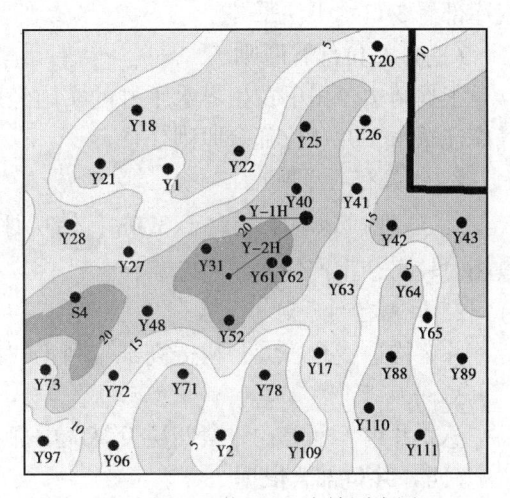　　　　图10-2　Y井区山$_x$有效厚度图

4. 气层温度、压力和驱动类型

榆林气田山$_x$段地层温度一般为75.8~97.8℃，平均86.0℃，地温梯度为2.99℃/100m。山$_x$段原始地层压力22.93~28.87MPa，平均26.71MPa，压力系数0.94MPa/100m，属于正常压力系统。山$_x$段气层发育严格受储层展布及物性控制，属于典型的弹性驱动层状定容岩性气藏。根据地质分析，结合邻井生产情况，预测部署的Y**-1H、Y**-2H井组原始地层压力在20~23MPa之间。

（五）水平井设计

1. 水平段方向

水平段方向主要考虑储层有利、构造有利、井距合理等三个因素。水平段方向应选择储层较为发育地区，水平段指向主砂体发育方向；水平井方位应选择构造下倾方向，以便有利于轨迹控制；水平井距离邻井满足井距要求。设计Y**-1H井水平段方向为270°，Y**-2H井水平段方向为235°。

2. 水平段长度

根据水平井钻井工艺技术，考虑砂体展布特征、储气库注采井的注采能力等，设计Y**-1H井水平段长度1500m，Y**-2H井水平段长度2000m。

3. 靶前距

根据榆林气田的气层横向变化特点及钻井工艺要求，设计 Y**-1H 井靶前距为 550±30m，设计 Y**-2H 井靶前距为 700±30m。

二、靖边气田 S224 区块注采水平井井位部署及设计

（一）地理位置

JP**-*-1H、JP**-*-2H、JP**-*-3H 等三口注采水平井位于内蒙古乌审旗。三口井位于同一井场，井口间距 100m。

（二）钻探目的

探索下古生界含硫气藏建库可行性，研究和掌握酸性气体在注采过程中变化规律，完善注采水平井的钻完井工艺，根据 S224 井区储气库库容量及工作气量设计要求，S224 井区储气库部署 3 口水平注采井。

（三）井位部署原则

根据靖边气田下古生界水平井的实施经验及储气库水平井注采要求，确定 S224 井区储气库注采水平井井位部署原则。

1. 储层有利原则

马五$_x$亚段地层厚度大于 3.0m；储层评价Ⅱ类以上，渗透率大于 1.0mD；邻井无阻流量相对较高，生产情况较稳定。

2. 构造有利原则

井区构造变化不大，构造高部位利于气井高产，下倾方向有利于工程实施。

3. 井网原则

丛式井组，部署在气藏储层发育区中部，水平段与邻井垂直距离基本相当。

（四）井位部署依据

1. 构造特征

靖边气田位于鄂尔多斯盆地伊陕斜坡西北侧，区域构造为一宽缓的西倾单斜，坡降 3~10m/km，在宽缓的单斜上发育多排北东—南西走向的低缓鼻隆，鼻隆幅度 10m 左右，南北宽 5~15km，长 10~20km。这些低缓鼻隆构造对天然气的相对富集具有一定的贡献。JP**-*-1H 井位于 K_1 构造的鼻隆部位，预测其井口 K_1 海拔为-2175.0m，沿水平段方向地层倾角 0.2°，坡降 2.9m/km。JP**-*-2H 井位于 K_1 构造的鼻隆部位，预测其靶点处 K_1 海拔为-2160.0m，沿水平段方向地层下倾倾角约 0.2°，坡降梯度约 3.7m/km。JP**-*-3H 井位于 K_1 构造的鼻隆部位，预测其靶点处 K_1 海拔为-2160.0m，沿水平段方向地层下倾倾角约 0.1°，坡降梯度约 1.6m/km（图 10-3）。

2. 沉积特征

沉积微相研究表明，靖边气田属潮坪相沉积环境，从马五$_x$段沉积环境从潮下带逐渐过渡到潮上带，表现出水体由深变浅的变化规律；S224 井区马五$_x$处于潮上带溶斑泥—微晶白云岩微相，白云石充填。

从沉积微相分析看出，马五$_x$段沉积时平面上环境较统一，在同期横向上沉积相变化较小，纵向上在较大范围内岩相变化具有同步性。这为其后大面积的层状溶蚀孔洞储集层的形成奠定了基础，使气层具有薄层、多层和大面积连通的特点。S224 井区邻井马五$_x$小层气层横向分布稳定。

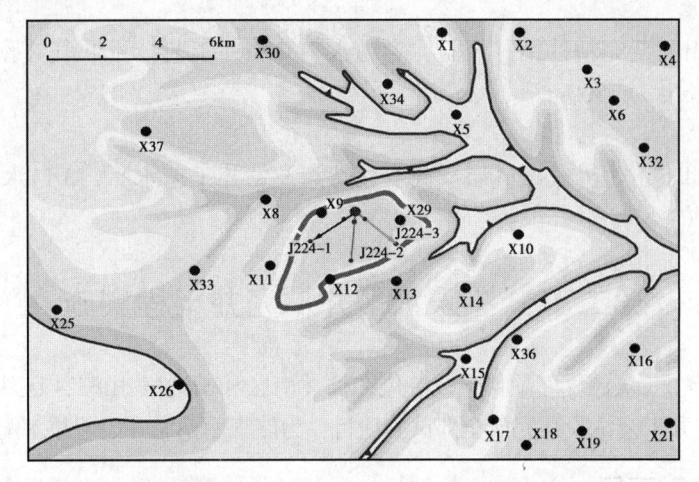

图 10-3 S224 马五$_{x+1}$以上奥陶系残余厚度图

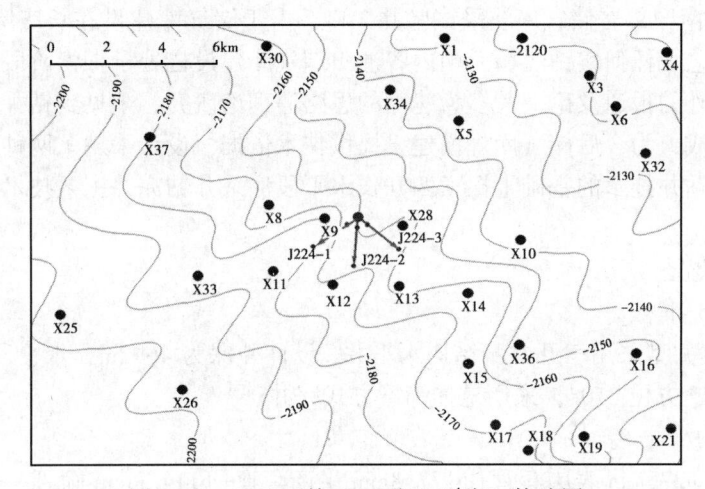

图 10-4 S224 区块 K$_1$（马五$_x^{y+1}$底）构造图

3. 隔层分布特征

靖边气田马五$_x$段气层之间被诸多隔层分开，其隔层岩性主要为云质泥岩、泥质云岩、泥岩等，厚度在 1.0~3.0m 之间；从室内隔层突破试验结果来看，气层间的隔层封隔能力不强，马五$_x$段纵向上多个气层为同一个含气系统，可整体作为一个注采系统。

4. 储量丰度

S224 井区马五$_x$段平均气层厚度 7.6m，孔隙度 6.1%，基质渗透率 1.2mD，含气饱和度为 72.9%。

5. 地层压力

S224 井区平均原始地层压力 30.4MPa，目前地层压力 10.8MPa。

（五）水平井设计

1. 水平段方向

考虑地应力场、下古生界侵蚀沟槽展布方向、井网井距等因素，设计 JP＊＊－＊-1H 井水平段方位 235°、JP＊＊－＊-2H 井水平段方位 165°、JP＊＊－＊-3H 井水平段方位 130°。

2. 水平段长度

借鉴靖边气田前期完钻井钻井经验，考虑水平井钻井工艺技术和气井预期产能，3口水平井水平段设计长度为1500m。

3. 靶前距

根据靖边气田下古生界气藏气层横向变化特点及钻井工艺水平，3口水平井设计靶前距为500m。

第二节 注采水平井钻完井工程实施

2010—2014年，长庆储气库项目建设单位在榆林南区和靖边气田S224区块相继开展了5口注采水平井的钻完井工艺试验，完成全部试验项目，为储气库钻完井工艺技术配套奠定了基础。

一、榆林气田南区

2010年榆林南区部署储气库注采试验井2口，由于储气库建设在长庆历史上尚属首次，注采井钻完井工艺无任何实钻经验，国内各油田储气库建设也处于探索阶段，无太多可借鉴的成熟技术，国外的报道及论文大多为建库的思路等理论研究，未见到钻井实例。为了保证现场试验顺利完成，为今后储气库规模建设提供技术依据，设计采用了两种井身结构，在以往的三开水平井钻井技术的基础上探索四开长水平段注采井钻完井工艺技术，以便对比和分析评价。

(一) 设计概况

1. Y∗∗**-1H井**

Y∗∗-1H井井型采用三开井身结构水平井，设计井深为4692m，水平段长设计1500m，靶前距550±30m，方位270°，采用悬挂筛管方式完井。

1) 井身结构

井身结构为ϕ273mm表层套管+ϕ177.8mm生产套管+ϕ114.3mm筛管。一开钻进前先下ϕ462mm导管，封固流沙层，防止冲垮基础，确保导管封固良好。ϕ273mm表层套管下深不小于500m，满足井控要求，保护浅层饮用水源。ϕ177.8mm套管下至入窗口，是三开的技术套管也是完井的生产套管，水泥返至地面，封固全井。ϕ114.3mm尾管悬挂于ϕ177.8mm技术套管内约30°井斜处，重叠段为套管，不固井，水平段ϕ114.3mm筛管下至距井底10~30m处，支撑裸眼产层，作为生产尾管。

2) 固井方式

表层固井：采用低温高强水泥浆体系，要求水泥浆返至地面，防止套管脚漏失，有效封固表层确保二开正常钻进。生产套管固井采用分级固井工艺，一级固井采用防窜微膨胀胶乳水泥浆体系，二级固井采用低密度高强度水泥浆体系，要求水泥浆返至地面，全井段封固良好，确保封固质量。尾管不固井。

3) 完井方式

悬挂筛管完井，不固井，井口采用TG 10¾in×7in-70MPa芯轴式悬挂、全金属密封式标准套管头和CC级11阀70MPa采气树。油管采用ϕ114.3mm的L80-13Cr油管。油套环控采用环空保护液防腐蚀，坐封永久式封隔器后采用连续油管拖动布酸改造储气层。

完井管柱结构自下而上为：引鞋+悬挂坐落接头+油管短节+带孔管+1根油管+油管短节

+封堵坐落接头+油管短节+油管短节+磨铣延伸筒+永久封隔器+锚定密封总成+油管短节+1根油管+油管短节+滑套+油管短节+油管+油管短节+下流动短节+井下安全阀+上流动短节+油管短节+油管+油管挂。

2. Y＊＊-2H井

Y＊＊-2H井井型采用四开井身结构水平井，设计井深为5313m，水平段长设计2000m，靶前距700±30m，方位235°，采用悬挂筛管完井方式。

1）井身结构

井身结构为ϕ508mm表层套管+ϕ339.7mm技术套管+ϕ244.5mm生产套管+ϕ139.7mm筛管。开钻前先下ϕ730mm导管，封固流沙层，防止冲垮基础，确保导管封固良好。一开采用ϕ508mm表层套管下入稳定地层30m以上，封固上部易坍塌层和洛河组水层。二开采用ϕ339.7mm技术套管进入石千峰组地层50m以上，封固刘家沟组易漏失层，现场应卡准刘家沟组底界，确保ϕ339.7mm技术套管脚不漏失。三开采用ϕ244.5mm生产套管下至3312m入窗处，作为完井的生产套管，水泥浆返至地面，封固全井段。ϕ139.7mm尾管悬挂于ϕ244.5mm生产套管内造斜点处，与ϕ244.5mm生产套管的重叠段固井封固。水平段ϕ139.7mm筛管下至距井底10~30m处，支撑裸眼产层，作为生产尾管。

2）固井方式

表层固井：采用低温高强水泥浆体系，要求水泥浆返至地面，防止套管脚漏失，有效封固表层确保二开正常钻进。

技术套管固井：技术套管固井是大套管、长裸眼固井，固井要求封固井好漏失层刘家沟组，确保后期斜井段正常钻进。水泥浆体系采用防窜微膨胀水泥浆体系及低密度高强度水泥浆体系。采用一次上返固井工艺，反挤作为备用方案，要求体系稳定、失水、析水小、强度高、防漏效果好，稠化时间可调，满足现场施工要求。

生产套管固井：采用双级固井，封固好斜井段，防止漏失，要求水泥浆返至地面，一级固井采用胶乳水泥浆体系，二级固井采用低密度高强度水泥浆体系，要求水泥浆返至地面，全井段封固良好，确保封固质量。

生产尾管半程固井：采用套管外封隔器（ECP）加分级箍的尾管固井工艺，封固重叠段，要求水泥浆返到喇叭口以上。管外封隔器置于ϕ244.5mm套管内，水泥浆采用低失水防窜胶乳水泥浆，确保生产套管和尾管重叠段固井质量良好。

3）完井方式

悬挂筛管完井，重叠段固井，采用TT20in-14×TT13$\frac{5}{8}$in-35×TT9$\frac{5}{8}$in-70MPa芯轴式悬挂、全金属密封式标准套管头和CC级11阀70MPa采气树。油管采用3SB扣ϕ139.7mm的L80-13Cr油管。完井管柱结构自下而上为：引鞋+悬挂坐落接头+油管短节+带孔管+1根油管+油管短节+封堵坐落接头+油管短节+油管短节+磨铣延伸筒+永久封隔器+锚定密封总成+油管短节+1根油管+油管短节+滑套+油管短节+油管+油管短节+下流动短节+井下安全阀+上流动短节+油管短节+油管+油管挂。油套环空采用环空保护液防腐蚀，坐封永久式封隔器后采用连续油管拖动布酸改造储气层。

(二) 钻完井工程实施

1. 工程指标完成情况

1）Y＊＊-1H井

Y＊＊-1H井2010年10月28日开钻，12月8日钻至井深3364m处入靶，井斜87.13°，垂深2908.08m，方位271.2°，2011年3月29日开始水平段钻进，5月21日于井深4426m完钻，水平段长度1062m，根据录井综合解释，结合随钻测井资料，钻遇砂岩长度739m，砂岩钻遇率70%，钻遇气层、含气层683.8m，气层钻遇率64.4%，6月12日完井。钻井设计指标和实钻指标见表10-1。

表10-1 Y**-1H井设计指标与实钻指标

设计内容	设计指标	实钻指标
井深（m）	4692	4426
水平段长（m）	1500	1062
靶前距（m）	550±30	704.6
完钻周期（d）	122	118
完井周期（d）	132	136
造斜点（m）	2340	2345
入靶点斜深（m）	3201	3364
入靶点垂深（m）	2894	2908

2）Y**-2H井

四开井Y**-2H设计井深5225m，水平段长度2000m。实钻采用ϕ660.4mm钻头一开，ϕ508mm表层套管下至308m固井；采用ϕ444.5mm钻头二开，ϕ339.7mm技术套管下至2268m固井；采用ϕ311.2mm钻头三开，钻至3277m入窗，ϕ244.5mm生产套管下至3270m固井；采用ϕ215.9mm钻头四开水平段钻进，2010年9月25日开钻，2011年4月7日钻至井深3277m入靶，入靶点3225m，靶前距624.4m，4月30日开始水平段钻进，7月21日完钻，完钻井深5044m，水平段长度1819m，根据录井综合显示，结合随钻测井资料，钻遇储层砂岩1695m，砂岩钻遇率93.18%，钻遇气层、含气层1664m，气层钻遇率91.5%，8月8日完井。钻井设计指标和实钻指标见表10-2。

表10-2 Y**-2H井设计指标与实钻指标

设计内容	设计指标	实钻指标
井深（m）	5303	5044
水平段长（m）	2000	1819
靶前距（m）	700±30	624.4
完钻周期（d）	176	202
完井周期（d）	187	224
造斜点（m）	2290	2270
入靶点斜深（m）	3313	3225
入靶点垂深（m）	2889	2900

3）指标完成情况分析

Y**-1H井为三开井身结构，在长庆油气田应用较为广泛，钻井及配套技术较为成熟，严格按照钻完井工程设计施工，实钻指标与设计指标符合性较好，但由于地质认识与实际地层情况存在差异，目标层垂深相比设计增加了14m，导致入靶斜深相比设计增加163m，靶前距增加154m。另外实际钻进至水平段1062m时钻遇石灰岩，于是提前完钻，与所设计的1500m水平段相差438m。

Y**-2H井为四开井身结构，在长庆还没有成熟的实钻经验可借鉴，再加上储气库对注采井的质量要求高，作业环节多，工艺复杂，钻进过程中面临诸多技术挑战，完钻与完井周期都相比原设计增加了30余天，虽然地层情况与设计有变化，但在借鉴同井场Y**-1H井的地质认识上，完成了1819m水平段，施工指标完成较好，取得了现场第一手施工资料，为下一步钻完井工程设计优化提供了依据。

2. 钻完井工程施工情况

1) 钻头使用情况

榆林南区老井均为直井，没有水平井实钻参考数据，钻头的选型主要借鉴榆林南区北部的长北开发区的经验。

(1) Y**-1H井总体情况。

Y**-1H井直井段和斜井段使用PDC钻头11只，平均机械钻速4.7m/h，钻井过程平稳，井壁稳定，钻井速度正常。水平段钻进进尺1062m，起下钻27趟，使用钻头23只，其中PDC钻头11只，三牙轮钻头12只，平均机械钻速1.81m/h。江汉三牙轮钻头单只钻头平均进尺50.7m，平均机械钻速2.07m/h，PDC钻头单只钻头平均进尺37.7m，平均机械钻速1.65m/h，总体使用效果较差，客观原因是储层山$_x$层以石英砂岩为主，岩石硬度高，研磨性强，可钻性较差。对比牙轮钻头和PDC钻头实钻数据，说明实钻采用的ϕ152.4mmPDC钻头与该地层的匹配性较差，换用三牙轮钻头后，钻头平均进尺有所提高。此外与钻头匹配的ϕ120mm螺杆，抗压强度小，使用寿命短，入井作业时间一般为40h左右，全井共使用螺杆29只，其中水平段使用了22只。需要对ϕ152.4mm钻头和对应螺杆等井下工具进行优化。水平段实钻几只钻头的使用情况如图10-5至图10-10所示。

图10-5 PDC钻头（入井前）　　　　　图10-6 PDC钻头（入井后）

(2) Y**-2H井总体情况。

Y**-2H井为长庆油田储气库首口四开大尺寸长水平段水平注采井，井眼尺寸大，国内没有钻井施工经验可借鉴。

一开660.4mm井眼的钻进过程中钻头蹩跳严重，钻柱扭矩大，钻速慢。

二开444.5mm井眼钻井进尺1959m，起下9趟钻，平均机械钻速3.38m/h，钻柱扭矩大，加压困难，钻头蹩跳，钻速缓慢。

三开斜井段钻进进尺1007m，平均机械钻速2.37m/h，其中滑动进尺294.45m，滑动进

图 10-7　三牙轮钻头（入井前）　　　　　图 10-8　三牙轮钻头（入井后）

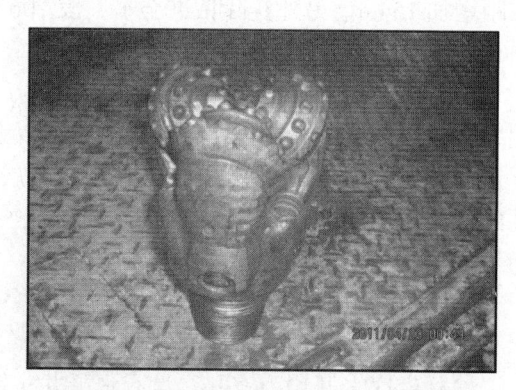

图 10-9　贝克休斯三牙轮钻头（入井前）　　图 10-10　贝克休斯三牙轮钻头（入井后）

尺比例 29%，滑动时间比例 50.09%，滑动机械钻速 1.38m/h，复合进尺 685.55m，复合进尺比例 71%，复合时间比例 49.97%，复合机械钻速为 3.33m/h。因为缺乏 311.2mm 大尺寸斜井段钻井经验，缺乏与之匹配的钻头系列，整体上钻速比较慢，滑动钻井时间所占比例也比较高。

四开水平段总长 1819m，起下 27 趟钻，使用 23 只钻头和 13 根螺杆，水平段平均机械钻速 2.62m/h，其中滑动井段 337.40m，占全井段的 19.09%，滑动时间占纯钻时间的 29.72%，滑动平均机械钻速为 1.64m/h。水平段储层以石英砂岩为主，岩石硬度较高，可钻性较差，钻井速度相对较低。部分钻头入井前后情况如图 10-11 至图 10-13 所示。

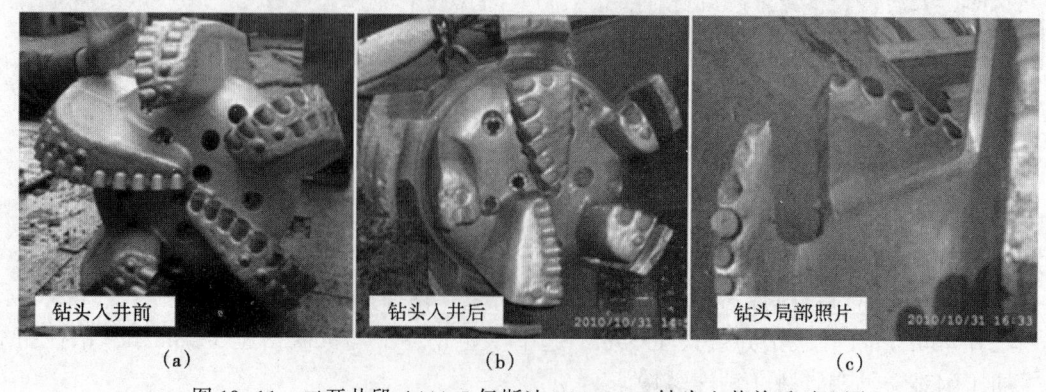

(a)　钻头入井前　　　(b)　钻头入井后　　　(c)　钻头局部照片

图 10-11　二开井段 ϕ444.5 亿斯达 ES1915SE 钻头入井前后对比图

(a)   (b)   (c)

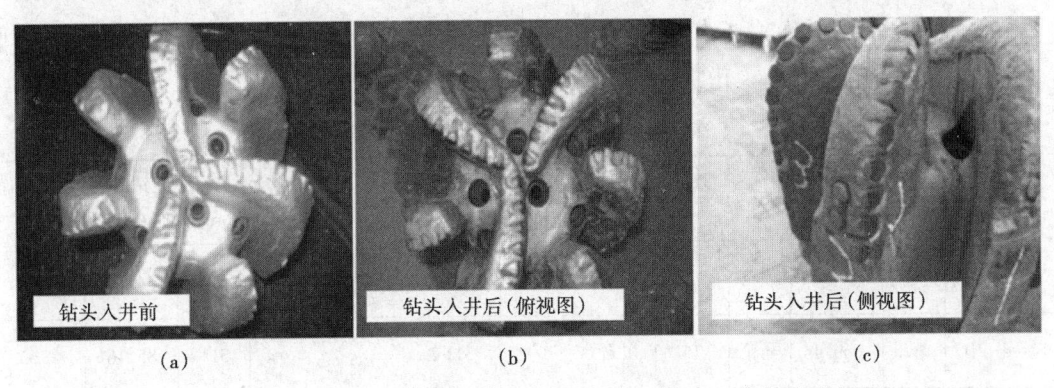

图 10-12 三开井段 ϕ311.2 哈里伯顿 FX74Ds 钻头入井前后对比图

(a)   (b)

图 10-13 四开井段一只 ϕ215.9 贝克休斯 MXL-DS55DX 钻头入井后图片

钻头使用情况见表 10-3。

表 10-3 Y**-2H 井钻头使用情况表

井段	钻头使用情况			钻井进尺 (m)	机械钻速 (m/h)	实钻情况
	类型	尺寸 (mm)	数量 (只)			
一开	三牙轮	660.4	2	311	3.65	加压困难 蹩跳严重
二开	PDC	444.5	4	1959	3.38	加压困难 蹩跳严重
	三牙轮		5			
三开（斜井段）	PDC	311.2	4	1007	2.37	钻进正常
	三牙轮		1			
四开（水平段）	PDC	215.9	7	1819	2.62	钻进正常
	三牙轮		16			

（3）两井对比情况。

作为对储气库两种井身结构的评价内容之一，对两种结构的钻头使用情况和钻速进行对比分析。

131

①表层段钻井。

钻井过程中四开井钻头蹩跳严重,钻速明显低于三开井,四开大井眼进尺少于三开井眼近200m,钻头使用数量为三开井眼的1倍(表10-4)。

表10-4 一开钻头使用情况对比表

井号	井段	钻头尺寸(mm)	类型	数量(只)	产地	钻进井段(m)自	钻进井段(m)至	钻进地层	进尺(m)	纯钻时间(h)	机械钻速(m/h)
Y**-1H	一开	346	牙轮	1	川石	0	504	第四系洛河组、延安组、延长组	504	54.16	9.32
Y**-2H	一开	660.4	牙轮	2	川石	0	311	第四系洛河组、延安组	311	85.16	3.65

②二开直井段。

四开井共消耗9只钻头(4只PDC,5只牙轮钻头),平均机械钻速3.39m/h,和尚沟、刘家沟出现最低钻速0.67m/h,不论是三牙轮还是PDC钻头钻井过程中都表现为钻柱扭矩大,加不上钻压,蹩跳严重,顶驱晃动严重,纸坊组1573m发生断钻具事故。三开井直井段采用5只PDC钻头钻,平均机械钻速为6.67m/h,将近四开井2倍,最低钻速4.63m/h出现在刘家沟组,钻井过程平稳,未发生复杂。二开直井段钻头使用情况对比表见表10-5。

表10-5 二开直井段钻头使用情况对比表

井号	井段	钻头尺寸(mm)	类型	数量(只)	钻进井段(m)自	钻进井段(m)至	钻进地层	进尺(m)	纯钻时间(h)	机械钻速(m/h)
Y**-1H	二开	241.3	PDC	5	504	2360	延长组至石千峰组	1855	278.09	6.67
Y**-2H	二开	444.5	牙轮	5	311	2270	延安组至石千峰组	1959	578.37	3.39
			PDC	4						
			合计	9						

③斜井段钻井。

四开井共使用5只φ311.2mm钻头,其中4只哈里伯顿PDC钻头和1只川石三牙轮钻头。单只钻头平均进尺191m,单只钻头最高进尺276m,平均机械钻速2.37m/h,实钻效果表明哈里伯顿PDC钻头综合性能优于川石三牙轮。三开井斜井段共使用6只φ241.3mm国产PDC钻头,单只钻头平均进尺171m,平均机械钻速2.36m/h。通过借鉴长北经验,本井φ311.2mm井眼钻头系列匹配较为合理,两种井身结构的机械钻速相当,四开井斜井段实钻效果好过预期。斜井段钻头使用情况对比表见表10-6。

表10-6 斜井段钻头使用情况对比表

井号	井段	钻头尺寸(mm)	钻头类型	钻头数量(只)	钻进井段(m)自	钻进井段(m)至	地层	进尺(m)	纯钻时间(h)	机械钻速(m/h)	使用描述
Y**-1H	二开	241.3	PDC	6	2360	3388	石盒子组至山西组	1028	436.16	2.36	磨损正常
Y**-2H	三开	311.2	牙轮	1	2270	2380	石千峰组至山西组	110	35.56	3.13	磨损正常
			PDC	4	2380	3277		845	367.39	2.30	
			合计	5	2270~3225			955	402.95	2.37	

④水平段钻井。

榆林南区山$_x$储气层中粗砂岩石英含量高达80%以上并由北向南石英含量增加,色泽晶亮,研磨性很强,可钻性极差。

三开井水平段总进尺1062m,共使用23只ϕ152.4mm钻头,其中三牙轮钻头12只,PDC钻头11只,起下钻27趟,平均机械钻速1.81m/h。三牙轮钻头单只钻头平均进尺51.7m,平均机械钻速1.92m/h,PDC钻头单只钻头平均进尺40.14m,平均机械钻速1.66m/h,实钻数据表明该井所选的牙轮钻头机械钻速略优于PDC钻头,单只进尺相比PDC钻头稍好,但掉齿、掉牙轮的风险较高。调研长北5口井ϕ152.4牙轮钻头水平井眼使用情况,均采用smith三牙轮钻头钻进,单只钻头最高进尺228m,最高ROP为7.2m/h。单只钻头平均进尺最低117m,平均最低ROP为3.6m/h。说明该井选用的ϕ152.4mm钻头系列与所钻地层的匹配性较差,需要进一步优化。

四开井水平段进尺1819m,共消耗23只ϕ215.9mm三牙轮钻头,其中三牙轮钻头16只,PDC钻头7只。三牙轮钻头单只平均进尺91.93m,单只平均机械钻速2.63m/h,PDC钻头单只平均进尺49.71m,单只平均机械钻速2.32m/h,实钻数据也表明三牙轮钻头在进尺和钻速上均优于PDC钻头。

对比两口井水平段钻头使用情况,起下钻次数和钻头消耗量一样,四开井水平段三牙轮钻头的使用情况优于三开井,单只钻头平均进尺提高了77%,单只钻头平均钻速提高了36%。四开井水平段PDC钻头使用情况也优于三开井,单只钻头平均进尺提高了23%,单只钻头平均钻速提高了39%。

分析原因,一是三开井在钻头选型上趋于保守,未能充分借鉴高含石英砂岩钻井经验,而两口试验井在同一井场上,四开井施工方吸取了三开井钻头选型上的经验教训,积极探索和应用优质三牙轮钻头和8刀翼PDC钻头,技术上取得了一定提高;二是相比ϕ215.9mm井眼,ϕ152.4mm井眼钻井时受动力钻具输出扭矩和钻压的限制影响,钻速相对较低,四开井施工方不断优化钻具组合,创新使用水力振荡器,采用ϕ139.7mm钻杆,降低了钻柱摩阻,解决了钻头加压困难的问题。

水平段钻头使用情况对比情况见表10-7。

表10-7 水平段钻头使用情况对比表

井号	井段	钻头尺寸(mm)	钻头类型	钻头数量(只)	钻头产地	钻进井段(m)自	钻进井段(m)至	地层	进尺(m)	纯钻时间(h)	机械钻速(m/h)	使用描述
Y**-1H	三开	152.4	牙轮	10	江汉	—	—	山$_x$	507.04	244.66	2.07	磨损严重
			牙轮	2	贝克休斯				113.32	77.67	1.46	磨损严重
			PDC	2	长城技服				18.00	7.75	2.32	磨损严重
			PDC	6	哈尔滨				306.76	162.83	1.88	磨损严重
			PDC	3	北京新星				116.88	93.83	1.25	磨损严重
			合计	23		3364	4426		1062	586.74	1.81	—
Y**-2H	四开	215.9	牙轮	3	史密斯			山$_x$	537.00	161.74	3.32	磨损严重
			牙轮	13	贝克休斯				934.00	396.50	2.35	磨损正常
			PDC	7	胜利博丰				348.00	150.00	2.32	磨损正常
			合计	23		3225	5044		1819	708.24	2.56	—

2）螺杆使用情况

四开井水平段共使用 φ172mm 螺杆 13 根，平均单根使用时间为 47.80h，三开井水平段使用 φ120mm 螺杆 22 根，平均单根使用时间为 27.84h，螺杆使用时间数据表明单根 φ172mm 螺杆使用寿命大约是 120mm 螺杆的 2 倍，同一厂家的 φ172mm 立林螺杆也比 φ120mm 螺杆使用寿命长。从不同厂家螺杆使用情况分析，立林使用效果较好。螺杆使用情况见表 10-8。

表 10-8 水平段螺杆使用情况对比表

井号	井身结构	井眼尺寸（mm）	数量（只）	尺寸（mm）	度数（°）	厂家	总使用时间（h）	平均单根使用时间（h）
Y**-1H	三开	152.4	7	120	1	德州	111.5	15.93
			1	120	1.25	德州	28	28.00
			3	127	1	北石	91	30.33
			7	120	1	立林	246	35.14
			4	120	0.75	立林	136	34.00
Y**-2H	四开	215.9	13	172	1	立林	621.40	47.80

3）钻井时效分析

Y**-1H 井实钻井深 4266m，全井段平均机械转速 3.16m/h，钻井周期 125d。生产时间占总时间的比例为 87%，非生产时间占 13%，生产运行比较正常，但起下钻时间占生产时间的比例高达 34%，主要原因是钻头、螺杆不匹配，导致起下钻频繁。

Y**-2H 井实钻井深为 5044m，全井段平均机械转速为 2.84m/h，钻井周期 202.34d。生产时间占总时间的比例为 94.6%，非生产时间占 5.4%，起下钻时间占生产时间的比例为 23.6%，生产运行正常，但其他生产时间占生产时间的比例达到 41%，远高于三开井的比例 12%，分析其主要原因是四开储气库注采井钻井在长庆油田尚属首次，钻完井配套技术不完善，诸多生产环节技术措施处于摸索阶段，生产准备等辅助工作时间较长，特别是在摸索成像测井，胶乳水泥尾管悬挂固井，气密封检测、卡盘下套管等新工艺新技术方面做了大量准备工作。

对比两种结构注采井钻井时效，三开井与常规开发区块水平井钻井时效相当，四开井相比三开井作业环节多，工艺复杂，难度和风险大，三开井纯钻时间所占比例比四开井高出14 个百分点，其他生产时间所占比例低于四开井 27 个百分点，钻井周期明显低于四开井。钻井时效数据见表 10-9，如图 10-14 及图 10-15 所示。

表 10-9 注采井钻井时效数据统计表

井号	井身结构	生产时间（h）	纯钻时间（h）	起下钻时间（h）	其他生产时间（h）	非生产时间（h）	总时间（h）
Y**-1H	三开	2639.80	1400.50	906.30	333.00	362.25	3002.05
Y**-2H	四开	5005.98	1773.25	1179.50	2053.25	286.50	5292.48

4）井眼轨迹控制

井眼轨迹控制的关键是着陆控制和水平段找层，充分结合地质预测和工程措施追着储集

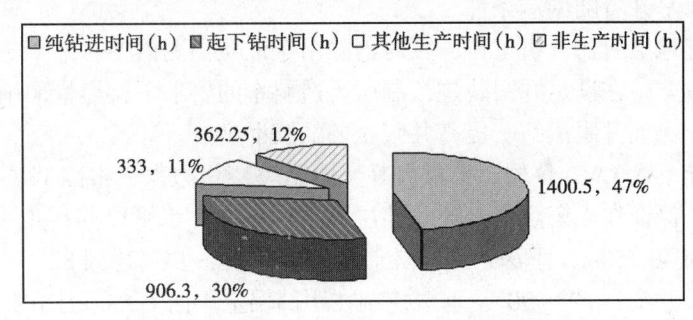

图 10-14　Y＊＊-1H 井钻井时效图

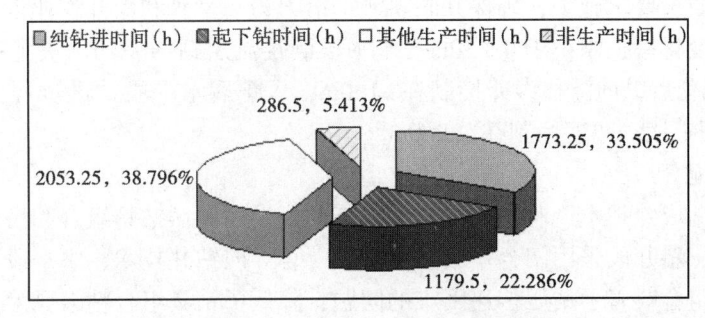

图 10-15　Y＊＊-2H 井钻井时效图

岩层钻进。施工方在施工前便充分认识到即使是在相同区块，每口井的地质情况也不尽相同，井眼轨迹控制过程中遇到的问题也不一样。如实钻地质情况复杂多变，储层深度与设计存在差异，井眼轨迹需要随地质情况变化进行实时调整；受储层物性不均质的影响，水平段储层深度在横向上和纵向上的变化不一；不同工具的造斜能力和地层对井眼轨迹的影响不同；测量数据的相对滞后对地质导向和井眼轨迹的预测和调整带来困难。榆林南区前期未进行过水平井施工，缺乏老井实钻经验给注采井的实施增加了一定困难。基于这些认识确定了注采水平井井眼轨迹控制原则：一是根据井身结构和双增双稳的剖面设计，结合地质设计预测，优化水平井井眼轨迹控制方案；二是坚持地质导向，实现地质目的，根据地层变化实时动态调整，重点控制好水平井着陆段和水平段的井眼轨迹。

（1）井眼轨迹控制技术措施。

严格按照井身剖面设计施工，通过两次稳斜段的调整，以合适的稳斜角探储层顶部，然后增斜中靶，通过稳斜段的长短对靶点垂深的补偿作用消除地质靶点的不确定性，提高入靶精度。因此水平井底部钻具组合的设计首要原则是造斜率原则，应保证设计组合的造斜率达到设计轨迹的要求并留有一定余地，所涉及的井下工具均应满足强度、温度、排量和压降等要求。

①造斜点位置优选按照地层有利于定向的原则，尽量避开易塌易漏地层，两口注采井造斜点均选在易漏地层刘家沟组以下，置于较为稳定的石千峰组上部。

②造斜段根据直井段实钻轨迹对井眼轨迹进行修正，及时消除上部直井段产生的位移，将井眼轨迹调整到设计范围内，以利于下部井眼轨迹控制。

③采用随钻导向钻具进行井眼轨迹控制。优化钻井参数，保证实钻造斜率略高于设计造斜率，在造斜段开始，及时分析工具在不同井斜及滑动钻进和转动钻进的造斜能力，制定合理的滑动钻进和转动钻进工作方式，做好井眼轨迹的监测、预测与控制，调整控制好垂深、

井斜和位移，为水平井着陆创造条件。

④加强与邻井地层对比分析工作，及时消除由于地质预测误差对井眼轨迹的影响，及时对井眼轨迹进行调整。在满足井眼轨迹控制所需造斜率的要求下，尽量采用转动钻进工作方式，破坏岩屑床，保证井眼清洁，提高井眼轨迹的圆滑度。

⑤着陆段提前下入LWD仪器，提供伽马、电阻率测量数据，根据储层深度的变化，及时修正井眼轨迹，保证在入窗点前着陆。储层为下倾方向，水平段井斜角小于90°，控制井眼轨迹在入窗点前40~50m，垂深达到设计储层顶界位置，井斜达到82°~84°，井下工具应能在入窗点前调整井斜到89°~90°，垂深控制在距储层上界面1.5m范围内。Y**-1H井实钻储层垂深位置下移了14.13m，现场及时修正了轨迹，水平位移由设计550m增至704.6m。

⑥按照井身质量要求施工，确保井眼轨迹平滑，为下套管和固井作业创造良好的作业条件，斜井段全角变化率控制小于4°/30m。水平段满足储层钻遇率的前提下控制全角变化率小于1°/30m。入靶点纵向漂移误差控制在±1.0m，入靶后水平段钻进过程中井斜角误差控制在±0.3°，平面上摆动幅度控制在±20.0m。

⑦钻具组合配套。

根据前期实钻成熟技术经验和工程设计，直井段采用钟摆钻具组合和塔式钻具组合实现了防斜打直目的，斜井段采用四合一钻具组合和复合导向钻井技术，水平段采用水力振动加压器的防振钻具组合改善了钻压传递困难的问题，降低了钻具组合粘卡风险，创下长庆油田ϕ215.9mm水平井眼钻深1819m的记录。

水力振荡器主要由振荡短节、动力部分、阀门和轴承组成，钻井液流过时的阀盘组合产生的压力脉冲使得振荡短节产生轴向蠕动，带动钻具振动，将钻具和井壁之间的静摩擦转换为动摩擦，降低了摩擦阻力，有利于钻压的传递，改善钻具拖压和钻速慢的问题。Y**-2H井水平段钻至4296m时，钻柱扭矩明显增大，复合钻井扭矩达到28.5~33.9kN·m，导致顶驱经常蹩停（顶驱上扣扭矩为39.3kN·m），钻具起下困难，下放摩阻最大达到253kN，上提最大摩阻达到308kN，导致定向时间长，加压困难。采用水力振荡器钻至4384m。

钻具组合：215.9mm牙轮钻头×0.242m+ϕ172mm1°螺杆×8.319m+431×460×0.500m+ϕ212mm扶正器461×460×1.349m+ϕ168mm无磁钻铤×9.696m+ϕ168mm MWD接头×0.5m+回压阀411×410×0.390m+461×520×0.497m+ϕ139.7mm加重钻杆×4柱+ϕ139.7mm钻杆×10柱+521×410×0.497m+ϕ168mm振荡器+ϕ168mm振荡短节+411×520×0.497m+ϕ139.7mm钻杆×20柱+ϕ139.7mm加重钻杆×13柱+ϕ139.7mm钻杆。

实钻情况：钻进88m（井段4296~4384m），累计滑动进尺11m，滑动时间2.8h，滑动钻速3.93m/h，累计复合进尺77m，复合钻速3.05m/h，平均机械钻速3.14m/h。同比未使用水力振荡器的同一水平段，滑动钻速由1.4m/h提高到3.93m/h，滑动钻速提高181%；平均机械钻速由2.38m/h提高到3.14m/h，平均钻速提高32%。水力振荡器在水平段4797~5041m井段使用时，进尺244m，同比邻井Y**-1H，复合钻进扭矩降低16%，上提下放摩阻降低了70~80kN，加水力振荡器后平均机械钻速提高了15.5%，滑动机械钻速提高47.9%。实钻表明使用水力振荡器有效解决了钻进拖压现象，减少了滑动过程中调整工具面时间。

（2）实钻效果。

Y**-1H井随钻测量工具采用北京海蓝的LWD导向工具，实钻过程克服了河流相沉积环境中储层纵向和横向的变化以及钻井过程中起下钻频繁、托压等影响，在储层垂深增加14.13m的情况下，及时调整井眼轨迹，井深钻至3364m处入靶，井斜87.13°，垂深

2908.08m，方位271.2°，水平段钻至井深4426m完钻，水平段长度1062m，根据录井综合解释，结合随钻测井资料，钻遇砂岩长度739m，砂岩钻遇率70%，钻遇气层、含气层683.8m，气层钻遇率64.4%，顺利完成地质目标，井身质量、剖面符合率达到100%，工程质量指标全部达标。水平段井眼轨迹图如图10-16。

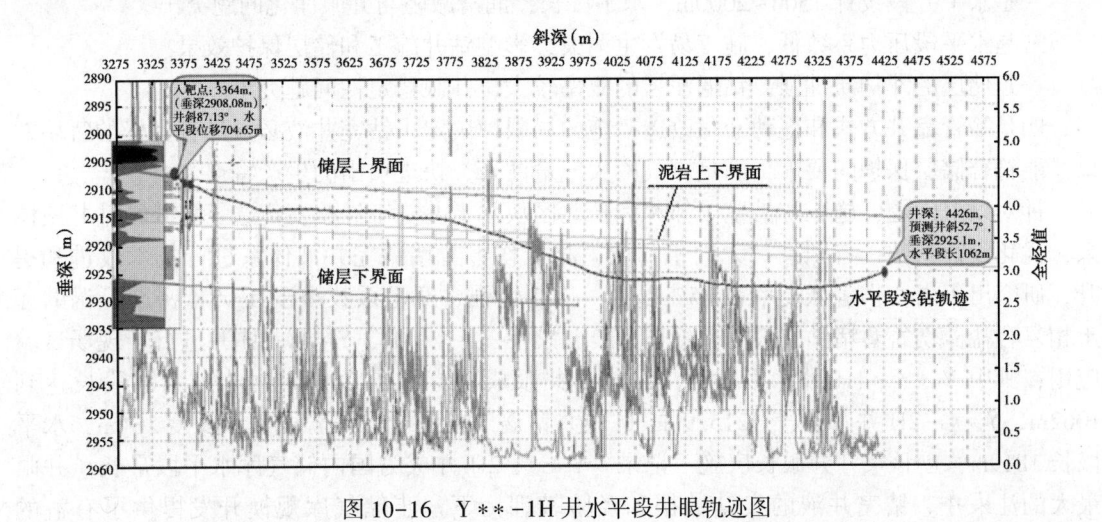

图10-16 Y**-1H井水平段井眼轨迹图

Y**-2H井钻至井深3225m入靶，靶前距624.4m，完钻井深5044m，水平段长度1819m，根据录井综合显示，结合随钻测井资料，钻遇储层砂岩1695m，砂岩钻遇率93.18%，钻遇气层、含气层1664m，气层钻遇率91.5%。该井实钻通过哈里伯顿公司FEWD随钻地质导向仪器实时传输的2条随钻伽马曲线和4条电阻率曲线，结合综合录井，为地质工程师精细判断地层提供了可靠依据，提高了入靶精度。在水平段的钻井过程中，通过加强现场随钻地质导向能力，及时准确地确定地层倾角和储层的地质走向，通过伽马和深、浅电阻率的探测深度及响应，建立了地层预测数学模型，避免井眼轨迹的较大幅度调整，整体轨迹控制良好，井身质量、剖面符合率达到100%，工程质量指标全部达标，完成了地质目的。Y**-2H井水平段井眼轨迹如图10-17所示。

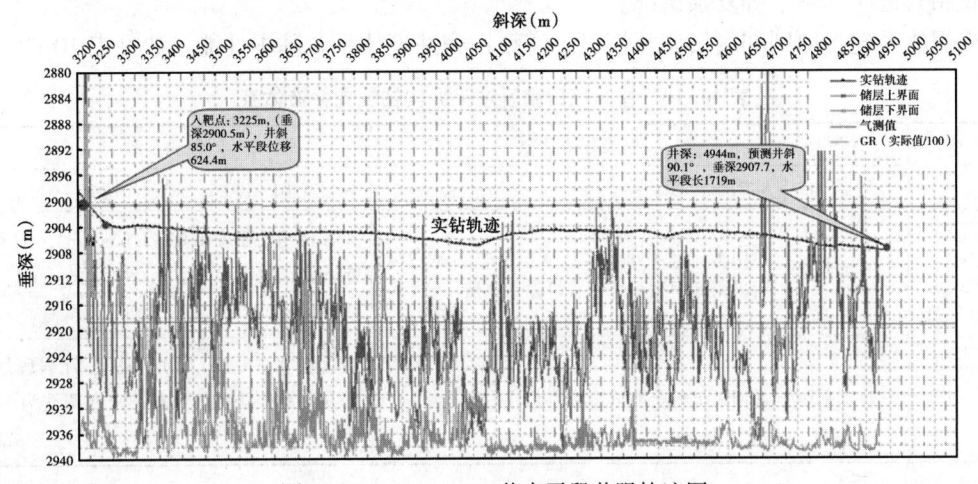

图10-17 Y**-2H井水平段井眼轨迹图

5）钻完井液

榆林南区两口试验井均采用水平井筛管完井方式，储气层山西组埋深在2800m左右，经过十余年开采后，目的层压力系数降至0.4~0.6，钻完井施工存在诸多技术难题有待探索解决，仅就钻井液完井液技术而言，需要实钻探索解决的问题如下：

一是水平井段设计1500~2000m，水平段长，润滑减阻与井眼净化问题突出。

二是水平段压力系数低，施工易发生漏失，影响钻井施工和储层保护效果。

三是储层的非均质性强，钻遇泥岩的概率较大，井眼稳定性问题突出。

四是筛管完井方式和拖动酸化改造措施的局限性决定了钻完井液必须具有良好的暂堵效果才能符合储层保护的要求，满足储气库大气量注采、快进快出的生产特点。

针对以上问题，施工方借鉴了邻井和长北区块水平井施工经验，优选了各井段钻井液体系，优化设计参数，特别是对无固相和低固相低伤害暂堵钻完井液体系进行技术改进和提升，研究出了岩心伤害恢复率在85%以上、抑制性强、摩阻系数小于0.05、密度可调的无土相复合盐低伤害暂堵钻井液完井液体系，分别在Y**-1H、Y**-2H井进行了现场试验应用，其中Y**-1H井水平段ϕ152.4mm井眼成功穿越了70m纯泥岩，水平段长达到1062m，Y**-2H井水平段ϕ215.9mm井眼共钻遇5段泥岩，泥岩段累计长度134m，水平段长1819m，创该尺寸井眼长庆施工记录，Y**-2H井成为国内储气库水平段最长、井眼最大的注采井。钻完井液的实钻数据和经验教训为下一步储气库规模开发提供了有益的参考。

（1）钻完井液体系选择。

根据老井的实钻数据分析、前期的实验研究以及钻完井方案设计要求，确定了注采井钻完井液体系选择的四条基本原则：

一是体系和性能参数应能适应刘家沟组等漏失地层钻井要求。

二是体系的抑制性强，能够满足大段泥页岩和多段煤层钻井需要，井径扩大率能够控制在设计范围以内，能为固井作业创造有利的井筒条件。

三是由于储层压力系数低，容易被外来液体侵入发生伤害，储气层不能进行压裂等大型改造，所以完井液体系应具有较强的储层保护性能。

四是体系应有利于安全快速钻井，特别是在长水平段的降摩阻降扭矩的性能突出，能有效防止钻具拖压和粘卡等复杂情况。

根据体系选择原则和实钻调整情况，实钻钻完井液体系及基本性能参数见表10-10。

表10-10 榆林气田南区注采井实钻钻完井液体系

井号	井段	钻完井液体系	性能参数
Y**-1H	一开直井段	低固相膨润土浆	密度1.01~1.05g/cm^3，黏度39~64s
	二开斜井段	采用聚合物无固相钻井液，钻至刘家沟组后采用低固相聚合物有机硅钻井液	刘家沟组前密度1.01~1.05g/cm^3，钻至刘家沟组后密度控制在1.05~1.10g/cm^3，黏度40s，失水6~7mL
	三开水平段	采用无土相全酸溶暂堵完井液体系	密度控制在1.05~1.07g/cm^3；泥岩段加入石灰石和钾酸钠等材料，密度调整为1.07~1.18g/cm^3

续表

井号	井段	钻完井液体系	性能参数
Y＊＊-2H	一开直井段	低固相膨润浆	密度 1.02～1.10g/cm³，黏度 30～80s
	二开直井段	上部采用聚合物钻井液体系；纸坊组以下井段采用低固相聚磺盐水体系	密度 1.01～1.02g/cm³，黏度 30～32s，失水 5～7mL
	三开斜井段	采用复合盐水体系	密度 1.06～1.30g/cm³，黏度 39～85s，失水 2～6mL
	四开水平段	采用无土相全酸溶暂堵完井液体系	密度 1.06～1.30g/cm³，黏度 40～90s，失水 2～5mL，钻遇碳质泥岩段后密度提至 1.35g/cm³

（2）实钻情况。

①漏失层钻井情况。

注采井涉及的主要漏层为刘家沟组以及水平段储气层，漏失层钻井的成败一是关系到安全钻井，二是关系到固井质量，也是注采井钻井实践需要探索和评价的重要内容之一。

根据承压试验和老井资料，预计榆林南区刘家沟组承压能力为 1.20g/cm³～1.30g/cm³（长北区块开发提供的经验值为 1.19g/cm³），实钻过程中，刘家沟组钻井液采用聚合物无固相钻井液体系，钻井液最高密度达到 1.18g/cm³，两口井刘家沟组均未发生漏失。说明该区刘家沟组承压能力较好，可以满足钻井安全要求。

水平段承压能力对长水平段钻井任务能否实现和对生产套管固井影响较大，根据地质设计，储层压力系数为 0.72 左右，实钻过程中注采井 Y＊＊-1H 井水平段采用无土相全酸溶屏蔽暂堵钻井液体系，钻进砂岩时密度最高为 1.08g/cm³，钻遇泥岩后为了保证水平井眼的稳定，钻井液密度最高提到 1.18g/cm³，实钻未发生漏失，说明山西组储层的承压能力高于预期。Y＊＊-2H 井水平段实钻密度达到 1.35g/cm³ 未发生漏失，为之前预测的储层承压能力可达到 1.35g/cm³ 左右提供了实钻依据，说明只要不是开放性地层，如大型裂缝、溶洞等，采用合理的钻井液暂堵技术可以提高储层的承压能力。

②泥页岩钻井情况。

受地层非均质的影响，水平段钻井过程中两口井均钻遇了泥岩及碳质泥岩等复杂地层，其中 Y＊＊-1H 井钻遇泥岩、碳质泥岩达长 462m，Y＊＊-2H 井钻遇泥岩、碳质泥岩 5 段，累计长度 134m（图 10-18、图 10-19）。为了稳定泥岩段井眼，提高井壁稳定性，实钻通过采用复合盐提高密度的同时，也增强了体系的抑制性，通过控制滤失量，将失水控制在 3mL 以内，保持暂堵剂的加量保持封堵性，提高环空返速等措施，实钻安全平稳，起下钻畅通，电测及下筛管等作业顺利。

③煤层钻井情况。

榆林气田多个层位发育多套煤层，老井实钻经验表明煤层漏失率很高特别是处于砂岩夹层中时，煤层掉块导致井径严重扩大，形成的岩屑床，增加了钻井风险，严重影响机械钻速，同时也会降低水泥浆顶替效率，对固井质量也有极大影响。煤层钻井的成功与否对储气库注采井的建井质量的至关重要。

a. 煤层坍塌原因分析。

图 10-18　水平段返出岩屑情况　　　　　　　图 10-19　碳质泥岩掉块

(a) 地质原因。

直井段中的煤岩地层受上覆地层压力和下伏地层的压力支撑，裸露段较短，煤层处于一种相对平稳状态，受到外来钻井液体和钻柱鞭挞的影响较小，但在大斜度井眼条件下，井眼高边的煤岩地层在丧失下部地层支撑作用时，受上覆压力作用和重力作用，这种平衡被打破，煤岩失去了力学稳定性，变得脆弱，在外力作用下极易发生垮塌。同时由于煤岩的上部或下部往往存在碳质泥岩或泥质含量很高的劣质煤屑，这些成分对水有很强的敏感性，吸水性强，存在微膨胀或溶胀现象，也会改变原有的应力平衡，加剧煤层失稳。有室内实验对煤岩及其上下隔层进行了弹性模量分析，煤岩的弹性模量很低，一般情况下为 500~2000MPa，泊松比在 0.25~0.35 之间，而上下围岩的弹性模量很高，可以达到 20000MPa，泊松比相对较低，只有 0.2，说明煤岩更容易失去稳定性发生垮塌。

(b) 工程原因。

影响煤层坍塌的工程原因很多，其中井斜与煤层坍塌直接相关且影响较大，由煤岩的力学实验、理论分析和有限元计算得知，穿越煤层的井斜角越大，钻井液安全密度也越大，井斜达到90°时，安全密度往往要达到 1.33g/cm^3 以上，这些理论和实验数据在实钻中得到了支持，当以 75°~85° 的井斜钻穿煤层时，钻具旋转会破坏煤层，煤层掉块入井，由于重力的作用，钻屑和煤块从流动的钻井液中向下滑脱，很短的时间就会在井眼的低边沉积，逐渐堆积形成"岩屑床"，增大钻柱的扭矩和摩阻，使井下情况复杂化。倒换钻具结构起钻时钻头、扶正器等钻井工具向上拖挂煤层，新的钻具结构入井也会破坏原有的平衡。当井筒因为煤层坍塌而堵死时，需要倒划眼才能起出，倒划眼作业会进一步加剧煤层破坏，倒划眼越多，煤层裸露面积越大。煤层中所夹的泥岩因为钻具活动或钻井液体的浸入也会使支持煤层稳定的应力变弱，煤层和泥岩层开始破坏坍塌，大的煤块和泥岩块也很难循环出来，大量存在于"大肚子"井眼内。以上情况表明钻井过程中的诸多因素影响煤层稳定，如压力激动、泵排量、煤岩层段长时间循环或划眼、抽吸、机械振动等，另外还有在煤岩段连续采用滑动钻井作业方式也对煤岩井壁稳定有很大影响。

(c) 钻井液原因。

由前面的煤岩力学研究分析表明，煤岩的稳定与否与其应力能否维持稳定相关，只要建立稳定平衡的应力关系才可以解决井壁失稳问题，从钻井液的角度讲，首先应从力学角度，通过调节钻井液的密度来实现煤岩井眼井壁的力学稳定。由于煤岩的弹性模量低和抗拉强度小，层理节理及裂缝发育，若使用过低密度的钻井液，不仅不能有效平衡地层应力，而且容易导致煤岩构造应力释放，进而造成煤岩垮塌。若钻井液密度过高，由于煤岩的高脆性及裂缝发育，在高压差的作用下，钻井液将沿裂缝进入煤层，煤岩中的胶结物质基本都具有很强的水溶性，钻井液滤液中的水一旦被吸入，就会发生溶解或膨胀，都会降低煤岩稳定性，引起井壁垮塌。所以钻井液密度对煤岩的稳定有着非常重要的作用，是稳定煤系地层最关键的参数之一。另外，同一井段中其他泥页岩地层中的泥页岩矿物组分因钻井液滤液的浸入，也同样会产生吸水膨胀、分散和垮塌，尤其是"双石层"的硬脆性泥页岩，其对水的敏感性更强，这些岩层的破坏也会间接影响到邻近煤层应力的变化。

b. 煤层钻井技术措施。

根据对影响煤层稳定性的因素分析，实钻过程中采取了科学的应对措施，保证了煤层钻井的安全，具体措施如下。

（a）钻进及划眼时防煤层坍塌技术措施。

提高钻井液的防漏性能，降低钻井液失水，pH值控制在8左右，尽量减少钻井液对煤层的浸泡时间。定时对迟到时间进行检查，确定井眼扩大程度，结合实钻岩屑等情况及时调整钻井液密度，满足煤层钻井力学稳定性要求。

钻进过程中应高度重视井眼清洗工作，泵排量控制在3000L/min以上，尽量使用小齿PDC或牙轮钻头减小岩屑的尺寸。

在煤层中快速钻进会导致大量煤层掉块，煤层的大量掉块会导致卡钻等复杂情况，因此旋转复合钻进时机械钻速应控制在5m/h以内，宜采用低钻压和低转速在煤层中平稳钻进，顶驱转速为10r/min，控制钻压20t以内。

如果钻遇多于2m的煤层，倒划眼10m起出来，循环上2~3min，缓慢划眼到底，重新开始钻进之前应先检查扭矩，注意上提下放是否遇阻，泵压如果不正常，不要开始钻进，继续活动钻具和循环直到参数正常为止。

如果钻遇缩径的井段，上提超限不得超过10~15t，保持稳定3637L/min以上排量循环，持续观察振动筛上的钻井液返出物，观察煤屑的大小和形状。

避免压力波动，以低泵冲开泵，先开通泵再提到要求的最大排量，向下划眼时应放慢速度，缓慢旋转钻柱，逐步提到钻井转速。非必要情况下尽量不打稠浆，若需要打稠浆应分两次或多次打，第一次的稠浆量少，黏度相对稍低，接着再打高相对密度稠浆，钻进时不打稠浆。

（b）起下钻时防煤层坍塌技术措施。

起下钻前的井眼清洗比正常钻进更为重要，起钻之前要把井内的岩屑清理干净，循环至少3周以上，确保井眼清洁。若前期煤层垮塌严重，起钻前可以打高黏钻井液，替到最上面的煤层以上100m，再湿起到煤层以上。起到煤层以上后，至少循环3个环空容积，保持旋转和上下活动钻具。

井斜在60°~65°的井段往往是坍塌或岩屑沉积的主要井段，大量钻屑、掉块、煤块或者碳质泥岩块可能导致环空变小，在此井段起钻应高度小心，发现异常，应下钻2~3柱，开泵循环解除后方能继续起钻。起钻前调整工具面到高边，尽量避免马达和弯头刮擦煤层。

应开泵起钻，直至起出煤层，如果井眼缩径，上提超限不得超过10~15t。如果缩径井段是由于沉砂造成的，可以下钻2~3柱，缓慢开泵，然后增加到允许最大排量，循环30min

以上，再开顶驱缓慢旋转，然后增加到正常钻进时的转速。试着不开泵或不旋转通过缩径，如果通过了，说明缩径是由于岩屑堆积造成的，可以继续起钻。如果仍然遇阻，则可能不单纯是岩屑床的问题，可下钻2~3柱准备倒划眼通过缩径井段。

尽量避免采用通井的方式来清洁岩屑，尽量减少在煤层里的起下钻次数。

（c）倒划眼时防煤层坍塌技术措施。

由于倒划眼对裸露煤层扰动较大，只有在十分必要的情况下进行倒划眼起钻。倒划眼前必须将井眼循环清洁干净。

在缩径井段时不能立即进行倒划眼，必须下2~3柱钻杆避开缩径井段，记录和观察上提摩阻和扭矩的趋势。倒划眼速度不能超过每柱5min。

可根据扭矩和泵压调整上提速度。先缓慢开泵，然后慢慢将排量增加到最大，以最大排量循环并由慢增加到钻进转速旋转，当泵压和扭矩稳定后开始上提。

c. 煤层钻井情况。

榆林南区煤层主要存在于山西组，其特点为脆性，解理发育，解理面具玻璃光泽，炭化程度高。实钻严格按照煤层钻井技术措施施工，采用防塌携砂能力强的复合盐水钻井液体系，穿越煤层时将高温高压失水控制在7mL以下，API滤失量在3mL以下，通过加入复合盐和重晶石粉提高密度和钻井液矿化度，逐步将密度提高到1.15~1.35g/cm³，氯根含量保持（9~10）×10⁴mg/L。为了提高煤层稳定性降低地层的坍塌压力，在钻井液中添加了封堵粒子，增加了阳离子乳化沥青质和超细目碳酸钙的含量。在井斜45°以上井段，通过加LV-CMC和XCD提高钻井液的携砂能力，减小了岩屑床的形成的概率。

Y**-1H井顺利钻穿8套共计66m煤层，其中最长段37m位于3263~3300m。根据井身结构设计，实钻煤层段全部处于大斜度井段，井斜为66°~85°，狗腿度为3.08°/30m左右。Y**-2H井成功钻穿山西煤层2套34m，最长段29m位于3186~3215m，煤层所处井段井斜为68°~84°，狗腿度为3.06°/30m左右。从数据统计来看，由于储气层都为山西组，地层垂深差异较小，井身剖面均为双稳双增五段制设计，所以Y**-2H井与Y**-1H井数据极为相近。实钻表明按照煤层钻井技术措施施工可以最大限度降低煤层钻井风险，提高钻井成功率。

④ 水平段钻井液使用情况。

Y**-1H井和Y**-2H井水平段钻井液体系均采用无土相全酸溶暂堵钻井液体系，体系使用了可溶性有机、无机盐类，具有较高的矿化度和较强的抑制性，有效克服了泥岩的水化分散，降滤失剂和暂堵剂可变形粒子和刚性粒子，在正压差的作用下形成薄而致密滤饼，能够有效地保护储层、降低PDC钻头泥包，有利于提高机械钻速。

Y**-1H井水平段实钻过程中采用无土相复合盐全酸溶暂堵钻（完）井液，钻井液配方为H_2O^++PAC-LV+ASR-1+ASP-1250+XCD+NaOH+NaHCOO₃+CaCO₃+GR，该钻至3407m时发生严重拖压，最大时达10t，分析原因一是水平段山西组为石英砂岩，极易被研磨，特别是使用PDC钻头后，被研磨的砂子以亚微米颗粒悬浮于钻井液中，造成含砂量上升，摩阻增大，拖压严重；二是入窗后钻头断落至井内，打捞失败造成填井侧钻，井眼轨迹变化较大，有6个点狗腿度大于4°/30m，加剧了拖压情况；三是钻井初期筛布目数小，为120目，较细的沙子筛不出，一次固控基本失效。通过提高润滑剂含量，使含油量达到由1%提高至2.5%以上，K_f从0.05可降至0.03，扭拒由13kN·m降至10kN·m，拖压明显减轻。采用高效三牙轮钻头和螺杆，将筛布目数从120目换成150目，尽可能通过振动筛除掉较细钻屑，改善滤饼质量，达到了减阻降摩的效果，缓解了拖压情况。钻至3830m处，钻遇70m纯泥岩，将密度从1.07g/cm³提至1.18g/cm³，井下正常，没有出现井塌、缩径等复杂问题，满足了防塌的需要，也证明了1.15~1.18g/cm³密度能够安全钻进本区泥岩段，钻井过程中也未发生井漏现象，起下钻无任何遇阻现象，电测一次到底，1062m筛管一次下至设计位置。

Y＊＊-2H井水平段钻井液采用强抑制无土相低伤害酸溶暂堵钻（完）井液。配方为：NaOH+PAC-HV+PAC-LV+ASR-1+ASP-1250+G310-DQT+CaCO₃+NaCl+HCOONa+KCl+DFL-1+oil+G303-WYR+HCHO。斜井段技术套管下深3269.7m，水平段钻进至3953m滑动时出现托压现象，分析认为是加入水基润滑剂效果不持久，钻井液含砂量偏大，导致滤饼上细砂比较多，摩阻大。通过加入原油和固体润滑剂提高钻井液的润滑性，使水平段钻进过程中钻井液体系的摩阻系数小于0.07，合理使用四级固控设备，采用细目140目振动筛筛布，降低钻井液中的含砂量至0.3%以下，用120s黏度的钻井液清扫后，托压现象得到有效解决。水平段钻至井深4028m时发现岩性发生变化，进入碳质泥岩，为了提高井壁稳定性，增加钻井液防塌能力，进行钻井液加重处理，将密度从1.09g/cm³提高到1.18，再到1.22g/cm³，但下钻过程中仍然反复出现遇阻现象，遇阻井段较固定，每次下钻需要开泵或者划眼通过，返出大块硬质泥岩，甚至发现直径13cm的黑色泥岩掉块，由此判断泥岩段已经出现垮塌，继续提高钻井液密度到1.35g/cm³，控制全井段失水在4mL以下，并提高甲酸钠、氯化钠、氯化钾复合盐的加量，总量达到20%以上，由于及时增强了体系的抑制性，泥岩井段趋于稳定，顺利钻穿了极易出现垮塌缩径的5段共计134m泥岩段，井下复杂未进一步加剧。由于控制得当，储层也未发生漏失，施工总体上较为正常。

⑤储层保护。

榆林气田南区山西组储层经过长期开采，储层的压力系数已降低至0.4~0.6，成为诱发水平井段发生钻井液压差漏失的主要因素，为了保护气层，有效防漏，研发出了具有抑制性强、润滑性高、总固相少等特点的无土相复合盐低伤害暂堵钻井液完井液体系，伤害后恢复率可达84.85%以上。完井液性能参数在保证井控安全的前提下，控制完井液密度，保持低黏度，降低循环压力，降低压差性渗漏伤害储层风险。现场应用两口井，其中Y＊＊-2H水平段长1819m，获得35.6626×10⁴m³/d高产气流，测算无阻流量达到59.71×10⁴m³/d，应用效果表明该体系储层保护效果良好，符合完井施工作业要求。

6）固井工艺

确保储气库注采井各级套管的固井质量是保障储气库井筒完整性的关键性技术，尤其是生产套管固井质量要求更为严格，由于没有即成经验和参考标准，各储气库建设方均参照中国石油勘探与生产分公司下发的《油气藏型储气库钻完井技术要求（试行）》和《储气库固井韧性水泥技术要求（试行）》等有关固井质量要求，积极探索储气库固井工艺技术，确保生产套管全井段固井质量、盖层段固井质量以及盖层25m连续优质段三项指标达标。榆林南区注采井固井工艺技术关键在于探索试验生产套管分级固井、尾管半程固井工艺技术和防气窜水泥浆体系。

(1) 单井固井设计概况。

Y＊＊-1H井φ273mm表层套管采用插入法固井，水泥浆体系采用低密度高强度体系，水泥返高设计返至地面，φ177.8mm生产套管采用分级固井方式固井，水泥浆要求返出地面，一级领浆采用低密度高强度体系，尾浆采用胶乳水泥，二级固井领浆采用低密度高强度水泥，尾浆采用防窜水泥浆体系。固井设计概况见表10-11，水泥浆配方及性能参数见表10-12。

表 10-11　Y＊＊-1H 井固井设计概况

井号	套管次序	固井方式	水泥浆体系	水泥返高
Y＊＊-1H	φ273mm 表层套管	插入法固井	低密度高强度水泥浆体系	地面
	φ177.8mm 生产套管	分级固井	一级领浆：低密度高强度体系	地面
			一级尾浆：防气窜微膨胀胶乳体系	
			二级领浆：低密度高强度体系	
			二级尾浆：防窜水泥浆体系	

表 10-12　Y＊＊-1H 井生产套管固井配方及性能参数

配方	领浆配方	四川嘉华 G 级+高强低密增韧减轻剂+缓凝剂+74%水						
	尾浆配方	四川嘉华 G 级+胶乳 BCT-800L+降失水剂 BXF200L+消泡剂+44%水						
实验结果	项目	密度（g/cm³）	造浆量（m³/t）	初始稠度（Bc）	稠化时间 75℃（min）	滤失量（mL）	析水（mL）	强度 75℃24h（MPa）
	领浆	1.45	1.20	20	235	40	0	16.1
	尾浆	1.89	0.76	12.3	125	42	0	22.3

　　Y＊＊-2H 井 φ508mm 表层套管和 φ339.7mm 技术套管采用插入法固井，表层固井采用早强水泥浆体系，技术套管固井采用膨胀防气窜水泥浆，φ244.5mm 生产套管采用分级固井，水泥浆体系采用防窜胶乳体系，筛管重叠段一次上返固井，水泥浆采用胶乳体系。各级套管固井均要求水泥返出地面。

　　设计概况见表 10-13。

表 10-13　Y＊＊-2H 井固井设计概况

井号	套管程序	封固井段（m）	固井方式	水泥浆体系	返高（m）
Y＊＊-2H	φ508mm 表层套管	0~300	插入法固井	领浆：粉煤灰水泥	地面
				尾浆：早强水泥	
	φ339.7mm 技术套管	0~2059	插入法固井	领浆：低密度高强度水泥	地面
		2059~2259		尾浆：膨胀防窜水泥	
	φ244.5mm 生产套管	0~2057	分级固井	二级：防窜胶乳水泥	地面
		2057~3313		一级领浆：低密度高强度胶乳水泥（1.45）	
				一级尾浆：防窜胶乳水泥（1.88）	
	φ139.7mm 盲管+筛管	2290~3322	一次上返	防窜胶乳水泥	喇叭口

① φ508mm 表层套管固井。

固井工艺：采用插入式固井，使用隔离液，提高大井眼环空顶替效率，注前置液 8m³，领浆密度 1.50g/cm³，待前置液返出地面后，打 10m³ 密度 1.88g/cm³ 的水泥浆，并将 5½in 钻杆内的水泥浆替出后起钻。

套管串：下深 300m，偏梯扣，套管串结构为 φ508mm 强制复位可钻式浮鞋+φ508mm、

J55钢级、壁厚11.13mm套管2根+ϕ508mm强制复位插入可钻式浮箍+ϕ508mm、J55钢级、壁厚11.13mm套管串+联顶节。插入管柱结构为410扣插入头+410外螺纹×520内螺纹钻杆转换短节+5½in钻杆+短钻杆（或用顶驱）。

水泥浆体系：领浆为密度1.50g/cm³的粉煤灰，尾浆为1.88g/cm³的常规密度早强水泥。性能参数见表10-14。

表10-14　ϕ508mm套管固井水泥浆体系性能参数表

尾浆：G级（HSR）+3%G413-GQA					
水泥	水灰比	密度（g/cm³）	析水率（%）	抗压强度，30℃，24h（MPa）	稠化时间，30℃，10MPa（min）
G（HSR）	0.44	1.88	0.2	≥15	60~90
领浆：50%G级（HSR）+50%粉煤灰+4%G401-GQD					
水泥	水灰比	密度（g/cm³）	析水率（%）	抗压强度，30℃，24h（MPa）	稠化时间，30℃，10MPa（min）
G（HSR）	0.65	1.50	0.5	≥5	150~180

固井计算：前置液清水10m³，水泥量计算中井径扩大率按20%计算，灰量附加20%，按此计算方法，低密度水泥密度1.50g/cm³，造浆量1.2m³/t，用水泥量65t，附加20%后为78t；纯水泥造浆率为0.75m³/t，需纯水泥14t，附加20%后为16t。替量为3.3m³。施工时间为注水泥、替量、起钻具时间总和，计算约为95min。

② ϕ339.7mm技术套管固井。

固井工艺：插入式一次上返固井。固井目的是封固刘家沟组漏层，防漏是固井施工的关键。采用二凝水泥浆体系，注前置液10m³，上部井段使用密度1.30g/cm³的低密度高早强防窜水泥浆封固2060m，套管脚用常规密度的防窜膨胀水泥封固200m，水泥浆静液柱压力为6.81MPa，顶替后期循环压力按2MPa计算，施工压力为8.81MPa，当量水泥浆密度为1.43g/cm³，而刘家沟组漏失当量密度为1.2~1.3g/cm³，因此要求对刘家沟组堵漏后将承压能力增加6MPa，当量密度增加0.265g/cm³，漏失当量密度提高至1.57/cm³。使用隔离液技术，提高水泥浆顶替效率。

套管串：下深2260m，偏梯型扣，结构为ϕ339.7mm强制复位可钻式浮鞋+ϕ339.7mmN80套管1根+ϕ339.7mm强制复位可钻式浮箍+ϕ339.7mm N80套管2根+ϕ339.7mm插入可钻式浮箍+ϕ339.7mm带扶正器N80套管+联顶节。插入管柱结构为410扣插入头+410外螺纹×520内螺纹钻杆转换短节+5½in钻杆+短钻杆（或用顶驱）。

水泥浆体系：领浆为低密度高强度水泥；尾浆为早强水泥。如果施工过程中发生漏失，根据漏失压力计算水泥封固段长，应从井口进行反挤回填，备用反挤段水泥采用常规密度水泥浆体系。水泥浆性能参数见表10-15。

表10-15　ϕ339.7mm套管固井水泥浆体系性能参数表

常规密度水泥浆体系（正注尾浆）：G级（HSR）+膨胀剂+防窜降失水剂+稳定剂								
水泥	水灰比	密度（g/cm³）	析水率（%）	失水，65℃，30min，7MPa（mL）	抗压强度，65℃，24h（MPa）	水泥石收缩率（%）	稠化时间，65℃，45MPa 初稠（Bc）	时间（min）
G（HSR）	0.44	1.88	0	≤50	≥18.0	0	<15	120~150

续表

低密度水泥浆体系（正注领浆）：G级（HSR）90%+10%复合减轻剂G403GJQ+膨胀剂+防窜降失水剂+稳定剂

水泥	水灰比	密度 (g/cm³)	析水率 (%)	失水，65℃，30min，7MPa (mL)	抗压强度，65℃，24h (MPa)	水泥石收缩率 (%)	稠化时间，65℃，45MPa 初稠 (Bc)	时间 (min)
G (HSR)	0.65	1.40	≤0.2	≤100	≥14.0	0.01	<20	190~220

低密度水泥浆体系（正注中浆）：G级（HSR）60%+40%复合减轻剂G403GJQ+膨胀剂+防窜降失水剂+稳定剂

水泥	水灰比	密度 (g/cm³)	析水率 (%)	失水，45℃，30min，7MPa (mL)	抗压强度，45℃，24h (MPa)	水泥石收缩率 (%)	稠化时间，45℃，30MPa 初稠 (Bc)	时间 (min)
G (HSR)	0.95	1.25	≤0.6	≤100	≥5.0	0.01	<20	230~260

常规密度水泥浆体系（备用反挤水泥浆）：G级（HSR）+膨胀剂+防窜降失水剂+稳定剂

水泥	水灰比	密度 (g/cm³)	析水率 (%)	失水，45℃，30min，7MPa (mL)	抗压强度，45℃，24h (MPa)	水泥石收缩率 (%)	稠化时间，45℃，30MPa 初稠 (Bc)	时间 (min)
G (HSR)	0.44	1.88	≤0.2	≤50	≥18.0	0	<15	60~120

固井计算：环容计算见表10-16，裸眼段井径扩大率按20%预算，水泥量见表10-17，替量见表10-18。施工总时间为215min。

表10-16 水泥浆环容计算表

井段 (m) 自	至	段长 (m)	井径 (mm)	环容 (L/m)	分段环容 (m³)	累计容积 (m³)
0	300	300	485	64.5	19.4	—
300	2260	1960	533	132.76	260	279

表10-17 水泥量计算表

分段	封固段 (m)	分级环容 (m³)	总环容 (m³)	密度 (g/cm³)	造浆量 (m³)	总重量 (t)	附加20%
领浆	0~2060	253	279	1.40	1.3	195	234
尾浆	2060~2260	26		1.88	0.70	37	45
合计	2260	279	279	—		232	279

表10-18 水泥浆替量计算表

套管壁厚 (mm)	内径 (mm)	分段长度 (m)	每米容积 (L/m)	分段容积 (L)	累计替量 (L)
钻杆	118.6	2230	11.04	24619	24619

③ ϕ244.5mm生产套管固井。

固井工艺：分级固井。套管下深3313m，垂深2889m，要求水泥浆返到地面，分级箍安放在上层套管内，下深2057m。一级封固井段长度为1256m，使用两凝水泥，一级领浆使用密度为1.45g/cm³的低密度胶乳降失水水泥封固，封固井段2057~2580m，一级尾浆使用常规密度的防气窜胶乳水泥封固，封固井段2580~3313m。二级使用1.88g/cm³的防窜胶乳水泥，水泥返至地面。

套管串结构：ϕ244.5mm强制复位可钻式浮鞋+ϕ244.5mm L80套管1根+ϕ244.5mm强制复位可钻式浮箍+ϕ244.5mm L80套管1根+ϕ244.5mm强制复位可钻式浮箍+带扶正器

φ244.5mm L80 套管+短套管+带扶正器 φ244.5mm L80 套管+分级箍（2057m）+带扶正器 φ244.5mm L80 套管+联顶节。

水泥浆体系：一级领浆采用1.45低密度高强度胶乳水泥，一级尾浆和二级固井采用1.88降失水防窜胶乳水泥，选用性能优越的CXY前置液，接触时间7~10min，起到冲洗、稀释、缓冲、隔离钻井液，同时清洗套管外壁及井壁的油膜，提高表面水润性作用，隔离液选用优质的GLY体系，用量为8m³，密度保持与完井液密度基本一致。水泥浆体系及性能指标见表10-19。

表10-19 φ244.5mm套管水泥浆体系及性能指标表

一级尾浆：G级水泥+胶乳GJR 3.0%+降失水剂GSJ2.2%+USZ 0.3%+GH-3+0.3%消泡剂DH-20							
水泥	水灰比	密度(g/cm³)	析水率(%)	失水, 85℃, 30min, 7MPa (mL)	抗压强度, 85℃, 24h (MPa)	稠化时间, 85℃, 45MPa		
							初稠(Bc)	时间(min)
G(HSR)	0.44	1.88	0	≤50	≥21.0	<15	150~170

一级领浆：G级水泥（减轻剂GJQ：超细稳定剂=80：17：3）+胶乳GJR 3.0%+降失水剂GSJ 2.2%+USZ 0.5%+缓凝剂GH-3+0.5%消泡剂DH-20							
水泥	水灰比	密度(g/cm³)	析水率(%)	失水, 85℃, 30min, 7MPa (mL)	抗压强度, 35℃, 24h (MPa)	稠化时间, 85℃, 30MPa	
							初稠(Bc)	时间(min)
G(HSR)	0.6	1.45	0.5	<50	≥14.0	<20	170~200

二级常规密度水泥浆体系：G级(HSR)+膨胀剂+防窜降失水剂+胶乳							
水泥	水灰比	密度(g/cm³)	析水率(%)	失水, 65℃, 30min, 7MPa (mL)	抗压强度, 45℃, 24h (MPa)	稠化时间, 65℃, 30MPa	
							初稠(Bc)	时间(min)
G(HSR)	0.44	1.88	0	≤50	≥18.0	<15	120~160

固井计算：环容计算见表10-20，裸眼段井径扩大率按20%预计。水泥量见表10-21，替量见表10-22。循环压力按3MPa计算，一级施工压力为5.88MPa，二级施工压力为14.7MPa，施工总时间一级为130min，二级为90min。

表10-20 水泥浆环容计算表

井段（m）		段长（m）	井径（mm）	环容（L/m）	分段环空容积（L）
0	2057	2057	315.34	29	64039
2057	2260	203	315.34	29	6320
2260	3313	1053	373	62.54	65862
累计	—	—	—	—	136261

表10-21 水泥量计算表

分段	封固段（m）	分级环容（m³）	总环容（m³）	密度（g/cm³）	造浆量（m³）	总重量（t）	附加20%
二级	0~2057	64		1.88	0.75	85	102
一级领浆	1857~2580	32	142	1.45	1.2	27	32
一级尾浆	2580~3313	46		1.88	0.7	66	79
合计	—	—	—	—	—	178	213

注：一级水泥浆量按水泥浆返过分级箍2057m以上200m计算。

表 10-22 水泥浆替量计算表

	套管壁厚（mm）	内径（mm）	分段长度（m）	每米容积（L/m）	分段容积（L）	累计设计替量（L）
一级	11.99	220.5	3283	38.17	125312	125312
二级	11.99	220.5	2057	38.17	78515	78515

④ ϕ139.7mm 尾管重叠段固井。

固井工艺：尾管悬挂，尾管与上一级套管的重合段一次上返固井。

井身结构：四开钻头 ϕ215.9mm，井段 3313~5313m，ϕ139.7mm 盲管段下入段为 2290~3322m，筛管下入段为 3322~5313m。

套管串：139.7mm 引鞋+139.7mm N80 刚性滚珠扶正器的筛管串+139.7mm N80 套管 1 根+139.7mm 盲板+139.7mm N80 套管 1 根+139.7mm 液压式管外封隔器+139.7mm N80 钢级 1 根+139.7mm 液压式分级箍+139.7mm N80 套管+244.5mm*139.7mm 悬挂器+送入钻具。

水泥浆体系：采用析水率为零的防窜胶乳水泥浆体系，性能参数见表 10-23。

表 10-23 ϕ139.7mm 尾管水泥浆体系及性能指标表

常规密度水泥浆体系：G 级（HSR）+膨胀剂+防窜降失水剂+胶乳							
水泥	水灰比	密度（g/cm^3）	失水，85℃，30min 7MPa（mL）	抗压强度，85℃，24h（MPa）	水泥石收缩率（%）	稠化时间，5℃，45MPa	
						初稠（Bc）	时间（min）
G（HSR）	0.44	1.88	≤50	≥21.0	0	<15	150~180

固井计算：水泥浆量按 20% 附加，为 30t，累计设计替量 37.33m^3，其中钻杆内 25.2m^3，尾管内 12.13m^3。施工压力计算值为 10.8MPa，施工时间为 70min。

(2) 固井概况及固井质量。

① Y**-1H 井。

ϕ177.8mm L80 生产套管下深 3384.90m，管串结构为：浮鞋+ϕ177.8mm×L80×11.25×1 根+1#浮箍+ϕ177.8mm×L80×11.19×1 根+2#浮箍+碰压座+ϕ177.8mm×L80×166 根+分级箍+ϕ177.8mm×L80×136+双公 177.8mm×L80+悬挂接头+ϕ177.8mm 联顶节 L80×7.40。最终施工低密度配方为四川嘉华 G 级+120%低密度减轻剂+0.6%BXR-200L，一级高密度配方为四川嘉华 G 级+8%BXF-200L+10%胶乳+0.99%D50，二级高密度配方为嘉华 G 级+1.67%KG-I+0.2%USZ。

一级固井实际注领浆 50t，密度 1.42~1.48g/cm^3，平均 1.45g/cm^3。注尾浆 23.5t，密度 1.82~1.93g/cm^3，平均 1.88g/cm^3，替泥浆 33.8m^3 碰压 0~16MPa。

二级固井实际注领浆 40t，密度 1.32~1.37g/cm^3，平均 1.35g/cm^3。注尾浆 20t，密度 1.74~1.90g/cm^3，平均 1.85g/cm^3，替泥浆 27m^3，碰压 0~11MPa。

固井质量情况见表 10-24。

表 10-24 Y**-1H 井各级套管固井质量情况

井号	分类	固井质量	分级箍位置固井质量	备注
Y**-1H	ϕ273mm 表层套管	水泥返出地面，固井质量合格	—	固井过程中刘家沟未发生漏失
	ϕ177.8mm 生产套管	全井段固井优良段为 65.9%，合格段为 31%，盖层段优良段为 100%	分级箍位置固井质量良好	

②Y＊＊-2H井。

各层套管固井施工简况见表10-25。

表10-25 Y＊＊-2H井各层套管固井施工简况

套管程序	水泥浆类型	隔离液（m³）	水泥浆量（m³）	水泥浆密度（g/cm³）设计	平均	最小	最大	替浆量（m³）	施工压力（MPa）
φ508mm 表层套管	领浆	8	56	1.55	1.57	1.48	1.62	20	17
	尾浆		36	1.89	1.90	1.86	1.92		
φ339.7mm 技术套管	领浆	10	196	1.28	1.30	1.21	1.39	25.4	8
	尾浆		37	1.87	1.86	1.7	1.97		
φ244.5mm 生产套管	一领	15	81	1.45	1.44	1.36	1.54	124.4	29
	一尾		16	1.88	1.86	1.81	1.91		
	二级	12	80	1.87	1.83	1.67	1.91	80.6	21.5
φ139.7mm 尾管	尾浆	10	15	1.89	1.87	1.82	1.93	37.5	19

一开φ508mm表层套管固井采用常规早强水泥浆体系插入法固井，封固段为0~307.87m，固井质量合格。

二开φ339.7mm技术套管实际封固段为0~2267.8m，管串安放弹性扶正器32个，水泥浆体系按照设计采用防窜微膨胀水泥浆体系及低密度高强度水泥浆体系插入式固井。施工前钻井液性能密度1.15g/cm³，黏度为65s。注隔离液CXY10m³，实际注入水泥233m³，施工压力为4~5MPa，纯水泥密度最高为1.97g/cm³，最低为1.70g/cm³，平均1.86g/cm³，低密度水泥密度最高1.39g/cm³，最低1.21g/cm³，平均1.30g/cm³。压胶塞1m³，总替量25.4m³，施工终了最高泵压设计10.0MPa，实际碰压7.7MPa，水泥按设计要求返至地面，卸压后断流，井口上提，开井候凝，固井全过程较为顺利，达到施工设计的要求。但水泥注入180m³时井口发生失返现象，水泥注完后，替量至18m³，降低施工压力至3.8MPa时井口重新返出，替量排气为0.5m³/min，漏失量为55m³，对全段固井质量造成一定影响。

三开φ244.5mm生产套管实际封固段为0~3269.8m，管串安放钢性扶正器18个，弹性扶正器56个，水泥浆体系按照设计采用防窜胶乳水泥浆体系分级固井。下套管前钻井液密度1.35g/cm³，黏度为63s，一级固井前钻井液密度1.29g/cm³，黏度为70s，二级固井前钻井液密度1.26g/cm³，黏度为60s。一级注隔离液CXY+ELY15m³，实际注入水泥81m³，纯水泥密度最高为1.91g/cm³，最低为1.81g/cm³，平均1.86g/cm³，低密度水泥密度最高1.54g/cm³，最低1.36g/cm³，平均1.44g/cm³。二级注隔离液CXY+ELY12m³，实际注入水泥80m³，纯水泥密度最高为1.91g/cm³，最低为1.67g/cm³，平均1.83g/cm³。一级压胶塞2m³，二级压胶塞1.5m³，总替量80.6m³，施工终了最高泵压设计10.0MPa，一级最高碰压设计15MPa，实际碰压29MPa，二级最高碰压设计21MPa，实际碰压21.5MPa。分级箍位置2090.33~2091.13m，大泵打至7MPa时打开分级箍，开泵循环正常，二级固井顶替压力21.5MPa时关闭分级箍，分级箍的开关均正常，水泥按设计要求返出地面10m³，二级卸压后断流，开井候凝，固井过程顺利，达到施工设计的各项要求。

四开φ215.9mm生产尾管实际封固段为2303.057~3213.59m，管串安放刚性滚珠扶正器60支，水泥浆体系采用防窜胶乳水泥浆体系，固井工艺为尾管悬挂，管外分隔半程固井。固井前钻井液密度1.35g/cm³，黏度为70s。注隔离液CXY+ELY10m³，实际注入水泥30.5m³，纯水泥密度最高为1.93g/cm³，最低为1.82g/cm³，平均1.87g/cm³。压胶塞1.2m³，总替量37.5m³，施工终了最高泵压设计12.5MPa，最高碰压设计21MPa，实际碰压19MPa，稳压5min压力不降，泄压后断流。分级箍位置3212.97~3213.59m，分级箍开关正常，水泥按设计要求返至2250m，卸压后断流，开井候凝，固井过程正常。

Y**-1H井和Y**-2H井为岩性气藏储气库首批注采试验井，探索储气库固井工艺是最为重要的试验内容之一，通过现场技术优化，两口井全封固段平均优质率达到69.7%，合格率加优质率为90.2%；盖层段平均优质率为100%，合格率加优质率100%；两口井盖层连续优质段均超过25m，圆满完成了现场固井试验任务，试验效果良好。根据试行的生产套管固井质量评价规范，Y**-1H井得分为97.2分，Y**-2H井得分为94.4分，两井平均分为95.8分，在第一批建设的6座储气库中固井质量名列第一，两井生产套管固井质量情况见表10-26，分级箍位置固井质量如图10-20及图10-21所示。

表10-26　Y**-2H井各层套管固井质量简况

井号	水泥浆	封固段长(m)	水泥返高(m)	全段固井质量优质率(%)	全段固井质量合格率(%)	盖层段固井质量优质率(%)	盖层段固井质量合格率(%)	连续优质段(m)	得分	套管尺寸(mm)	分级箍固井质量
Y**-1H	胶乳	3384.9	0	65.9	31	100	0	>25	97.2	177.8	良好
Y**-2H	胶乳	3296.8	0	73.4	10	100	0	>25	94.4	244.5	良好
平均		3340.8	0	69.7	20.5	100		>25	95.8	—	—

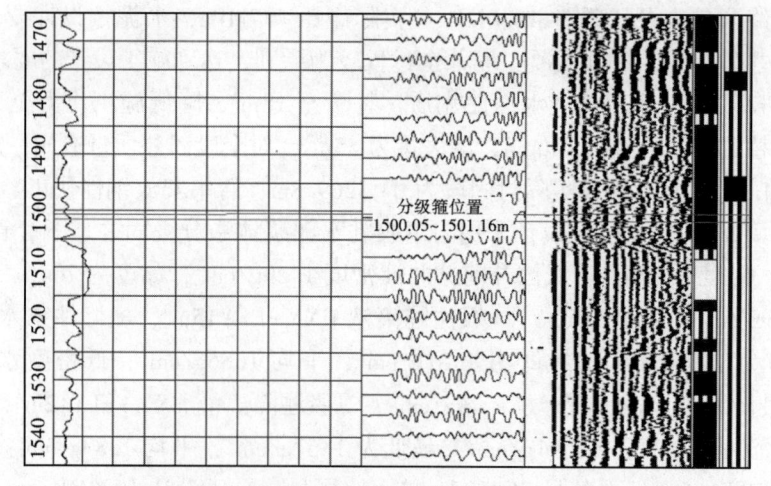

图10-20　Y**-1H井生产套管分级箍固井质量情况

7）完井工艺

储气库注采井完井作业环节多，时间长，作业风险大，具体内容主要涉及四项，一是原钻机下完井管柱（通井刮管、下完井管柱、拆封井器、安装采气树），二是替注环空保护液，三是钢丝作业座封隔器，四是储层改造及试气。完井工具主要依据技术调研和前期研

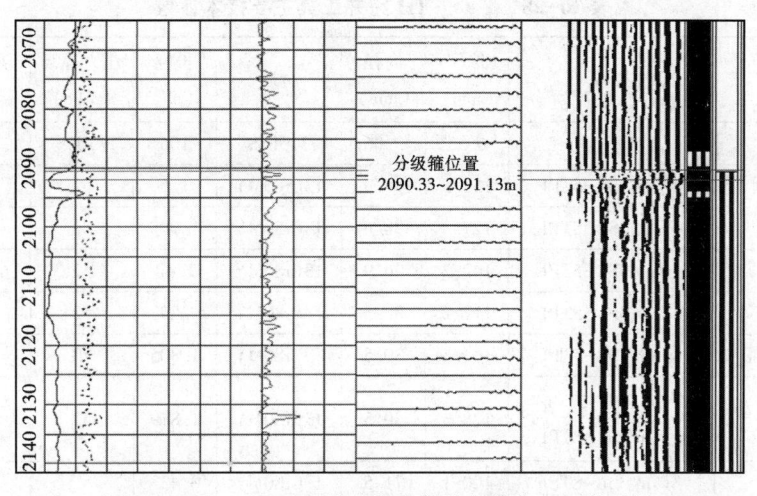

图 10-21 Y＊＊-2H井生产套管分级箍位置固井质量

究，通过井口控制系统，实现地面和井下安全阀的远程控制和紧急关井，从而保障地面设备、人员及财产的安全；采用永久式封隔器，保持油套环空长期有效密封；通过钢丝作业开关滑套实现循环洗压井，替注环空保护液保护油套管；在悬挂坐落短节处悬挂压力计等监测设备，实现注、采气井下压力、温度的监测。改造工艺采用连续油管拖动布酸工艺解除储层污染，采用氮气气举排液，测试后完井。

（1）完井管柱及工具设计概况。

① 油管选择及校核。

根据榆林南储气库注采试验的要求和地质与气藏工程单井注采能力预测，结合模拟气井敏感性分析结果，注采试验井 Y＊＊-1H 井采用 ϕ114.3mm L80-13Cr 油管，Y＊＊-2H 井采用 ϕ139.7mm L80-13Cr 油管，油管强度校核情况见表 10-27。当抗拉安全系数取 1.5 时，ϕ114.3mm 油管最大下深可达 4619m，高于设计下深 2347m，ϕ139.7mm 油管下深可达 4732m，高于设计下深 2276m，L80 油管均可满足下深设计要求。

表 10-27 油管强度校核

井号	钢级	公称直径（mm）	壁厚（mm）	公称重量（N/m）	抗外挤（MPa）	抗内压（MPa）	抗拉（kN）	安全系数	油管下入深度（m）
Y＊＊-1H	L80-13Cr	114.3	7.37	197	58.9	62.2	1365	1.5	4619
Y＊＊-2H	L80-13Cr	139.7	9.19	292	60.9	63.4	2073	1.5	4732

② 完井工具优选。

完井工具的选择应满足长周期运行的需要，重点考虑管柱的完整性和功能性，设计采用与油管一致的 3SB 气密封扣，材质防腐等级等于或略高于油管材质 L80-13Cr，压力等级满足注采要求，根据工况应大于 30MPa；工具内通径能够通过 2in 连续油管，利于储层改造。

具体性能参数见表 10-28、表 10-29。为了技术对比，Y＊＊-1H 井和 Y＊＊-2H 井采用的井下安全阀型号不同，考虑 Y＊＊-2H 井注采量较大，井下安全阀采用了自平衡机构（SP型），有利于降低安全阀开启难度。

表 10-28 Y＊＊-1H 完井工具主要技术参数

名称	扣型	外径（mm）	内径（mm）	材质	长度（m）	压力等级（MPa）	温度等级（℃）	数量
液控管线	—	6.35	3.86	316LSS	106	100	—	1
NE 井下安全阀	4½in 3SB-5TPI	151.5	96.9	13Cr80MY	1.6	52	120	1
流动短节	4½in 3SB-5TPI	127.5	98.6	13Cr80MY	1.905	52	—	2
XD 型滑套	4½in 3SB-5TPI	142.2	96.9	13Cr80MY	1.42	52	120	1
锚定密封总成	4½in 3SB-5TPI	117.2	80.5	13Cr80MY	0.853	52	120	1
MHR 永久封隔器	4½in 3SB-5TPI	144.4	80.5	13Cr80MY	1.805	70	120	1
磨铣延伸筒	4½in 3SB-5TPI/3½in 3SB-8TPI	128.3	80.5	13Cr80MY	1.879	52	—	1
X 型坐落接头	3½in 3SB-8TPI	100.1	71.5	13Cr80MY	0.433	52	—	1
带孔管	4½in 3SB-8TPI	114.3	99.5	13Cr80MY	5	—	—	1
XN 型坐落接头	3½in 3SB-8TPI	100.1	67.7	13Cr80MY	0.433	52	—	1
引鞋	3½in 3SB-8TPI	108.0	76.0	13Cr80MY	0.15	—	—	1

表 10-29 Y＊＊-2H 完井工具主要技术参数

名称	扣型	外径（mm）	内径（mm）	材质	长度（m）	压力等级（MPa）	温度等级（℃）	数量
液控管线	—	6.35	3.86	316LSS	106	100	—	1
SP 井下安全阀	5½in 3SB-5TPI	195.3	115.8	13Cr80MY	2.8	52	120	1
流动短节	5½in 3SB-5TPI	155.6	118.6	13Cr80MY	1.905	52	—	2
RPD 型滑套	5½in 3SB-5TPI	174.2	115.8	13Cr80MY	1.55	52	120	1
锚定密封总成	5½in 3SB-5TPI	176.1	122.8	13Cr80MY	0.853	52	120	1
MHR 永久封隔器	5½in 3SB-5TPI	206.4	123.2	13Cr80MY	2.034	70	120	1
磨铣延伸筒	5½in 3SB-5TPI	170.9	121.3	13Cr80MY	1.905	52	—	1
R 型坐落接头	5½in 3SB-5TPI	155.5	115.8	13Cr80MY	0.525	52	—	1
带孔管	5½in 3SB-5TPI	139.7	121.3	13Cr80MY	5	—	—	1
RN 型坐落接头	5½in 3SB-5TPI	155.5	112.9	13Cr80MY	0.525	52	—	1
引鞋	5½in 3SB-5TPI	153.3	121.3	13Cr80MY	0.2	—	—	1

③完井管柱设计。

Y＊＊-1H 井和 Y＊＊-2H 井完井管柱结构自下而上为：引鞋+XN/RN 型坐落接头+油管短节+带孔管+油管短节+X/R 型坐落接头+油管短节+1 根油管+油管短节+磨铣延伸筒+MHR 永久封隔器+锚定密封总成+油管短节+1 根油管+油管短节+滑套+油管短节+油管+油管短节+下流动短节+SP 井下安全阀+上流动短节+油管短节+油管+油管挂。管串结构如图 10-22 所示。

根据完井数据，完井工具设计位置见表 10-30，允许下深误差为 2m 以内。

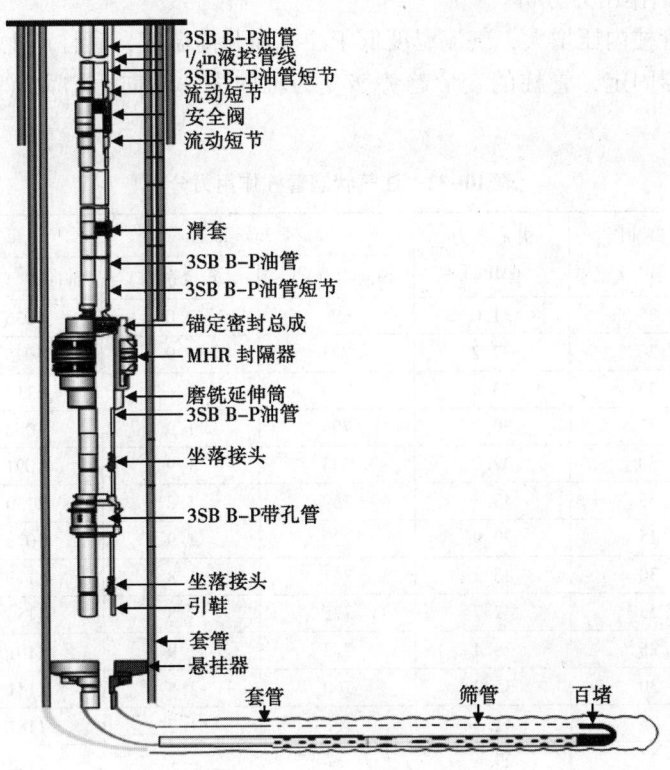

图 10-22 榆林南注采试验井完井管柱结构示意图

表 10-30 完井工具下深设计

井号	安全阀（m）	封隔器（m）	滑套（m）	封堵坐落接头（m）	悬挂坐落接头（m）	引鞋（m）
Y**-1H	90	2323	2310	2329	2346	2347
Y**-2H	90	2251	2235	2267	2275	2276

④管柱受力分析。

a. 完井状态作用力分析。

完井后压井状态下，井筒充满液体，管柱内外压力平衡，管柱轴向力是重力与坐封过程中作用力的合力。计算表明井口处管柱受力最大，安全系数相对最低（表10-31）。

表 10-31 完井状态作用力分析

深度（m）	环空压力（MPa）	油管内压（MPa）	ϕ114.3mm 油管 轴向力（kN）	ϕ114.3mm 油管 安全系数	ϕ139.7mm 油管 轴向力（kN）	ϕ139.7mm 油管 安全系数
0	0	0	+591	2.3	+875	2.4
1000	9.8	9.8	+373	3.7	+550	3.8
2000	19.6	19.6	+177	7.7	+259	8.0
3000	29.4	29.4	-20	67.6	-33	63.3

注："+"为张力，"-"为压缩力。

b. 注气状态下作用力分析。

注气时井口管柱内压增大，气流温度低于注气前井筒温度，管柱产生缩短趋势，由于管柱受永久式封隔器固定，管柱的变形趋势转变为轴向力，轴向力增大（表10-32、表10-33）。

表10-32 注气状态管柱作用力分析

注气量 ($10^4 m^3/d$)	井口油压 （MPa）	井底压力 （MPa）	ϕ114.3mm 油管 轴向力（kN）	ϕ114.3mm 油管 安全系数	ϕ139.7mm 油管 轴向力（kN）	ϕ139.7mm 油管 安全系数
20	25	31.0	696	2.0	1036	2.0
20	30	37.2	723	1.9	1075	1.9
20	35	43.4	749	1.8	1113	1.9
50	25	30.7	706	1.9	1052	2.0
50	30	37.0	733	1.9	1091	1.9
50	35	43.3	759	1.8	1130	1.8
100	25	29.9	720	1.9	1078	1.9
100	30	36.3	747	1.8	1117	1.9
100	35	42.7	775	1.8	1156	1.8
150	25	28.4	732	1.9	1101	1.9
150	30	35.2	760	1.8	1141	1.8
150	35	41.7	788	1.7	1181	1.8
200	25	29.4	—	—	1123	1.8
200	30	36.0	—	—	1163	1.8
200	35	42.5	—	—	1203	1.7

注：按井口气流温度10℃，地层温度100℃计算。

表10-33 注气状态管柱伸缩量分析

注气量（$10^4 m^3/d$）	井口油压（MPa）	井底压力（MPa）	伸缩量（m）
20	25	31	-0.47
20	30	37.2	-0.63
20	35	43.4	-0.79
50	25	30.7	-0.53
50	30	37	-0.69
50	35	43.3	-0.85
100	25	29.9	-0.63
100	30	36.3	-0.79
100	35	42.7	-0.95
150	25	28.4	-0.71
150	30	35.2	-0.87
150	35	41.7	-1.04
200	25	29.4	-0.81
200	30	36	-0.97
200	35	42.5	-1.13

注：按井口气流温度10℃，地层温度100℃计算，以完井状态下管柱为基点。

c. 采气状态下作用力分析。

采气过程中，管柱温度增高，使管柱产生延伸趋势，而内压使管柱产生缩短趋势，由于管柱受永久式封隔器固定，管柱的变形趋势转变为轴向力（表10-34、表10-35）。

表10-34 采气状态管柱作用力分析

采气量 ($10^4 m^3/d$)	井口油压 (MPa)	井底压力 (MPa)	φ114.3mm 油管 轴向力 (kN)	安全系数	φ139.7mm 油管 轴向力 (kN)	安全系数
20	10	12.4	492	2.8	718	2.9
20	15	18.4	519	2.6	757	2.7
20	20	24.5	545	2.5	795	2.6
20	25	30.6	572	2.4	834	2.5
20	30	36.7	598	2.3	872	2.4
50	10	13.0	487	2.8	707	2.9
50	15	18.9	512	2.7	746	2.8
50	20	24.9	539	2.5	784	2.6
50	25	30.9	565	2.4	822	2.5
50	30	36.9	591	2.3	861	2.4
100	10	15.1	481	2.8	693	3.0
100	15	20.4	505	2.7	730	2.8
100	20	26.0	531	2.6	768	2.7
100	25	31.8	556	2.5	806	2.6
100	30	37.7	582	2.3	845	2.5
150	10	18.1	479	2.8	683	3.0
150	15	22.6	502	2.7	719	2.9
150	20	27.8	526	2.6	756	2.7
150	25	33.3	551	2.5	794	2.6
150	30	39.0	576	2.4	832	2.5
200	10	16.4	—	—	676	3.1
200	15	21.3	—	—	711	2.9
200	20	26.7	—	—	747	2.8
200	25	32.4	—	—	784	2.6
200	30	38.2	—	—	821	2.5

注：按地层温度100℃计算。

表10-35 采气状态管柱伸缩量分析表

注气量 ($10^4 m^3/d$)	井口油压 (MPa)	井底压力 (MPa)	伸缩量 (m)
20	10	12.4	0.626
20	15	18.4	0.469
20	20	24.5	0.312
20	25	30.6	0.154

续表

注气量（10⁴m³/d）	井口油压（MPa）	井底压力（MPa）	伸缩量（m）
20	30	36.7	-0.004
50	10	13.0	0.664
50	15	18.9	0.510
50	20	24.9	0.354
50	25	30.9	0.197
50	30	36.9	0.040
100	10	15.1	0.702
100	15	20.4	0.557
100	20	26.0	0.406
100	25	31.8	0.253
100	30	37.7	0.098
150	10	18.1	0.718
150	15	22.6	0.583
150	20	27.8	0.439
150	25	33.3	0.290
150	30	39.0	0.138
200	10	16.4	0.792
200	15	21.3	0.655
200	20	26.7	0.511
200	25	32.4	0.363
200	30	38.2	0.214

注：按井口气流温度10℃，地层温度100℃计算，以完井状态下管柱为基点。

对比整个注采工况，ϕ114.3mm油管最苛刻工况条件时（注气量150×10⁴m³，井口压力35MPa）的油管安全系数为1.7，ϕ139.7mm油管最苛刻工况条件时（注气量200×10⁴m³，井口压力35MPa）的油管安全系数最低为1.7，都能够满足储气库设计注采需要。

⑤ 完井施工程序设计。

a. 完井工作准备。

完井工作准备的内容主要涉及井筒准备和完井工具及附件的准备。油管入井前应采用油管厂家要求的通井规通井，深度根据完井管串下深设计，循环钻井液不得少于一周，观察返出情况，是否有气侵现象。应下入套管刮管器，在完井封隔器坐封井段反复刮管6次，刮屑井段以封隔器坐封深度为准。下入管柱前，检查完井工具，安全阀要进行开启压力测试。对油管柱数据进行多方校核，准备足够的油管调整短节，确保各工具下深满足设计要求。

b. 下完井管柱。

施工要点是防落物，防遇阻遇卡。施工中应保持钻台清洁，清除井口附近多余的设备和工具。安装调试油管钳、扭矩监测仪、气密封检测设备、准备专用螺纹脂。作业各方应做好技术交底和配合作业分工，依次下入井下工具及油管。下入过程中应注意检查封隔器外观，卡瓦胶筒是否完好，销钉数量是否正确，紧固是否到位，并在胶筒上涂抹适量黄油，扶正后缓慢入井，避免刮蹭。下油管期间按设计要求进行气密封检测，不合格油管禁止入井。安全阀入井前应检查外观是否有损伤，打开安全阀保护螺帽，检查腔体内是否干净，排除液压控制管线及腔体内的空气，将液控管线连接到安全阀上，并按要求带紧 HIF 接头；开关及试压，液控管线内打压到 5000psi，期间观察安全阀开启过程的压力变化，并对比下入前的开启压力是否有出入，稳压 15min，压力不降为合格；放压到 3500psi，拉紧安全阀上部的液控管线，安全阀液控管线下井过程中在每根油管上必须用油管接箍液控管线保护器固定，保持 3500psi 的压力继续下入剩余油管。

c. 坐放油管挂。

施工要点是一次坐挂到位，密封有效。施工时按序连接双公、油管挂和送入工具，将液控管线放压到零，预留一定长度割断并在双公短节下面的油管上缠绕 3~6 圈，做液控管线的油管挂穿越（油管挂厂家操作），在油管挂上部接头的外面缠绕 1~2 圈，做接头试压 5000psi，稳压 15min，压力不降为合格，放压安装小针阀，关闭针阀并固定在油管挂上接头处。用清水冲洗油管四通，预先在送入油管上做好下放到位的标记，缓慢下放送入油管至完全到位，对比下放到位的标记。对角拧紧顶丝，倒出送入工具，油管挂坐挂完毕。

d. 安装注采井口。

施工要点是在井口敞开无控制条件下安全快速拆掉封井器并安装采气树。拆封井器前关闭井下安全阀，观察油套压，确认安全后才可拆卸封井器。安装采气树应注意采气树安装方向要符合工程安装的要求，按 API 标准上紧全部紧固螺栓，对采气树整体试压。

e. 注环空保护液。

连接地面管线及 700 型水泥车到采气树的套管翼阀上，关闭套管翼阀，地面管线试压 35MPa，稳压 30min，压力小于 0.5MPa 为合格；关闭采气树主阀，地面管线试压 35MPa，稳压 30min，压力小于 0.5MPa 为合格。保持井下安全阀处于打开状态，用活性水反洗井至合格，返出洗井液机械杂质含量小于 0.2%，洗至进出口水色一致。按设计方量反替保护液。关套管翼阀，等候 30min，观察套压变化情况，同时密切注意油管内的返出情况，确认无异常后进行钢丝作业。

f. 坐封封隔器。

施工要点是确保钢丝作业的安全，防落、防卡，目的是确保封隔器坐封合格。钢丝作业在 R 坐落接头处投堵，700 型泵车逐级打压坐封封隔器，坐封完毕后缓慢泄压，坐封压力应从 5MPa 逐级打至 25MPa，稳压 15min。随后钢丝作业打捞平衡杆，将其捞出 50m，环空内打压 10MPa，稳压 15min，不降即验封合格，验封完毕后缓慢泄压。如果验封不合格则将平衡杆下入，需重新坐封封隔器，直至验封合格。钢丝作业打捞平衡杆，再作业捞出锁定芯轴。连接安全阀液控管线到地面控制柜。

g. 试气完井。

施工要点是按设计完成连续油管拖动布酸改造储层，降低储层伤害，采用连续油管注氮气气举排液，取全取准试井资料。

(2) 完井井口设备设计概况。

① 套管头设计。

根据注采井强注强采和使用寿命的要求，井口设计采用标准套管头，结构见图 10-23。井口装置设计、加工、制造和检验执行 API 6A（第 19 版）标准。要求压力等级 10000psi，温度等级 LU 级（-46℃~121℃），材质等级 CC 级，基本性能参数见表 10-36。要求油管悬挂器预留井下安全阀液控管线通道，井口配套具有失火、超欠压保护功能的安全控制系统，满足井口和井下安全阀在异常情况下的紧急截断，安全控制系统如图10-24所示。

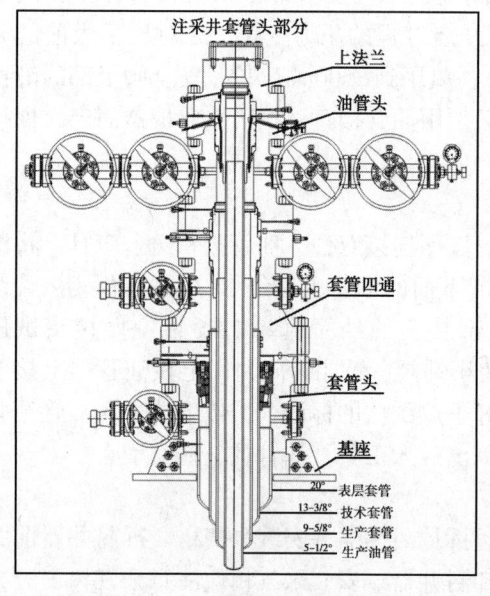

图10-23 注采井标准套管头　　　　图10-24 注采井井口设备安全控制系统

表10-36 注采井井口套管头性能参数表

材料等级	CC
温度等级	LU（-46℃~121℃）
压力等级	10000psi
规范等级	PSL 3G
性能等级	PR2
配置要求	双翼双阀，主通径设液控安全阀，预留井下安全阀液控管和毛细管整体穿越通道。主密封采用金属对金属密封

② 采气树设计。

储气库井采气树设计主要考虑长周期注采的需要，对采气树的材质、压力、密封方式等技术参数要求严格，Y**-1H井采用主通径为$4\frac{1}{16}$in，Y**-2H井采用主通径为$5\frac{1}{8}$in，承压级别为10000psi，均采用下悬挂方式连接。考虑井控安全，配套可远程关断或者着火自动关断的井口和井下安全阀，如图10-25所示。

(3) 环空保护液施工设计。

①体系选择。

根据前期对L80-13Cr合金钢在榆林南井区注采工况条件下的环空保护液技术研究，L80和L80-13Cr试片的空白腐蚀速率分别为0.062mm/a和0.0864mm/a，而在环空保护液条件下，L80和L80-13Cr试片的腐蚀速率分别为0.0035mm/a和0.0007mm/a，缓蚀率大于90%，表明研发的UGI型环空保护液各项性能指标均满足储气库要求，主要性能指标见表10-37。

图 10-25 注采井井口采气树

表 10-37 环空保护液各项指标

项目	指标
外观	黄色或棕色液体
密度（g/cm³）	1.05~1.15
凝固点（℃）	≤-10
钢材腐蚀速率（mm/a）	L80：0.0035 L80-13Cr：0.0007
缓蚀率（%）	≥90
pH 值	8

②保护液用量计算。

为减小洗井液的影响，保证环空保护液充满保护井段，以油套环空容积的 2 倍计算配液总量，再附加 100m 环空容积。现场配液用水水质要求 pH=7±1，矿化度应低于 10g/L。按此计算 Y**-1H 设计环空保护液量为 46.34m³，Y**-2H 井设计用量为 124.5348m³，设计数据见表 10-38。

表 10-38 Y**-1H 和 Y**-2H 数据表

井号	Y**-1H	Y**-2H
油套管尺寸	7in 生产套管+4½in 油管	9⅝in 生产套管+5½in 油管
试验油管下深（m）	2390	2340
最终油管下深（m）	2290	2240
造斜点（m）	2340	2290
油套环空容积（m³/m）	0.009695	0.02661

续表

井号	Y**-1H	Y**-2H
油管内容积（m³/m）	0.007781	0.01156
油套环空容积（m³）	23.17	62.27
准备主剂量（kg）	741.5	1992.6
OS-2 粉剂（kg）	92.7	249.1
水量（m³）	45.51	122.3
环空保护液配置总量（m³）	46.34	124.5348

(4) 钢丝作业设计。

① 钢丝作业目的和要求。

钢丝作业的目的为坐封油管管外封隔器，Y**-1H 井与 Y**-2H 井钢丝作业目的和程序都一样，不同的是钢丝作业环境——油管尺寸不一样，Y**-2H 井油管为 $5\frac{1}{2}$in 油管。作业都要求封隔器坐封合格，满足试压要求，若验封不合格，应重复进行坐封以及环空验封的步骤，直至封隔器验封合格。

② 钢丝作业程序设计。

a. 作业前的准备。

钢丝作业前应确认井筒干净无落物，井内液面正常无气侵，井控设备和条件具备应急要求，现场储备有足够的重浆。确认井口防喷设备的材质、耐压等级、长度、内径大小符合作业井的施工要求。

准备作业需要的作业车及井下作业工具，准备专用井下工具如 R 锁芯、锁芯下入工具、锁芯打捞工具 GR、平衡杆下入、打捞工具 JDC、钢丝绳帽、万向节、加重杆、震击器等。

按照作业绞车操作规范检查绞车提升拉力是否符合打捞时最大拉力要求，确认绞车最大和最小提升速度满足作业要求，检查钢丝绞车动力系统、液压系统、控制系统和计量系统，检查盘绳系统、电路系统及照明是否正常。

b. 作业施工步骤。

(a) 通井。

组装井口防喷设备；绞车摆放在上风口或侧风口位置上，距井口 20~25m 远处，绞车滚筒中心正对采气树，滚筒两边与采气树的夹角不大于 5°；连接通井工具串（钢丝绳帽+万向节+加重杆+震击器+通井规），通井规外径必须大于测试工具串最大外径，小于井下管柱最小内径 5mm；下放通井工具串至预定深度，确认正常后起出通井工具串。

(b) 检查 R 和 RN 锁芯。

确认所有的螺纹都上紧；键的形状与井下的工作筒（坐落接头）匹配；键的弹簧是双作用弹簧，其力度应该使键充分收回并保持在收回位置（选择位），使键弹出，成为非选择位（控制位）；检查内打捞颈，膨胀芯轴和键，如果有毛刺，用圆锉刀修整。

(c) 检查 R 和 RN 锁芯下入工具。

将下入工具置于非选择位；下井锁芯的打捞颈夹在台钳上，关闭锁芯并插入下入工具。向下拉方芯轴，并将冲子插入上部剪切销钉孔使之保持位置。拉开锁芯，移动下入工具对准下部剪切销钉孔，打入 8mm 铜销钉；转动冲子对准销钉孔，在上部销钉孔中打入 6.3mm 钢销钉；检查工具可以从选择位变成非选择位；用手检查锁芯键，在选择位，要完全收缩；在非选择位，弹出，但是不锁死；下入时工具串连接顺序为钢丝绳帽、加重杆、震击器、锁芯下入工具、锁芯。

(d) 检查 R 和 RN 锁芯的打捞工具。

连接顺序为钢丝绳帽、加重杆、震击器、锁芯打捞工具，应确保安装的销钉正常。

(e) 检查平衡杆下入和起出工具。

平衡杆下入、起出工具使用 SB 投捞工具，应采用 SB 销钉，下入、起出工具串连接顺序为钢丝绳帽、加重杆、震击器、SB 投捞工具。

(f) 投 R 锁芯和平衡杆。

投 R 锁芯操作：下锁芯投放工具串，在下放过程中，每下放 300m，上提工具串测试提升张力一次并记录，在距坐落接头 10m 时，测试提升张力和静止张力一次并记录；工具下至上部工作筒时轻轻向下震击，下过工作筒 10m、记录钢丝静止张力；上提到工作筒，由于投放工具探测爪子作用，使工具不能通过工作筒；继续上提，使拉力超过静止悬重 100～200kg，将投放工具串过坐落接头 10m；再下放工具串，使锁芯键进入工作筒 90°台阶，使工具限位；轻轻向下震击，使锁芯完全进入工作筒；继续向下震击，切断上部剪切销钉；上提工具串超过静止张力为 100kg，如果张力小，说明锁芯没有坐住，重复向下震击；如果锁芯坐住，向上震击，切断下部销钉，起出下入工具，完成作业。

投 RN 锁芯操作：下锁芯投放工具串，在下放过程中，每下放 300m，上提工具串测试提升张力一次并记录，在距坐落接头 10m 时，测试提升张力和静止张力一次并记录；轻轻向下震击，使锁芯完全进入工作筒；向下震击，切断上部剪切销钉；上提工具串超过静止张力为 100kg，如果张力小，说明锁芯没有坐住，重复向下震击；如果锁芯坐住，向上震击，切断下部销钉，起出下入工具，完成作业。

投平衡杆作业：检查平衡杆密封头的密封件；投捞工具串下至距坐落接头 10m 时，测试提升张力和静止张力一次并记录；遇到锁芯时，轻轻向下震击，使平衡杆密封头进入锁芯密封室；向下震击，切断 JDC 脱手销钉，上提张力比测试张力小，证明平衡杆已脱手，起出下入工具，完成作业。

(g) 捞 R 锁芯和平衡杆。

起出平衡杆：投捞工具串下至距坐落接头 10m 时，测试提升张力和静止张力一次并记录；遇到平衡杆时，轻轻向下震击，使平衡杆打捞头进入 JDC 打捞工具；上提工具串，如上提张力大于测试张力，证明平衡杆已捞上；轻轻向上震击，使堵塞器两个密封段错位，停止上提钢丝；待堵塞器上下压力平衡后，上提钢丝，起出下入工具，完成作业。

起出 R 和 RN 锁芯：下锁芯起出工具串在距坐落接头 10m 时，测试提升张力和静止张力一次并记录；继续下放工具串，抓住锁芯的打捞颈；向下震击一两次，震松锁芯，向上震击，解锁，上提 10m，此时张力应大于测试张力，证明已捞上锁芯；上提钢丝，起出下入工具，完成作业。

(h) 坐封封隔器及验封。

钢丝作业在坐落接头处投堵成功后，采用 700 型泵车按 5MPa×2min，15MPa×10min，20MPa×10min，25MPa×15min 逐级打压坐封封隔器，坐封完毕后缓慢泄压。然后在环空内打压 10MPa，稳压 15min，不降即验封合格，验封完毕后缓慢泄压。

(5) 酸化改造及试气作业设计概况。

储气库注采井均采用连续油管拖动布酸方式改造储层，降低储层伤害，试气方式均采用常规的液氮气举排液方式。为了评价拖动布酸改造方式的效果,设计开展直接排液求产和布酸后排液求产的对比试验工作。

① 设备工具准备。

Y＊＊-1H井采气树主通径为4¹⁄₁₆in,承压10000psi,生产油管外径为114.3mm,内径为99.6mm。Y＊＊-2H井采气树主通径为5¹⁄₈in,承压10000psi,生产油管外径为139.7mm,内径为121.3mm。施工均采用连续油管作业车,连续油管尺寸为ϕ38.1mm,内径31.75mm,壁厚3.175mm,长度5000m。配套液氮泵车各1台,准备液氮各35m³。

要求防喷盒密封件试压35MPa无刺漏,防喷器(BOP)各闸门开关灵活,无刺漏,计数器准确可靠,液压系统在高压下不自动泄压。液氮泵车排量能在50~100L/min之间调整,连续油管入井前必须进行注入头的提升(拉力)试验,拉力应不低于8t。入井工具应连接可靠,设备应满足长时间连续工作的要求。见表10-39。

表10-39 布酸、酸压施工车辆准备表

设备名称	规格型号	单位	数量	备注
连续油管车	1.5in 连续油管	台	1	外径38.1mm,内径31.75mm,壁厚3.175mm,长度5000m
水泥车	700型	台	2	配液、布酸
液氮泵车	K100/NPT360HR15	台	1	35m³
液氮槽车	三力 CGT528TCDY	台	2	

② 施工程序设计。

a. 下连续油管至1000m,以80~120L/min的排量注液氮排液,排通后观察喷势。如果能连续自喷,则排液结束。

b. 若喷势停止后继续下连续油管至2340m(Y＊＊-2H井为2260m),开始第二次以80~120L/min的排量泵注液氮排液,排通后观察喷势。

c. 若喷势停止后继续下连续油管至2900m(Y＊＊-2H井为2900m),通过引鞋前后试提连续油管,确认连续油管能够顺利通过引鞋后,在连续油管设备限压条件下,逐步下入连续油管。开始第三次以80~120L/min的排量泵注液氮排液,排通后观察喷势。

d. 排液结束后起出连续油管,关闭井口清蜡闸门,放喷观察。

e. 求初产,采用单点产能试井方法求产,在测试过程中取准稳定井底流压及对应稳定产量,并记录井口油、套压及产气量变化;在测试后期取样进行H_2S和CO_2及天然气组分分析,若有水和凝析油产出,应取样分析。

f. 连续油管均匀酸洗。

降阻酸配方均为10%HCl+1.5%HJF-94+0.5%CF-5A+0.15%柠檬酸+0.5%YFP-1+0.3%CJ1-2+清水,Y＊＊-1H井设计配制方量为125m³,施工用酸115m³,施工排量0.2~0.5m³/min,顶替液量4m³。Y＊＊-2H井设计配制方量为172m³,施工用酸160m³,施工排量0.2~0.5m³/min,顶替液量4.5m³。活性水配方均为0.3%CF-5A+0.3%COP-1+清水,设计配制方量各为60m³。

在连续油管设备限压55MPa条件下,采用700型水泥车配合连续油管拖动布酸。Y＊＊-1H井作业程序及技术参数见表10-40,Y＊＊-2H井技术参数见表10-41。布酸结束后,起连续油管至造斜点以上位置,注液氮气举排液方式诱喷排液。

表 10-40 Y＊＊-1H 井连续油管拖动酸洗施工程序及参数表

序号	工作内容	液体类型	注入量（m³）	速度 井段（m）	速度 拖动速度（m/min）	排量（m³/min）	时间（min）
1	替酸	降阻酸	4.0	4417	0	0.2~0.3	20
2	拖动布酸	降阻酸	111	4290~3970	2~5	0.2~0.5	160
				3970~3830	15~20	0.2	10
				3830~3384	2~5	0.2~0.5	222
3	顶替	活性水	4.0	3384~2340	12~20	0.3~0.6	15
累计				降阻酸：115m³，活性水 4.0m³			425min

表 10-41 Y＊＊-2H 井连续油管拖动酸洗施工程序及参数表

序号	工作内容	液体类型	注入酸量（m³）	速度 井段（m）	速度 拖动速度（m/min）	排量（m³/min）	时间（min）
1	替酸	降阻酸	4.5	4994.50	0	0.2~0.3	20
2	拖动布酸	降阻酸	155.5	4994.50~4677.81	2~5	0.2~0.5	158
				4677.81~4645.75	15~20	0.2	2
				4645.75~4077.90	2~5	0.2~0.5	284
				4077.90~4024.31	15~20	0.2	4
				4024.31~3273.05	2~5	0.2~0.5	376
3	顶替	活性水	4.5	3273.05~2260.00	12~20	0.3~0.6	15
累计				降阻酸：160m³，活性水 4.5m³			859min

g. 放喷排液。

采用连续油管注液氮气举排液方式诱喷排液，以尽快喷通。井筒明显有混气液柱时，在不影响排液效果的情况下，可根据液量大小估算液柱压力，在确保井底生产压差在 8.0 MPa 以内的条件下放喷排液，不出液时立即关井；排液后期，井筒内混气液量较少，可按井筒压力梯度 1.6~2.4MPa/1000m 估算，生产压差应控制在 4.0MPa 以内；对于储层产能较低，关井压力恢复较低的井，井口关井压力小于 5.0MPa 时，油放可以不控制压力，井口关井压力在 5.0~10.0MPa 时，油放最低压力控制在 1.0MPa 以上。

放喷时连续 2~3h 不出液，即可以关井，等压力恢复起来后再放喷；如果连续两次放喷 5h 以上，均不出液，且关井后油套压在短时间内达到基本平衡，或确定地层产液，且液性稳定，则排液合格，可以转入关井。关井压力恢复，油套压力在 72h 内上升不超过 0.05MPa 时，即可以进行测压、求产；若是低产层或气水同出井层，由于压力恢复缓慢，可采用不关井恢复压力直接进行测试。要求入井液体返排率不低于 80%。

放喷排液应录取放喷时间、针阀开度、油压、套压、喷出液量、液性（密度、pH 值、氯离子含量）、火焰长度、颜色等资料。井口压力记录要求前密后稀，一般关井在 1 小时内每隔 3~5min 记录油套压力 1 次，以后间隔时间适当放宽，但最长不得超过 2h 记录 1 次。

h. 测试求产。

在关井恢复压力达到测试要求后，按要求测井底静压，测试前对接好分离器、孔板流量计及测试管线，并根据排液过程中油套压变化情况选择合适的孔板。同时紧固各管线接头，检查地锚固定情况，并进行试压，保证不刺不漏；分离器上水并预热。分离器距测试管线出口必须大于20m，测试管线不能用任何弯头连接，孔板流量计距分离器必须大于10m，距点火口10m。

临界速度流量计测试产量计算公式为：

$$Q_g = 186 \times d_2 \times p_1 / (Z \times r \times T)^{1/2} \tag{10-1}$$

$$p_1 = p_{上} / 0.0980665 + 1$$

式中 Q_g——日产气量，m^3/d；
d——孔板直径，mm；
$p_{上}$——上流表压力，MPa；
Z——压缩系数，气样分析得出，一般在0.97~1.0；
T——上流温度，$T=t+273$℃，t为上流温度表读数；
r——天然气相对密度，气样分析得出，一般在0.56~0.60。

应用条件：通过孔板的气流必须达到临界流速，气流达到临界流速的条件为下流压力与上流压力之比值小于或等于0.546，或上流压力大于或等于0.2MPa。

流量计测试产量计算公式为：

$$Q_g = 2.89 \times d_2 \times [H_{水} / (r \times T)]^{1/2} \tag{10-2}$$

适用于测量小于3000m^3/d的气流流量。

$$Q_g = 10.64 \times d_2 \times [H_{汞} / (r \times T)]^{1/2} \tag{10-3}$$

适用于测量3000~8000m^3/d的气流流量。

式中 $H_{水}$，$H_{汞}$——"U"形管内水或水银的高度差，mm；

其余参数与临界速度流量计计算参数相同。

测试求产应录取油压、套压、针阀开度、流量计名称、孔板（挡板）直径、上流压力、上流温度、油气水班产量、液性、火焰长度、颜色、测试时间、稳定时间、地层静压力、地层流动压力、温度等资料。

（6）施工情况。

两口储气库注采井完井工具下入设计井深，油管串采用气密封检测技术检测，保证了注采管柱的密封性，井下安全阀、永久式封隔器等完井工具和采气树均采用了防腐材质，油套环空加注了注环空保护液，应用连续油管拖动布酸工艺进行了储层改造，对比求初产结果，酸化工艺不同程度地提高了产气量，达到了增产目的，见表10-42，完井工艺符合工程设计要求。

表10-42 榆林气田南区注采井山$_x$气层改造情况

井号	井段 (m)	施工内容	酸量 (m^3)	改造前无阻流量 ($10^4 m^3/d$)	改造后无阻流量 ($10^4 m^3/d$)	增产比例 (%)
Y**-1H	4290~3970	拖动布酸	115	10.10	13.78	36.43
	3970~3830	拖动布酸				
	3830~3385	拖动布酸				
Y**-2H	4284	定点布酸	160	31.9797	35.7970	11.9
	4284~3570	拖动布酸				
	3570~3273	拖动布酸				

① Y＊＊-1H井。

a. 完井管柱入井情况。

Y＊＊-1H井完钻井深为4426m，水平井段长1062m，悬挂φ114.3mm尾管（盲管+筛管）完井，悬挂器下入位置为2639.37~2645.8m，完井管柱下深2353.693m。坐挂油管挂后安装采气树，采气树试压合格。洗井、注完井保护液施工正常，洗井液配置80m³，完井保护液45m³，注入排量为0.3m³/min。采用3.2mm钢丝作业坐封封隔器，打压40MPa封隔器坐封，15MPa压力验封合格。

管柱结构自上而下为双公短节+油管挂0.93m+4½in（13CR-L80）油管7根79.31m+油管短节0.905m+流动短节1.73m+NE安全阀1.53m+流动短节1.73m+油管短节0.905m+4½in（13CR-L80）油管194根2194.66m+校深短节1.96m+4½in（13CR-L80）油管2根22.63m+油管短节0.901m+循环滑套1.344m+油管短节0.9m+4½in（13CR-L80）油管1根11.31m+油管短节0.901m+插入密封0.691m+MRH封隔器1.801m+磨铣延伸筒1.73m+油管短节0.905m+4½in（13CR-L80）油管1根10.99m+变扣短节0.404m+油管短节0.918m+X型坐落接头0.384m+变扣短节0.39m+带孔管4.89m+变扣短节0.405m+油管短节0.919m+XN坐落接头0.395m+引鞋0.215m。

完井工具下深依次为NE型安全阀91.405m，循环滑套2315.545m，插入密封2329.347m，MRH封隔器2331.148m，磨铣延伸筒2332.878m，X型坐落接头2346.479m，带孔管2351.759m，XN坐落接头2353.478m，引鞋2353.693m。

b. 完井管串检测情况。

气密封检测共计检测209扣次，检测时间32.5h，检测压力45MPa，下管柱平均速度为9.5~10min/根，检出螺纹泄漏油管3根，经过重新上扣检测合格后入井。

c. 连续油管酸化试气情况。

根据设计完成了下连续油管、排液、求初产、连续油管布酸、连续油管排液、求产等试气工作。

求初产时累计入井液量为58.7m³，排液47.8m³，返排率为81.4%。测试静压为19.36MPa，测试流压为13.06MPa，稳定产量为$6.6×10^4$m³/d，天然气压缩因子为0.9745，天然气相对密度为0.5921，"一点法"求产产量为$10.1×10^4$m³/d。

酸洗累计入井液量191.5m³，排液163.0m³，返排率为85.11%。测试静压值为19.94MPa，测试流压值为15.51MPa，稳定产量为$7.1×10^4$m³/d，天然气压缩因子为0.9778，天然气相对密度为0.5826，"一点法"求产产量为$13.78×10^4$m³/d，测算在原始地层压力27.2MPa下，Y＊＊-1H井无阻流量为$25.35×10^4$m³/d。酸化效果表明流压提高2.45MPa，提高比例为18.75%，产量提高36.43%。

d. 完井井口。

采用4¹⁄₁₆in 10K BX155型下悬挂式采气井口，井内下入4½in（13CR-L80）油管205根。

② Y＊＊-2H井。

a. 完井管柱入井情况。

Y＊＊-2H井完钻井深为5044m，水平井段长1819m，悬挂φ139.7mm尾管（盲管+筛管）完井，悬挂器下入位置为2297.3~2303.1m，完井管柱下深2264.894m。坐挂油管挂后安装采气树，采气树试压合格。洗井、注完井保护液施工正常，洗井液配置95m³，完井保护液150m³，注入排量为0.3m³/min。采用3.2mm钢丝作业坐封封隔器，打压28MPa封隔器坐封，15MPa压力验封合格。

完井管柱结构：双公短节+油管挂0.858m+调整短节0.56+5½in（13CR-L80）油管7根79.225m+油管短节0.895m+流动短节1.71m+SP安全阀2.61m+流动短节1.715m+油管短节0.9m+5½in（13CR-L80）油管192根2127.083m+油管短节0.89m+循环滑套1.415m+油管短节0.9m+5½in（13CR-L80）油管1根11.324m+油管短节0.895m+插入密封0.385m+MHR封隔器上半封0.855m+MHR封隔器下半封1.17m+磨铣延伸筒1.87m+油管短节0.9m+5½in（13CR-L80）油管1根11.324m+油管短节0.89m+R型坐落接头0.42m+油管短节0.9m+带孔管4.89m+油管短节0.895m+RN坐落接头0.475m+引鞋0.205m。

完井工具位置：SP安全阀94.593m，循环滑套2226.596m，插入密封2239.715m，MHR封隔器上半封2240.955m，MHR封隔器下半封2242.125m，磨铣延伸筒2243.995m，R型坐落接头2257.529m，带孔管2263.319m，RN坐落接头2264.689m，引鞋2264.894m。

b. 完井管串检测情况。

现场检测139.7-L80Cr13-3SB油管192根，检测压力45MPa，历时27h，下油管平均速度为8.4min/根，检出1个扣泄漏，经过重新上扣检测合格后入井，作业过程和质量符合设计要求。

c. 连续油管酸化试气情况。

根据设计完成了下连续油管、排液、求初产、连续油管布酸、连续油管排液、求产等试气工作，作业程序及质量符合施工设计要求。

求初产时累计入井液量为98.2m³，排液85.5m³，返排率为87.1%。测试静压为18.26MPa，测试流压为15.55MPa，稳定产量为12.38×10⁴m³/d，"一点法"求产产量为31.79×10⁴m³/d。

酸洗累计入井液量261m³，排液219.5m³，返排率为84.1%。测试静压值为18.26MPa，测试流压值为15.52MPa，稳定产量为14.0×10⁴m³/d，"一点法"求产产量为35.66×10⁴m³/d，测算在原始地层压力27.2MPa下，Y**-2H井无阻流量为59.71×10⁴m³/d。酸化效果表明产量提高了12.17%。

d. 完井井口。

采用5⅛in 10000psi下悬挂采气井口，井内下入5½in油管（13CR-L80）201根。

二、靖边气田S224区块

长庆储气库S224区块计划新钻注采井3口，其中JP**-*-1井于2012年6月13日率先开钻，并于2013年11月30日完钻。靖平JP**-*-2井、靖平JP**-*-3井于2013年6月开钻，于2014年先后完钻。为了便于后期生产运行管理，3口井设计在同一井场，井口间距100m，三井井身结构设计均一致，钻完井工艺相同，本书以JP**-*-1井作为典型井开展工艺技术分析。

（一）设计概况

JP**-*-1井井型采用四开井身结构水平井，目的层为下古生界马五$_x$亚段气层，设计井深5242m，水平段长设计1500m，靶前距500m，方位235°，采用悬挂尾管方式完井。

1. 井身结构

井身结构为φ508mm表层套管+φ339.7mm技术套管+φ244.5mm生产套管+φ139.7mm

尾管（表10-43）。

表10-43 JP＊＊-＊-1井井身结构表

钻井	井眼尺寸				套管		水泥返高
	井径（mm）	井深（m）	垂深（m）	井斜角（°）	管径（mm）	下深（m）	
一开	660.4	0~200	0~200	0	508	0~200	地面
二开	444.5	200~2860	200~2860	0	339.7	0~2860	地面
三开	311.2	2860~3743	2860~3467	0~88.5	244.5	0~3743	地面
四开	215.9	3743~5242	3467~3473	88.5~89.9	139.7	2950~3753（套管）	喇叭口
						3753~5200（筛管）	—

导管尺寸为 ϕ730mm，以封固流沙层，保护钻机基础为目的。

一开 ϕ508mm 表层套管进入稳定地层 30m 以上，封固易坍塌层、水层及漏层。

二开 ϕ339.7mm 技术套管进入石千峰组地层 100m 以上，封固刘家沟组易漏失层，确保 ϕ339.7mm 技术套管脚不漏失。

三开 ϕ244.5mm 生产套管下至 3743m（入窗）处，水泥浆返至地面，封固全井段。

四开 ϕ139.7mm 尾管悬挂于 ϕ244.5mm 生产套管内，悬挂尾管（盲管重合段）固井时，采用双管外封隔器+分级注水泥器，防止水泥浆进入储层（水平段）。根据抗挤计算，悬挂于井深 2950m 处，与 ϕ244.5mm 生产套管重叠段固井。水平段 ϕ139.7mm 筛管下至距井底 10~30m 处，支撑裸眼产层。

2. 固井方式

表层固井：采用插入式固井方式，要求水泥浆返至地面，防止套管脚漏失，有效封固表层确保二开正常钻进，水泥浆体系为低温高强水泥浆体系。

技术套管固井：采用分级固井方式，要求良好封固漏失层刘家沟组，并为三开斜井段钻井提供良好的井筒环境。一级固井采用胶乳水泥浆体系，二级固井采用常规水泥浆体系。

生产套管固井：采用套管回接技术进行固井，水泥浆返至地面，要求良好封固好斜井段，防止漏失。回接筒以下采用柔性水泥浆体系，回接筒以上采用胶乳水泥浆体系，要求水泥浆体系稳定，失水、析水小，强度高，水泥石收缩率为零、防漏效果好，稠化时间可调，满足现场施工要求。水泥浆体系性能指标应执行中国石油勘探与生产分公司油勘〔2012〕32号文件，要求水泥浆游离液控制为 0，滤失量控制在 50mL 以内，沉降稳定性试验的水泥石柱上下密度差应小于 0.02g/cm³，水泥石气体渗透率应小于 0.05mD，膨胀率 0.03%~1.5%。常规密度水泥石 24~48h 抗压强度应不小于 14MPa，7d 抗压强度应不小于储气库井口运行上限压力的 1.1 倍，但原则上不小于 30MPa。低密度水泥石 24~48h 抗压强度应不小于 12MPa，7d 抗压强度不小于储气库井口运行上限压力的 1.1 倍，原则上不小于 25MPa。

生产尾管固井：采用带管外封隔器（双ECP）和分级箍的尾管半程固井，要求采用防窜胶乳水泥浆体系良好封固尾管和上级套管的重叠段，水泥浆返到喇叭口以上，管外封隔器ECP应放在 ϕ244.5mm 的套管内。

3. 完井方式

悬挂尾管完井，重叠段固井，套管头采用 FF-NL 级 TT20in-14×TT13 3/8 in-35×TT9 5/8 in-

70MPa芯轴式悬挂,金属密封式标准套管头,材质选用FF-NL级防硫材质。井口采用70MPa FF-NL级11阀采气井口。完井油管采用3SB扣φ139.7mm的TN110-Cr13S防硫油管。完井管柱结构自下而上为:引鞋+悬挂坐落接头+油管短节+带孔管+1根油管+油管短节+封堵坐落接头+油管短节+油管短节+磨铣延伸筒+永久封隔器+锚定密封总成+油管短节+1根油管+油管短节+滑套+油管短节+油管+油管短节+下流动短节+井下安全阀+上流动短节+油管短节+油管短节+油管+油管挂。油套环空采用环空保护液防腐蚀,坐封永久式封隔器后采用连续油管拖动布酸改造储气层。

(二)钻完井工程实施

1. 工程指标完成情况

JP＊＊-＊-1设计完钻井深5242m,水平段长1500m,钻机选用ZJ70D。2012年6月13日开钻,2013年5月14日完钻,实际完钻井深5329m,水平段长1652m,钻井周期219d,储层钻遇率66.9%,工程质量符合钻完井工程设计要求,钻井设计指标与实钻指标见表10-44。

表10-44　JP＊＊-＊-1井设计指标与实钻指标

设计内容	设计指标	实钻指标
井深（m）	5242	5329
水平段长（m）	1500	1652
靶前距（m）	500	459
完钻周期（d）	171	219
完井周期（d）	183	274
造斜点（m）	2960	2960
入靶点斜深（m）	3743	3713
入靶点垂深（m）	3468	3461

JP＊＊-＊-1井为探索下古生界酸性气藏建库的首口注采井,相比榆林南区,井的井身结构相同,作业程序基本相同,完井方法也一样,所不同的是JP＊＊-＊-1井所钻目的层为下古生界含硫气层,垂深增加500余米,靶前距降至500m,井眼轨迹的有效控制难度相比榆林南区要高,另外储层压力系数更低,储层为含硫气藏,施工安全风险更为突出。此外,随着对储气库钻完井的认识加深,建设方对储气库完整性重要性的认识更加深入,对固井质量的要求越来越高。分析钻完井指标完成情况,JP＊＊-＊-1井在借鉴榆林南区注采井钻井试验的经验上,克服了本井施工技术难点,整口井钻井施工顺利,设计各项指标完成情况良好,差异较大的是钻井周期超出设计48d,完井周期超出设计43d,主要原因一是受储层钻遇情况影响,实钻水平段长超出设计152m,另外各类现场试验准备工作细致而繁杂,弹性水泥浆固井等一些新技术又是首次引进试验,这些因素在周期设计中未得到充分考虑。

2. 钻完井工程施工情况

1) 钻头使用情况

(1) 总体情况。

JP＊＊-＊-1井总计使用钻头32只,整体使用情况良好,未发生严重的钻头质量事故,但由于缺乏同区块大井眼施工对比井,又受不同区块地层自身可钻性条件影响,钻头的选型难度大,大井眼钻井速度没达到预期效果。钻头使用情况见表10-45。

表10-45 JP**-*-1井钻头使用情况表

井段	钻头使用情况			钻井进尺	机械钻速(m/h)	实钻情况
	类型	尺寸(mm)	数量(只)			
一开	三牙轮	660.4	1	223	8.42	钻井正常
二开	PDC	444.5	4	2637	3.56	钻具蹩跳,钻速慢
	三牙轮		5			
三开(斜井段)	PDC	311.2	9	853	1.64	扭矩大,钻速慢
	三牙轮		0			
四开(水平段)	PDC	215.9	10	1934	2.95	钻遇碳质泥岩两次侧钻报废进尺318m
	三牙轮		3			

(2) 一开表层段钻头使用情况。

一开井眼尺寸为660.4mm,钻进地层为黄土层及志丹组砂岩,设计表层井深200m,实际钻深223m,使用川石 ϕ660mm S1256CG 三牙轮钻头1只,采用加长喷嘴,依据F-1600额定功率,排量提到76L/s,纯钻26.5h,机械钻速为8.42m/h,是Y**-2H井一开机械钻速3.65m/h的2.3倍。

(3) 二开直井段钻头使用情况。

二开井眼尺寸为444.5mm,设计完钻井深2860m,完钻地层为石千峰组。长庆油田内 ϕ444.5mm 钻头实钻数据较少,同区块更无对比井,钻头选型无经验,因此实钻开展了三牙轮钻头和PDC钻头试验,在延长组、刘家沟组含砾石段优选了GJ系列金属密封镶齿钻头,采用楔形高效合金齿,在延长组上部、纸坊组和尚沟组均质地层选用六刀翼16mm复合片钢齿双排齿PDC钻头。全井段共使用钻头9只(其中PDC 4只,三牙轮5只),完钻井深2860m,实钻进尺2637m,纯钻时间为748h,机械钻速为3.56m/h,结果表明 ϕ444.5mm 钻头的选型仍是制约该井段钻井速度的技术瓶颈,主要表现为单只钻头进尺较少,钻具蹩跳严重,扭矩大,速度慢,起下钻换钻头次数频繁,周期长。二开钻头使用情况见表10-46。

表10-46 JP**-*-1井二开钻头使用情况表

型号	地层	进尺(m)	使用时间(h)	机械钻速(m/s)	实钻情况	钻头出井情况
ES1616SE	志丹组—延长组	1452	182	7.96	钻时慢32min/m,扭矩8~38kN·m,无蹩跳现象	肩部有环槽,宽50mm,深15mm,外径没有磨损
ES1616SE	延长组	110	26	4.23	扭矩太大42kN·m,加压转盘蹩停,无法正常钻进	外齿有环槽,宽50mm,深5mm,外齿复合片部分崩掉
GJ515G	延长组—纸纺组	299	98	3.05	达到钻头使用时间,无蹩跳现象	2号牙轮有轻微晃动
GJ515G	纸纺组	201	79	2.54	达到钻头使用时间,无蹩跳现象	1号2号3号牙轮晃动
GJ515G	纸纺组	172	93	1.85	达到钻头使用时间,无蹩跳现象	1号牙轮轻微晃动,3号牙轮崩1齿

续表

型号	地层	进尺(m)	使用时间(h)	机械钻速(m/s)	实钻情况	钻头出井情况
EM1616SE	纸纺组—刘家沟组	178	89	2.00	钻时慢 90min/m	内锥磨有环槽，宽 25mm 深 30mm
ES1616SE	刘家沟组	30	30	1.00	钻时慢 111min/m	外排齿磨损 1~2mm
GJ535G	刘家沟组—石千峰组	154	107	1.44	达到钻头使用时间，无蹩跳现象	1号 2号 3号牙轮晃动
GJ535G	石千峰组	19	19	1.00	泵压 16 降至 14MPa，下压 400kN，泵压 14MPa 上至 14.4MPa，悬重 165t 没有变化	可再用
GJ535G	石千峰组	22	18	1.22	钻至二开完钻井深	3个牙轮均轻微晃动
合计		2637	748	3.56	—	

对比榆林南区和 S224 区块两口注采井二开直井段机械钻速，JP**-*-1 井相比 Y**-2H 井钻速略有提高，但总体水平相当，没有大的突破。两井钻速对比情况见表 10-47。

表 10-47　JP**-*-1 井与 Y**-2H 井二开钻头使用情况对比表

井号	进尺（m）	纯钻时间（h）	机械钻速（m/h）
JP22-4-1	2637	749	3.56
Y**-2H	1910	563	3.39

(4) 三开斜井段钻头使用情况。

JP**-*-1 井三开井眼尺寸为 311.2mm，设计完钻井深为 3743m，造斜点设计为 2960m，斜井段需钻穿石盒子组、山西组、太原组、本溪组，并钻达马五₁亚段，地层可钻性差，发育多套煤层，煤层和碳质泥岩总厚度达到 36m，且处于 46°~74° 斜井段，施工难度大。实钻使用 9 只 PDC 钻头，完钻井深 3713m，斜井段进尺 853m，纯钻时间 525h，平均机械钻速为 1.64m/h。好的经验是定向造斜选用了立林 LST537GL 三牙轮钻头，滑动效率高，进尺 43m，机械钻速 1.51m/h。增斜井段优选哈里伯顿在长北区域成熟使用的 7 刀翼 PDC 钻头，滑动工具面稳定，平均单只进尺 101m，是牙轮钻头的 2 倍。参数方面，重点强化排量，使用双泵排量达到 45~50L/s，确保了有效携岩。但总体上斜井段钻井速度还是没有达到预期目标，主要原因一是斜井段煤层和泥岩垮塌情况比较普遍，钻具摩阻大，大斜度井段形成岩屑床，钻屑携带困难；二是靶前距设计较短，相比榆林南区靶前距由最初的 700m 降至 500m，钻井过程中滑动增斜段增加；三是储层厚度较薄，精确入窗难度大，两次调整入靶参数，降低了钻井速度；四是受低压储层漏失风险制约，钻井参数相对保守。三开钻头使用情况见表 10-48。

表 10-48　JP**-*-1 井三开钻头使用情况表

钻头型号	井段（m）	进尺（m）	纯钻时间（h）	平均钻速（m/h）	地层	起出钻头描述
FX74Ds	2860~2960	100	16	6.25	石千峰组	轻微磨损，可再用

续表

钻头型号	井段（m）	进尺（m）	纯钻时间（h）	平均钻速（m/h）	地层	起出钻头描述
LST537GL	2960~3003	43	28.5	1.51	石千峰组	轻微磨损，可再用
FX74Ds	3003~3192	189	121	1.56	石千峰组、石盒子组	轻微磨损，可再用
FX74Ds	3192~3394	202	79	2.56	石盒子组、山西组	内锥磨有环槽
FX74Ds	3394~3497	103	91	1.13	山西组、太原组	内锥、保径都磨有环槽
FX74Ds	3497~3557	60	56	1.07	太原组、本溪组	内锥磨有轻微环槽
FX74Ds	3557~3599	42	25.75	1.63	本溪组	内锥、保径都磨有环槽
LST537GL	3599~3599	0	0	0	本溪组	轻微磨损，可再用
FX74s	3599~3666	67	74.25	0.90	本溪组、马家沟组	外锥磨有轻微环槽
FX65D	3666~3713	47	33.5	1.40	马家沟组	外锥磨有轻微环槽
合计		853	525	1.64	—	—

相比榆林南Y＊＊-2H井，JP＊＊-＊-1井目的层为下古生界，井深500m左右，目的层较薄，入窗难度大，靶前距小，滑动进尺比例较高，JP＊＊-＊-1井为51.56%，Y＊＊-2H井为29.83%，导致机械钻速下降30.51%，具体数据见表10-49及表10-50。

表10-49　JP＊＊-＊-1井与Y＊＊-2H井三开钻速对比表

井号	进尺（m）	纯钻时间（h）	机械钻速（m/h）
JP22-4-1	853	525	1.64
Y＊＊-2H	1007	424.97	2.36
对比	-154	+100.03	-0.72

表10-50　JP＊＊-＊-1井与Y＊＊-2H井三开钻速分析表

井号	层位	复合段 进尺（m）	复合段 进尺比例（%）	复合段 钻速（m/h）	滑动段 进尺（m）	滑动段 进尺比例（%）	滑动段 钻速（m/h）
JP22-4-1	下古生界马家沟组	364.78	48.44	2.39	388.22	51.56	1.04
Y＊＊-2H	上古生界山西组	685.55	70.17	3.33	294.45	29.83	1.38
对比		-320.77	-21.7	-0.94	+93.77	+21.7	-0.34

（5）四开水平段钻头使用情况。

JP＊＊-＊-1井四开井眼尺寸为215.9mm，采用13只钻头钻至井深5329m，水平段长1652m，钻井周期71d，平均机械钻速2.95m/h。相比榆林南上古生界陕西储气层石英砂岩，S224区块下古生界马五储气层可钻性较好，钻头选型较好，使用数量相比减少17只，机械钻速得到较大幅度提高。钻头使用情况见表10-51。

表 10-51 JP＊＊-＊-1 井四开钻头使用情况表

钻头型号	井段（m）	纯钻时间（h）	平均钻速（m/h）	水平段进尺（m）	钻头描述
HJ537G	钻塞	—	—	—	轻微磨损，可再用
GFi50Y	3713~3721	7	1.14	8	轻微磨损可再用
GFi50Y	3721~3750	30	0.97	29	1号2号3号牙轮轻微晃动
DM565RS	3750~3776	16	1.63	26	保径齿有磨损及崩齿
GFi50Y	—	—	—	—	钻塞、侧钻
VMD-55DVXH1	3726~3738	49	0.29	12	1号2号3号牙轮轻微晃动
DM565Ht	3738~4069	119.5	2.77	331	一保径齿崩齿，其它完好
EDM1616ELC9/M323	4069~4178	22	4.95	109	完好
EDM1616ELC9/M323	4178~4768	108	5.46	590	冠部14个复合片不同程度的磨损，磨损1~6mm
EDM1616L9/S323	4768~4784	10	1.6	16	有6个复合片磨损3~7mm
VMD-55DVXH1	4516~4527	63.5	0.17	11	1号2号3号牙轮轻微晃动
DM565RS	4527~4532	39	0.13	5	保径齿磨损崩齿
VMD-55DVXH1	4532~4541	32.5	0.28	9	1号2号3号牙轮轻微晃动
EDM1616ELC9/M323	4541~5030	117	4.18	489	保径齿有磨损及崩齿
EDM1616ELC9/M323	5030~5329	41.5	7.20	299	轻微磨损，可再用
合计	3713~5329	655	2.95	1934	包括两次填井报废进尺318m

与榆林南 Y＊＊-2H 井的对比情况见表 10-52，Y＊＊-2H 井目的层为高含石英的砂岩层，硬度大，研磨性强，可钻性很差，而 JP＊＊-＊-1 井所钻目的层为下古生界马家沟组碳酸盐岩，地层的可钻性较好，从对比结果来看，证明了此点。JP＊＊-＊-1 井钻头使用数量大幅度减少，机械钻速提高了 15%。

表 10-52 JP＊＊-＊-1 井与 Y＊＊-2H 井四开钻速对比表

井号	地层	钻头使用个数（个）	进尺（m）	纯钻时间（m）	机械钻速（m/h）
JP22-4-1	马家沟组	13	1934	655	2.95
Y＊＊-2H	山西组	30	1819	708	2.56
对比		-17	+115	-37	+0.39

2）螺杆使用情况

JP＊＊-＊-1 井在斜井段和水平段共使用立林中空螺杆 16 只，单只螺杆平均入井时间为 84.23h，其中斜井段使用 5LZ228＊7.0-ⅧSF 立林螺杆 8 根，完成进尺 753m，单只螺杆平均入井时间为 90.8h，水平段采用 7LZ172＊7.0-ⅪSF 立林中空螺杆 8 只，完成进尺 1071m，单只螺杆平均入井时间为 77.53h，实钻表明立林螺杆的质量较好，具有稳定的可靠性，未发生任何工具质量问题。对比 Y＊＊-2H 井单只螺杆入井工作时间 47.8h，本井螺杆入井工作时间有较大提高，主要原因是榆林南储层高含石英砂岩，可钻性极差，钻头入井寿命较短，也影响了螺杆入井工作时间。本井螺杆使用情况见表 10-53。

表 10-53　JP＊＊-＊-1 井螺杆工作情况表

序号	规格型号	使用井段 (m)	进尺 (m)	地层	入井总时间 (h)	钻压 (kN)	排量 (L)	失效情况描述
1	5LZ228＊7.0-ⅧSF	2960~3003	43	石千峰组	46	100~120	58	可再用
2	5LZ228＊7.0-ⅧSF	3003~3192	189	石千峰组—石盒子组	150	100~120	50~55	转子晃动
3	5LZ228＊7.0-ⅧSF	3192~3394	202	石盒子组—山西组	105	100~121	50~56	转子晃动
4	5LZ228＊7.0-ⅧSF	3394~3497	103	山西组—太原组	122	100~121	50~56	转子晃动
5	5LZ228＊7.0-ⅧSF	3497~3557	60	太原组—本溪组	82	100~200	49	螺杆失效
6	5LZ228＊7.0-ⅧSF	3557~3599	42	本溪组	55	100~200	49	转子晃动
7	5LZ228＊7.0-ⅧSF	3599~3666	67	本溪组—马家沟组	97	100~200	48	转子晃动
8	5LZ228＊7.0-ⅧSF	3666~3713	47	马家沟组	70	100~200	48	转子晃动
9	7LZ172＊7.0-ⅪSF	3713~3721	8	马家沟组	31	150~180	30	可再用
10	7LZ172＊7.0-ⅪSF	3721~3750	29	马家沟组	57	150~180	30	可再用
11	7LZ172＊7.0-ⅪSF	3750~3776	16	马家沟组	42	150~180	30	可再用
12	JC9LZ165＊7.0-1XSF	3724~3738	14	马家沟组	75	150~180	30	可再用
13	7LZ172＊7.0-ⅪSF	3738~4069	331	马家沟组	164	150~180	30	报废
14	7LZ172＊7.0-ⅪSF	4069~4178	109	马家沟组	54	150~180	30	报废
15	7LZ172＊7.0-ⅪSF	4178~4768	590	马家沟组	154	60~180	30	报废
16	7LZ172＊7.0-ⅪSF	4768~4784	16	马家沟组	44	60~180	30	可再用

3）钻井时效分析

JP＊＊-＊-1 井完钻井深 5329m，水平段长 1652m，全井平均机械钻速为 2.90m/h，钻井周期 219.3d，完井周期 274d，钻井施工时间统计情况见表 10-54。

表 10-54　JP＊＊-＊-1 井分段施工时间统计表

作业次序	井径 (mm)	井段 (m)	进尺 (m)	单项时间 (d)	累计钻井周期 (d)	累计完井周期 (d)	纯钻时间 (h)	机械钻速 (m/h)
搬安	—	—		30.5	—	30.5		
一开 直井段	660.4	0~223	223	1.5	1.5	32	26.5	8.42
		固表层候凝	—	4.79	6.29	36.79	—	
二开 直井段	444.5	223~2860	2637	50.67	56.96	87.46	741.50	3.56
		下套管固井	—	12.25	69.21	99.71		
三开 斜井段	311.2	2860~3713	853	40.75	109.96	140.46	521.09	1.64
		下套管固井钻塞测三样	—	38.71	148.67	181.04		
四开 水平段	215.9	3713~5329	1934	70.63	219.3	249.8	655.00	2.95
		下套管、固井、下油管	—	23.12	219.3	274.29		

从工程施工整体情况来看，作业环节多，工艺复杂，钻头选型难度大，井眼稳定问题时常发生，大井眼钻井速度仍未得到大的提升，钻井周期依然较长。从钻井进度图（图 10-26）可以看到，二开井段钻井进度大幅度偏离设计进度，增加 20d，三开井段机械钻速与设

计相差不大，但生产套管固井所用时间比设计增加10d，钻至完钻井深时，实钻周期已超出70d。大井眼钻速慢，两次侧钻报废进尺318m和水平段增加进尺152m是钻井周期增加的主要原因。

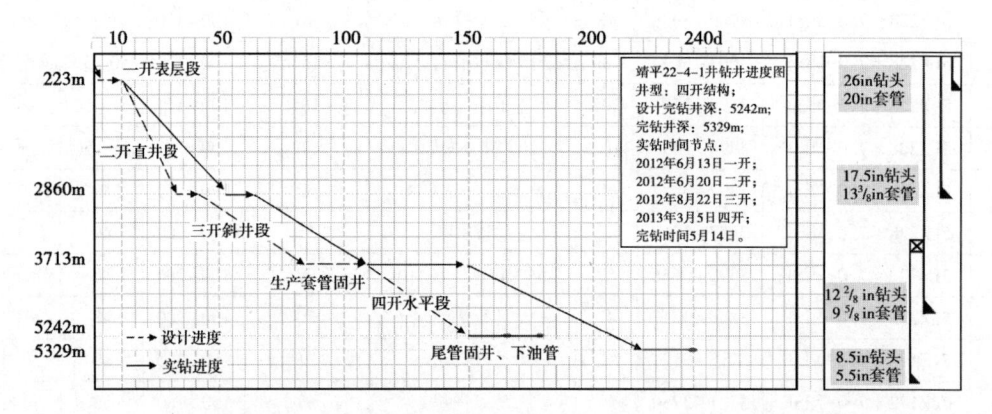

图10-26 JP＊＊－＊－1井实钻与设计进度对比图

通过对JP＊＊－＊－1井钻井作业时间的统计，生产时间占总时间的94.55%，非生产时间仅占5.45%，整体作业比较顺利。固井作业时间占到钻井总时间的26.94%，比例较高，主要是固井作业前需要做多扶正器通洗井，刮管，下套管，气密封，井口坐挂等大量准备工作，作业环节多，风险大，时间较长。钻井各项作业时间及比例见表10-55，如图10-27所示。

表10-55 JP＊＊－＊－1井钻井时效统计表

分类			作业时间（h）	作业时间比例（%）
钻井总时间 (5852h, 100%)	生产时间 (5533h, 94.55%)	进尺工作时间 (3453h, 59.02%)	纯钻井 2041	34.88
			起下钻 1128	19.26
			接单根 64	1.09
			划眼 83	1.42
			换钻头 4	0.06
			循环 133	2.27
		非进尺工作时间 (2080h, 35.53%)	测井 157	2.68
			固井 1576	26.94
			辅助 347	5.92
	非生产时间 (319h, 5.45%)		事故 67	1.14
			组织停工 252	4.30

JP＊＊－＊－1井纯钻井时间占钻井总时间的34.88%，Y＊＊－2H井为33.5%，JP＊＊－＊－1井略有提高，两井机械钻速基本一致，也表明大井眼钻井综合技术水平没有大的突破，两口井钻井周期对比如图10-28所示，机械钻速对比如图10-29所示。

4）井眼轨迹控制

采用随钻地质导向钻井技术，轨迹控制整体情况良好，四开水平段长1652m，储层钻遇率达到66.9%。

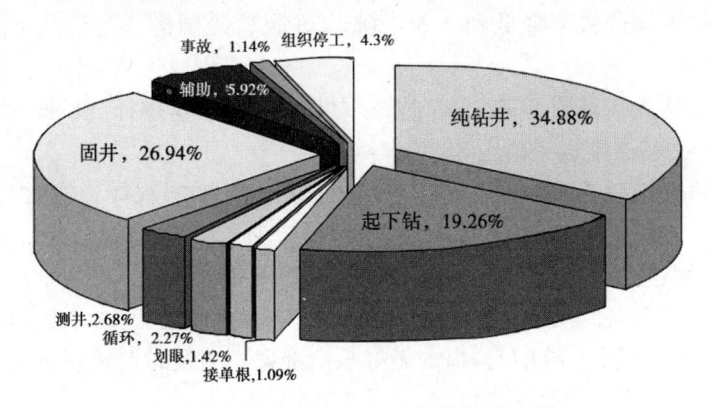

图10-27　JP∗∗-∗-1井钻井时效图

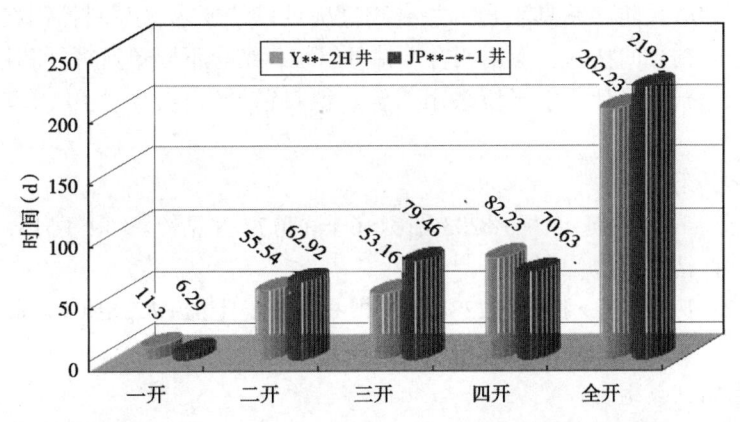

图10-28　JP∗∗-∗-1井与Y∗∗-2H井钻井周期对比图

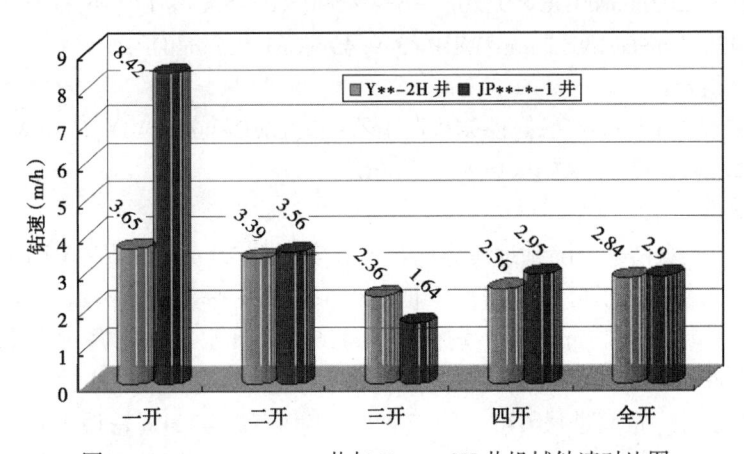

图10-29　JP∗∗-∗-1井与Y∗∗-2H井机械钻速对比图

（1）井眼轨迹控制技术。

轨迹控制采用的主要技术如下：

一是优化井身剖面，针对大井眼工具造斜率较低，设计靶前距较短的实际情况，结合钻具组合特性和地层倾角走向，以设计入窗点为目标点，反推预算并优化轨迹设计，同时综合考虑入窗点垂深可能增加或减少的可能性，在设计增斜率和井斜上留出调整余地，使轨迹控制变为主动，实钻平均造斜率降低到 2.6°/30m，井眼轨迹圆滑，为后期下套管等作业奠定了基础。

二是优选螺杆钻具，采用 5LZ228×7×1.5°中空大功率单弯螺杆（8mm 喷嘴），造斜能力可达到 4.5°/30m，钻进排量提高至 8~10L/s。

三是在实钻轨迹控制方面根据不同井斜区间钻具组合增斜规律，实时对钻进井眼设计、跟踪、调整优化，方位控制始终在设计±2°内，结合井斜实施动态监控，精确预算及时调整，避免大井斜段扭方位，斜井段钻井过程中根据地质要求上提入靶垂深两次共 12m，工程相应调整轨迹，调整靶点两次，连续滑动增斜，平均增斜率增至 16.2°/100m，由于距设计入窗点 50m 前就调整井斜达到 84°，提前做好入窗准备，为及时调整留下了余地，狗腿度控制仍保持在 8°/30m 以内，保证了 244.5mm 套管的顺利入井。

四是在钻具组合方面，一开和二开直井段主要以防斜打直，快速钻井为目的，钻具组合采用成熟的钟摆和塔式防斜钻具组合，井身质量满足设计要求，井斜控制在 5°以内。三开斜井段采用复合随钻导向技术，应用四合一钻具组合，结合不同单弯螺杆和钻具组合的增斜能力匹配双增双稳剖面设计。水平段采用四合一稳斜钻具组合，应用 1°单弯螺杆，适合小范围轨迹调整。

一开塔式钻具组合：

ϕ660.4 钻头+ϕ228 钻铤×6 根+ϕ203 钻铤×6 根+ϕ177.8 钻铤×9 根 +ϕ139.7HWD。

二开塔式钟摆钻具组合：

ϕ444.5 钻头+ϕ231NDC×1 根+ϕ228DC×1 根+ϕ438 稳定器+ϕ228DC×4 根+ϕ203DC×6 根+ϕ177.8DC×9 根 +ϕ139.7HWDP×12 根+ϕ139.7DP。

三开定向造斜钻具组合：

ϕ311.2mm 钻头×0.41m+ϕ228×1.25°螺杆×8.02m+631×630 止回阀×0.50m+631×630 定向接头×0.87m+ϕ203mmNMDC×9.20m+631×520×0.45m+ϕ139.7mmHWDP×160.40m+ϕ139.7mmDP×438.19m+ϕ139.7mmHWDP×389.49m+ϕ139.7mmDP。

水平段钻具组合：

ϕ215.9PDC 钻头+ϕ208×1°螺杆+210 扶正器+172LWD+172MWD+172NWDC+166 止回阀+ϕ139.7DP×70 柱+ϕ139.7HWDP×17 柱+ϕ139DP。

（2）实钻效果。

JP**-*-1 井实钻采用随钻地质导向技术，实时分析随钻伽马和电阻率数据，结合综合录井，为准确入靶提供了可靠依据，入靶过程中在储层垂深减少 12m 的情况下，及时调整井眼轨迹，井深钻至 3677m 入靶，靶前距为 416.76m。水平段钻井过程中受地层物性变化影响填井侧钻两次修正井眼轨迹，第一次因井斜调至 94.08°，造成后续施工困难而回填（井段 3713~3776m），报废进尺 64m，第二次在井段 4770~4784m 钻遇 15m 碳质泥岩，地层垮塌严重而回填（井段 4530~4784m），报废进尺 254m。修正轨迹后，完成水平段长 1652m，完钻井深 5329m，根据录井综合解释，储层钻遇率达到 66.9%。轨迹控制情况良好，井身质量、剖面符合率达到 100%，工程质量指标全部达标，完成了地质目的。JP**-*-1 井水平段井眼轨迹如图 10-30 所示。

5）钻完井液

根据储气库钻完井液技术研究和分析，借鉴榆林南区注采井的钻井经验，S224 区块钻完井液设计思路主要根据老井施工经验，根据不同井段地层的可钻性条件，确定各井段钻井

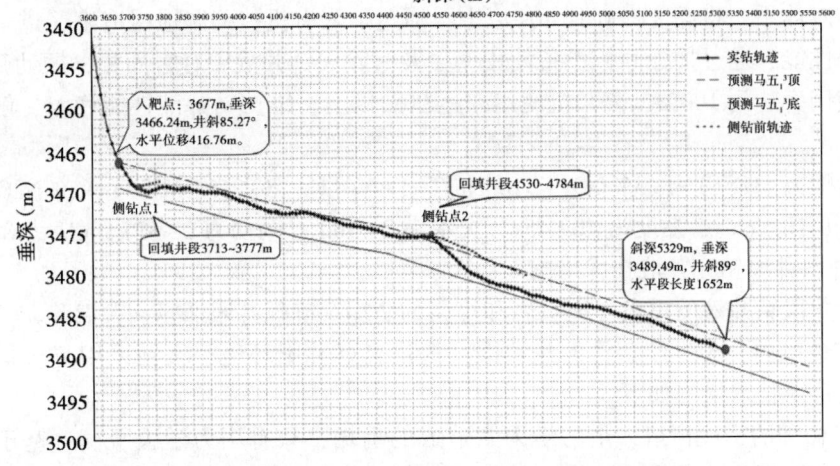

图 10-30 JP＊＊-＊-1 井水平段井眼轨迹图

液技术措施，重点一是提前做好煤层井深和厚度的预判，对应做好大井眼煤层钻井液的优化调整。二是针对储层的低压特点，做好储层的防漏防污染技术措施。三是做好应对水平段钻遇碳质泥岩的钻井液技术措施，完成地质目的。

(1) 技术难点。

实钻数据表明钻完井液处理的技术难点与榆林气田南区具有一定相似性。二开直罗组、延安组、延长组易出现垮塌，延长组部分井段存在缩径现象，下部地层尤其石千峰组造浆严重，固相含量上升较快，容易造成钻头泥包，二开 17½in 井眼较大，钻井液携砂存在难度，容易造成接单根、起下钻遇阻。

三开斜井段将钻遇多套煤层和泥页岩和碳质泥岩，其中"双石"层硬脆性泥岩，水敏性强，且含有微裂缝，岩层剥落现象普遍，加之钻井周期长，地层浸泡时间长，更容易坍塌。受井眼条件和设计条件限制，大井眼斜井段环空返速往往无法满足环空携岩要求，很容易在井壁下部形成岩屑床，造成起下钻遇阻及井下复杂。

四开水平段储层承压能力低，防漏、防塌、防卡要求高，难度大。如大井眼钻井施工由于钻具环空容积增大，钻井液上返速度低、钻井液携砂效率低，井筒清洁不彻底，容易形成岩屑床或砂桥，钻进拖压，起下钻遇阻遇卡现象比较普遍。马五储层薄，实际施工过程中钻遇泥岩，碳质泥岩及黄铁矿的可能性较大，井壁稳定问题比较突出，井眼变大后地层的结构应力降低，水平段井斜达到 88°～91°，泥岩及碳质泥岩的防垮塌难度很大。S224 区块未施工过下古生界水平井，马家沟组承压能力未知，为了稳定井壁需要更高的钻井液相对密度，因此井漏和井塌的矛盾突出，安全密度窗口小，不容易掌握。大井眼钻速慢，钻井周期长，有害固相含量上升快，体系的润滑性变差容易导致滑动效率低、PDC 钻头易泥包等。

(2) 钻完井液技术措施。

① 二开钻完井液技术措施。

根据技术难点分析，实钻在二开延长组采用无固相聚合物钻井液体系，重点是确保聚合物 K-PAM、ZNP-1 等抑制剂的加量，保持钻井液抑制性，在钻井液中加入 1%～2%KCl 和 0.5%XL-007，提高钻井液的矿化度，增加体系的防塌性，解决延安组缩径和延长组垮塌现象，同时无固相体系有利于提高机械钻速。进入延长组下部地层，随着井深的增加，环空返速降低，确保钻井液的携砂性能是重点，在进入延长组前将钻井液上罐循环并转换为无土相复合盐钻井液体系，将黏度提高到40s以上，通过加入有机盐抑制地层造浆，进一步增强钻井液的防塌性能，通过加强固控设备使用率，及时除去钻井液中有害固相，振动筛、除泥器和除砂器使用率达到100%，离心机使用率达90%以上，维护钻井液性能稳定，解决钻头泥包的问题。

复合盐配方 5%SFT-1+3%GD-K+0.5%JT-1+4%LG-130+15%WT-1+2%NaCl。调整密度为 $1.04\sim1.10g/cm^3$，黏度为40~45s，失水为3~5mL，动切力2~8Pa，pH为8。

② 三开斜井段钻完井液技术措施。

三开斜井段钻井液的重点是泥页岩和煤层的防塌，确保井眼通畅，井壁稳定，井径扩大率控制在15%以内，为生产套管入井和固井提供良好井眼环境。实钻采用复合盐水钻井液体系，防塌重点技术措施如下。

a. 确定合理的密度窗口，由力学因素造成的坍塌，只有用力学去平衡。基于压力平衡的理论，首先必须采取适当的钻井液密度，形成适当的液柱压力，这是平衡煤层的有效措施之一。实钻通过加入SFT-1、超细碳酸钙等有用固相改善滤饼质量，逐步提高钻井液密度，发挥力学防塌作用。

b. 提高并维持钻井液的强抑制性，从地质分层可以看出，煤层、碳质泥岩、泥岩往往是交替分布的，所以井壁的稳定应当综合考虑，提高钻井液的抑制性防止泥页岩的水化，是保证煤层不垮塌的前提。实钻采用甲酸钠与NaCl提高钻井液的矿化度，在提高钻井液防塌性能的同时提高密度，避免了加重材料加量过多造成固含过高，防止滑动托压和粘卡风险。

c. 确保钻井液低失水，严格控制钻井液失水，形成薄、密、韧的滤饼，最大限度地减少进入煤层的水，是保证煤层稳定的重要因素。

d. 强化钻井液的强封堵性，钻煤层时钻井液中封堵性粒子超细碳酸钙ZDS的加量达到6%~8%，阳离子乳化沥青粉SFT加量达到4%~5%，重晶石加量达到10%~12%，石灰石粉加量达到2%~4%，钻井液中封堵性粒子总量达到22%~26%，确保本溪煤层的有效封堵。

e. 确定合理的流变参数，钻井液流变性能应该与煤层相适应。高黏切低失水钻井液有助于煤层防塌，也有利于携带岩屑，煤层之前利用改性淀粉控制马氏黏度80~90s，动切力15~20mPa，静切力3~10Pa。

f. 借鉴长北作业区和榆林南区煤层钻井经验，及时消除或降低煤层段多次倒划眼、抽吸、压力激动、钻具扰动、长时间循环或滑动钻井等不良影响因素。

③ 水平段钻完井液技术措施。

水平段采用无土相复合盐体系，优选处理剂，细化钻井液配方，重点突出钻井液的封堵性、护壁性，最大限度地降低失水，确保井壁稳定。提高配方中PAC-HV和GD-K的含量，将动切力控制在5~6Pa，静切力控制在3Pa，动塑比控制在0.13~0.15，随着水平段的增长，逐步将PAC-HV含量提升至0.25%，将GD-K含量提升至6.5%，漏斗黏度提升至58~60s，增强钻井液悬浮和携带岩屑的能力，最大限度地净化井筒。为了降低井壁坍塌的风险，在不造成地层漏失的前提下，逐级提高钻完井液的密度，探索密度最高上限，最大可能降低水平井眼坍塌，降低岩屑床的形成概率。

针对水平段井眼大，环空面积大，携砂困难，易形成岩屑床造成钻具扭矩异常增大、拖压现象的问题，如果采用$\phi170mm$或$\phi180mm$缸套，排量可以满足，但是缸套耐压等级低，无法保障水平段的泵压要求，如果采用$\phi120mm$或$\phi130mm$缸套，排量仅为16~20L/s，环空返速仅为0.72m/s，无法满足4700m井段的携砂要求。由此通过对比不同直径缸套的排量和承压能力，优选φ160mm缸套，排量可以达到30 L/s，缸套额定压力29MPa，可满足水平段泵压需求，同时选用5½in钻杆，增大钻杆外径，减小环空面积，将环空返速提高到1.2m/s以上，从而在工程的角度解决了携砂困难的问题。

通过加入超细碳酸钙等可酸溶的暂堵剂来达到降低钻完井液失水，稳定井壁和储层保护的目的，这些暂堵层在后期完井过程中通过酸化改造措施予以解除。

（3）实钻情况。

① 漏失层钻井情况。

S224区块没有四开井身结构的下古生界水平井，根据井区所属老井资料，漏失层主要为刘家沟组和目的层马家沟组。该区老井实钻资料表明刘家沟组漏失情况并非普遍现象，多数老井以低于1.10g/cm^{3}钻井液密度钻穿盖层，JP**-*-1井实钻刘家沟组钻井液密度最高为1.13g/cm^3，未发生明显漏失。另外根据地层压力预测，S224区块平均原始地层压力为30.4MPa，JP**-*-1井原始地层压力为29.0~31.8MPa，经过多年的开采，储气层马家沟组目前的承压能力预计为10.8MPa，压力系数为0.31左右，地层漏失风险较大。实钻防塌与防漏的矛盾比较突出，密度过低，井下垮塌风险增加，而密度过高则容易造成漏失，危及钻井安全。JP**-*-1井实钻在进入目的层之前，为了满足煤层钻井需要逐级将钻井液密度由1.14g/cm^{3}提高至1.30g/cm^3，未发现漏失，随后为了探索马家沟组实际承压能力，继续提高钻井液密度，为避免密度增速过快，单次提升密度小于0.05g/cm^3，直至出现井漏现象，从而得出JP**-*-1井马家沟组的实际承压能力约为1.35g/cm^3，这为该井后期钻遇碳质泥岩和尾管固井作业提供依据，也为该井区其他注采井钻完井提供了技术参考。JP**-*-1井马家沟组井漏情况见表10-56。

表10-56 JP**-*-1井马家沟组井漏情况

密度（g/cm^3）	钻井液消耗量（m^3/h）	漏失速度（m^3/h）
1.32	0.21	0
1.33	0.25	0
1.34	0.26	0
1.35	0.42	0.16
1.355	0.625	0.599
1.36	1.11	0.82
1.365	1.35	1.09
1.37	1.76	1.5

② 煤层及泥页岩层钻井情况。

根据地质设计，JP**-*-1井煤层及易坍塌碳质泥页岩层主要分布在山西组、太原组、本溪组和下古生界马家沟组，这些易塌地层位于大斜度井段和水平段，严重影响钻井安全和固井质量，易塌层的控制对于能否完成地质目的意义重大。

a. 斜井段钻井液实钻情况。

针对大井眼斜井段施工的难点，三开采用复合盐水钻井液体系，配方为：8%SFT-1+6%GD-K+1%JT-1+6%ZDS+4%LG-130+30%WT-1+10%NaCl+5%XCS-3+1%GD-2+重晶

石+石灰石。实钻过程中通过提高 SFT-1、超细碳酸钙等有用固相含量，改善滤饼质量，强化钻井液的封堵性能，控制钻井液失水。同时逐步提高钻井液密度，平衡地层坍塌压力，进入山西组煤层前提前调整好钻井液性能，将中压失水控制在 2mL 以下，高温高压失水在 5mL 以下，钻进过程中根据地层坍塌情况提高甲酸钠、NaCl 含量，提高钻井液矿化度的同时提高密度，避免了加重材料加量过多造成固含过高而造成斜井段滑动托压和钻具粘卡的风险。斜井段各地层钻井液性能见表 10-57。

表 10-57 斜井段各地层钻井液性能表

井深（m）	3030	3482	3515	3598
地层	石千峰组	山西组	太原组	本溪组
密度（g/cm³）	1.14	1.30	1.31	1.35
黏度（s）	43	60	65	70
AV（mPa·s）	14	26	27	35
PV（mPa·s）	9	20	19	28
YP（mPa）	5	6	8	7
初切/终切	1/3	2/5	2/5	3/7
API 失水（mL）	4	2	2	2
滤饼透水（mL）	5	3	3	2
HTHP 失水（mL）	12	6	5	4
井下情况	正常	正常	正常	煤层坍塌

实钻过程中，山西组、太原组煤层所在井段的井斜较小，均在 60° 范围以内，复合盐水体系钻进情况正常，未出现煤层坍塌现象，随着井深增加，井斜增大，本溪组煤层井斜达到 72°，本溪煤层和碳质泥岩总厚度达到 17m，坍塌频繁出现，导致起下钻遇阻，反复划眼不能到底。煤层及碳质泥岩分布情况见表 10-58。

表 10-58 斜井段煤层及碳质泥岩分布情况

地层	岩性	分布井段（m）	厚度（m）	井斜（°）
山西组	煤层	3387~3492	11	46
山西组	碳质泥岩	3427~3434	6	52
太原组	煤层	3498~3507	2	60
本溪组	煤层	3517~3584	7	72
本溪组	碳质泥岩	3531~3541	10	74

煤的抗拉强度和弹性模量小，煤岩具有非均质性和各向异性，存在垂直割理，层理节理及裂缝非常发育，煤层被钻开形成井眼时容易造成解理裂开，煤层下的泥岩发生坍塌也会造成煤层失去支撑而使坍塌加剧，同样，煤层的坍塌也会造成上部泥岩的坍塌，形成恶性循环。钻井液中水的毛细管效应、水化膨胀作用以及对煤中胶结物的溶解作用都是造成煤层坍塌的重要原因。实钻返出的本溪组煤层掉块如图 10-31 所示，可见煤层坍塌情况比较严重。

针对本溪组煤层坍塌情况，实钻及时对钻井液性能进行了调整，调整后的钻井液配方为：

(a)   (b)

图 10-31 本溪组通井返出煤屑情况

井浆+2%白土+1%SFT-1+2%GD-K +3%ZDS+5%NaCl+石灰石。

调整前后的参数对比见表 10-59。

表 10-59 钻井液性能调整前后对比表

钻井液	密度 (g/cm³)	黏度 (s)	AV (mPa·s)	PV (mPa·s)	YP (mPa)	API 失水 (mL)	HTHP 失水 (mL)	固含 (%)
调整前	1.35	70	35	28	7	2	4	27
调整后	1.36	83	53	40	13	1.5	3	30

调整的目的是通过提高有用固相 SFT-1、超细碳酸钙、白土等改善滤饼质量，提高钻井液相对密度和固相含量，进一步控制钻井液中压失水、滤饼透水、高温高压失水等性能，通过调整，本溪组煤层坍塌问题得到缓解。

斜井段的钻井液施工参数情况如图 10-32 至图 10-35 所示。

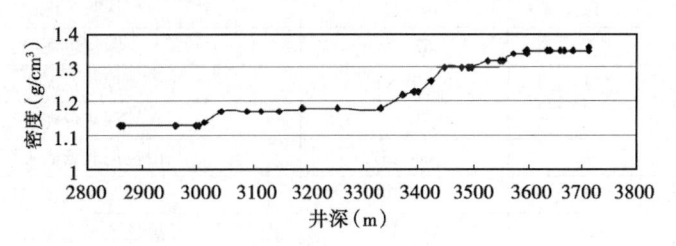

图 10-32 斜井段钻井液密度与井深对应图

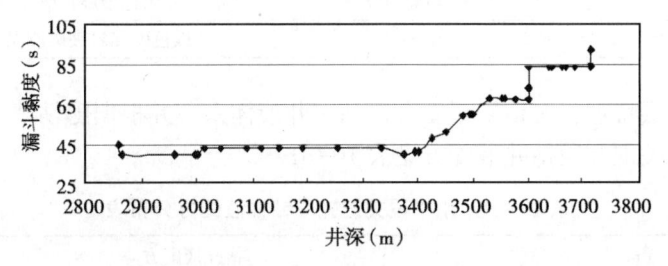

图 10-33 斜井段钻井液黏度与井深对应图

b. 水平段钻完井液实钻情况。

JP＊＊-＊-1 井完钻井深 5329m，水平段长 1652m，随钻数据表明 GR 值大于 60 的井段

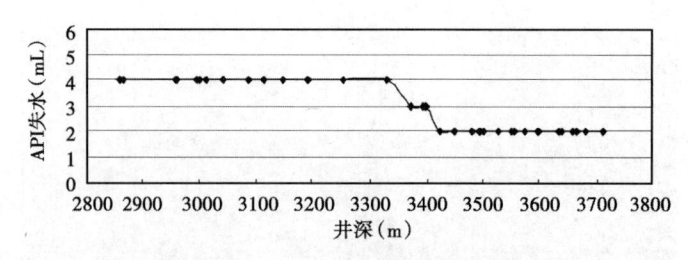

图 10-34　斜井段钻井液 API 失水与井深对应图

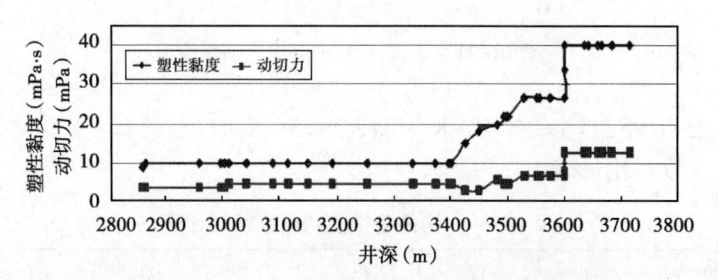

图 10-35　斜井段钻井液塑性黏度与井深对应图

累计有 301m（表 4-60），其中包含 181m 的黑色硬脆性泥岩和 9m 黑色碳质泥岩和煤岩，都是极易垮塌的岩层，容易形成"大肚子"井眼，岩屑无法带出而沉积在井眼下部形成岩屑床，实钻过程中造成钻具拖压，钻具扭矩增大，钻速变慢，起下钻遇阻遇卡现象频发，填井侧钻两次报废进尺 318m，水平段实际进尺为 1934m。

表 10-60　JP＊＊-＊-1 井水平段岩性分布及伽马值

井段范围（m）	段长（m）	伽马值 GR	岩性描述
3754~3765	12	61~114	深灰色泥质云岩
3870~3876	7	62~75	深灰色泥质云岩
3954~3964	11	65~82	深灰色泥质云岩
4070~4078	9	61~93	深灰色泥质云岩
4091~4099	9	86~137	灰白色泥质云岩夹深灰色泥岩
4152~4166	15	128~305	深灰色泥岩
4500~4680	181	89~351	黑色硬脆性泥岩夹黄铁矿
4710~4742	33	88~196	灰白色泥岩夹深灰色泥岩
4761~4769	9	100~158	黑色硬脆性碳质泥岩、煤
4770~4784	15	155~173	黑色硬泥岩夹碳质泥岩夹黄铁矿

根据水平段地层特点，实钻采用复合盐钻完井液体系，并根据随钻情况及时调整添加剂含量和性能参数，关键井段钻井液配方见表 10-61。

表 10-61　水平段关键井段钻井液配方分布表

井深（m）	段长（m）	钻井液配方
3713	0	0.1%PAC-HV+3.5%GD-K+4%ZDS+3.5%SFT-1+6%NaCl+6%甲酸钠+6%BaSO$_4$
4091	378	0.2%PAC-HV+4.5%GD-K+5%ZDS+4.5%SFT-1+9%NaCl+9%甲酸钠+11%BaSO$_4$+0.4%CWD-1

续表

井深（m）	段长（m）	钻井液配方
4500	409	0.2%PAC-HV+5.5%GD-K+6%ZDS+6%SFT-1+8%NaCl+11%甲酸钠+13%BaSO$_4$+1.2%CWD-1+1.5%GD-2
4760	260	0.2%PAC-HV+6%GD-K+7%ZDS+6.5%SFT-1+8%NaCl+13%甲酸钠+13%BaSO$_4$+2%CWD-1+2%GD-2

该体系的特点是通过复合盐提高体系的矿化度，提高体系的防塌性能，通过碳酸钙、重晶石等调节体系的密度，平衡地层坍塌压力，根据地层坍塌情况，逐步将乳化沥青SFT-1总含量提高至5.5%~6%。根据实钻情况不断优化和调整钻完井液性能参数，为了防止低压储层漏失，开展了漏失当量密度的实钻试验，当钻井液密度大于1.35g/cm^{3}后，马家沟组开始出现渗漏现象，当密度大于1.36g/cm^{3}后，漏失明显增加，因此在钻井过程中，钻井液的密度窗口选取范围为1.32%~1.35g/cm^3。水平段钻井液性能参数见表10-62。

表10-62 JP**-*-1井水平段钻井液性能参数表

井深（m）	段长（m）	密度（g/cm^3）	FV（s）	FL（mL）	HTHP（mL）	PV（mPa·s）	YP（mPa）	YP/PV
3713	0	1.28	42	2	6.5	38	5	0.13
3785	72	1.32	44	1.5	6	35	5	0.14
3866	153	1.33	44	1.5	5.5	37	5	0.14
3957	244	1.33	45	1.5	5.2	41	5	0.12
4005	292	1.33	45	1.5	5	40	5	0.13
4069	356	1.33	48	1.5	4.8	40	5	0.13
4178	465	1.33	48	1.5	4.5	45	6.5	0.14
4326	613	1.35	51	1.5	4.5	41	5.5	0.13
4439	726	1.34	52	1	4.4	41	6.5	0.16
4529	816	1.35	55	1	4.2	37	5	0.14
4634	921	1.35	57	1	4	40	5.5	0.14
4743	1030	1.35	60	1	3.8	38	5	0.13
4768	1055	1.35	60	1	3.8	38	5	0.13

实钻过程中，钻遇泥岩含量较高的白云岩、泥岩和碳质泥岩301m，现场对钻井液体系的组分和性能进行了及时调整和优化，确保了水平段施工安全。

第一次重点调整发生在4091~4099m井段，钻遇9m灰白色泥岩，GR值为86~137，对钻井液进行了及时调整，将甲酸钠的含量由7%提升至9%，SFT-1由3.5%提高至4.5%，超细钙由4%提至5%。将密度由1.30g/cm^{3}提高到1.32g/cm^3，黏度由44s增加至48s，HTHP失水由6.8mL降低到5.5mL。

第二次重点调整发生在4500~4680m井段，钻遇181m灰白色、黑色泥岩，GR值为89~351，水平段段长已达到1000m，为了防止大段泥岩剥落，对钻井液进行了调整。将甲酸钠由9%调至11%，SFT-1由5%调到6%，超细钙由5%提高到6%，GD-K由4.5%增加到

5.5%，CWD-1 由 0.4%提高至 1.2%。将密度由 1.32g/cm³ 提高到 1.34g/cm³，黏度由 48s 提高至 55s，HTHP 失水由 5.5mL 降到 4.3mL。

第三次重点调整发生在 4761~4769m 井段，钻遇 9m 黑色硬脆性碳质泥岩和煤，*GR* 值为 100~158，4770~4784m 钻遇 15m 黑色硬泥岩夹碳质泥岩夹黄铁矿，*GR* 值为 155~173，碳质泥岩的出现给水平段施工带来很大风险，为了防止碳泥的坍塌，将甲酸钠由 11%调至 13%，SFT-1 由 6%调至 6.5%，超细钙由 6%调至 7%，GD-K 由 5.5%调至 6%，CWD-1 由 1.2%调至 2%。密度采取地层承压能力的上限，即 1.35~1.36g/cm³，黏度由 55s 调至 60s，HTHP 由 4.3mL 降到 3.8mL。由于调整得及时，井壁失稳得到控制，顺利完成水平段钻井任务，水平段钻完井液性能参数的调整情况如图 10-36 至图 10-38 所示。

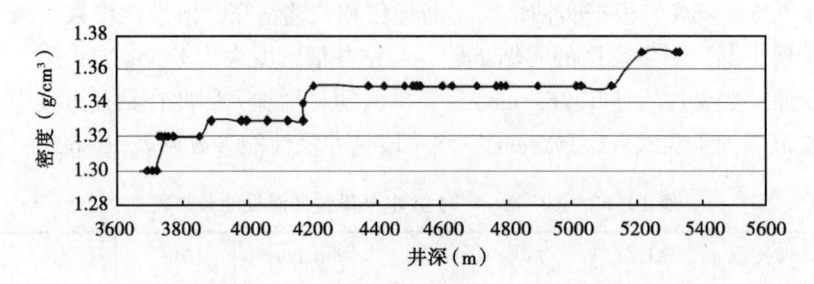

图 10-36 水平段钻井液密度与井深对应图

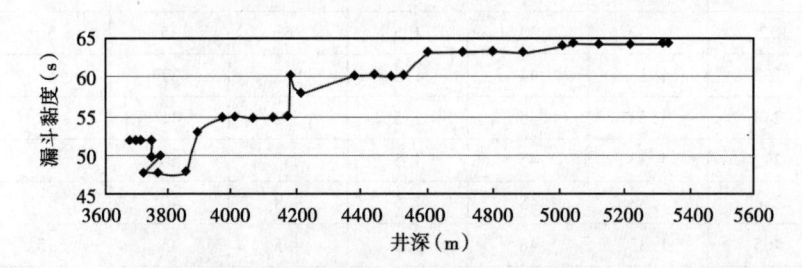

图 10-37 水平段钻井液漏斗黏度与井深对应图

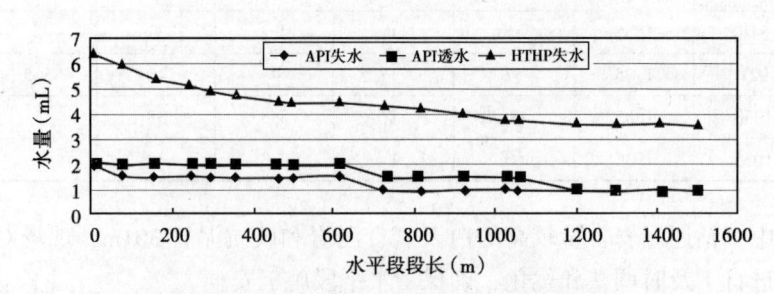

图 10-38 水平段钻井液失水与水平段段长对应图

针对滑动拖压、钻具扭矩变大、摩阻增加的情况，实钻处理措施如下：

一是采用 ϕ160mm 缸套，将排量提高到 30L/s，应用 ϕ139.7mm 钻杆，增大钻杆外径，减小环空面积，将环空返速提高至 1.2m/s。

二是降低有害固相含量，维护钻完井液体系稳定，充分利用固控设备，振动筛选用 140 目筛布，保证除砂除泥一体机使用率达到 100%，高速离心机使用率高于 60%，将钻井液含砂量控制在 0.3%以下。

三是提高 SFT-1 含量达到 5%以上，在井底高温状态下提高滤饼的润滑性，降低了钻具接触面的摩阻。

四是提高润滑剂的含量，改善钻井液及其滤饼的润滑性，润滑剂选用抗高温、耐腐蚀的固体石墨。水平段摩阻变化情况如图 10-39 所示。

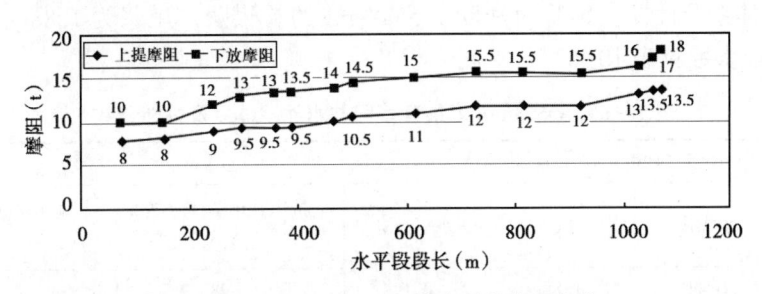

图 10-39 JP＊＊－＊-1 井水平段摩阻变化

6）固井工艺

2010—2011 年，随着储气库第一轮注采井钻完井试验的结束，长庆储气库完成了榆林南区储气库钻完井工艺试验，取得了一些重要认识，2012 年长庆油田在 S224 区块正式启动 S224 储气库的建设，为了进一步提高注采井固井质量，在生产套管固井工艺方面采用套管回接固井工艺代替分级固井工艺，在水泥浆体系方面开展了弹性水泥浆体系固井试验，JP＊＊－＊-1 井共完成固井施工 8 次，固井质量全部合格，达到工程设计要求。

(1) 固井工艺总体设计。

JP＊＊－＊-1 井 ϕ508mm 表层套管采用插入法固井，固井水泥返至地面，管内留 10~20m 水泥塞；ϕ339.7mm 技术套管采用分接箍固井方式，水泥返至地面；ϕ244.5mm 生产套管采用套管回接筒方式固井，水泥返至地面；ϕ139.7mm 生产尾管与 ϕ244.5mm 生产套管重叠段全部封固，要求水泥返至喇叭口。表层套管和技术套管采用声幅和变密度测井；生产套管试压前全井段采用声幅和变密度测井，试压后回接筒以下至入窗口采用成像测井、声幅和变密度测井，回接筒以上至井口采用声幅和变密度测井。尾管固井采用声幅和变密度测井。要求固井质量一次合格，生产套管固井质量按中国石油勘探与生产分公司油勘〔2012〕32 号文件要求，盖层要有 25m 连续优质段、合格率达到 70%以上，全井段固井质量合格率达到 70%以上。

(2) 分段固井设计及施工情况。

① ϕ508mm 表层套管固井情况。

a. 井身结构。

钻头尺寸为 ϕ660mm，钻深 223m，套管 ϕ508mm，下深 222.15m。

b. 固井工艺。

采用插入法固井，封固上部易坍塌层和洛河组水层，要求水泥浆返至地面。

c. 固井难点。

表层套管尺寸大，注水泥过程中套管受到的浮力较大，套管悬重小，在注替过程中易发生套管和钻杆上浮；插入头密封不严，水泥浆可能进入到套管内；替浆结束后，阻流环不断流，无法及时起出钻具；环空间隙大，水泥浆窜槽。

d. 套管串结构。

ϕ508mm 强制复位可钻式浮鞋+ϕ508mm、J55 钢级、壁厚 11.13mm 套管 2 根+ϕ508mm 强制复位插入可钻式浮箍+ϕ508mm、J55 钢级、壁厚 11.13mm 套管串+联顶节（均为偏梯扣）；送入管串为 410 扣插入头+411 外螺纹×520 内螺纹转换短节+5½in 钻杆+5½in 加重钻杆+顶驱。

e. 水泥浆体系及性能：领浆为密度 1.55g/cm³ 的粉煤灰；尾浆为 1.88g/cm³ 的常规低密度水泥。性能参数见表 10-63。

表 10-63 ϕ508mm 表层套管固井水泥浆体系及性能参数

高密度水泥浆体系：G 级（HSR）+3%G413-GQA					
水泥	水灰比	密度（g/cm³）	析水率（%）	抗压强度 30℃，24h（MPa）	稠化时间 30℃，10MPa（min）
G（HSR）	0.44	1.88	0.1	23	84
低密度水泥浆体系：55%G 级（HSR）+ 45%粉煤灰+4%G401-GQD					
水泥	水灰比	密度（g/cm³）	析水率（%）	抗压强度，30℃，24h（MPa）	稠化时间 30℃，10MPa（min）
G（HSR）	0.60	1.55	3.5	7	228

设计采用 GLY 隔离液技术，提高大井眼环空顶替效率，注前置液 CXY 冲洗液 8m³+GLY2m³，领浆密度 1.55g/cm³，待前置液返出地面后，打 16m³ 左右密度 1.88g/cm³ 的水泥浆，并将钻杆内的水泥浆替出后起钻。前置液、隔离液体系及性能见表 10-64。

表 10-64 前置液、隔离液体系及性能

名称	液体类型	性能				用量（m³）
		密度（g/cm³）	温度（℃）	表观黏度（Pa）	塑性黏度（mPa·s）	
前置液	CXY 冲洗液	1.02	—	0.79	3.3	8
	GLY 隔离液	1.25	27	9	33	2

f. 固井计算。

前置液为 CXY 冲洗液 8m³+GLY2m³。井径扩大率按 20%计算，灰量再附加 20%计算水泥量，环容为 64.67m³。低密度水泥密度设计为 1.55g/cm³，造浆量 1.2m³/t，用水泥量 40.5t，附加 20%后为 48t；纯水泥造浆率为 0.75m³/t，需纯水泥水泥 21.3t，附加 20%后为 26t。替量为 2.2m³。施工时间为注水泥、替量、起钻具时间，约为 95min。

g. 施工情况。

下套管作业过程正常，套管下完后循环 2 周后，对插入头检查无异常后开始下钻具作业，当钻具下入距插入座位置 0.5m 时开泵循环清洗插入座，泵压为零。循环清洗 30min 后停泵，进行插入作业，下放钻具约 0.1m 后悬重开始下降，判断插入头已完全进入插入座。坐封后多压 7t 悬重，重新开泵检查密封性能，泵压略有上升，判断已正常坐封，循环 10min 后进行注水泥作业。注 CXY 冲洗液 8m³，GLY 2m³，注低密度水泥 20m³ 时井口有前置液返出，当 10m³ 前置液全部返出时停注领浆；注 19m³ 尾浆，井口共返出低密度水泥浆约 19m³。计算钻具、水龙带、立管内容积为 2.6m³，替 2.6m³ 清水，泵压由 0 上升至 2.8MPa，放回

水不断流，返出清水 0.2m³，多替 1.5m³ 清水后关井候凝，3h 后再次泄压，放回水断流，起钻。分析不断流的原因为浮箍浮鞋采用浮球式，当回流压力较小时球不易顶到位，阻流环关闭不严，应将浮箍改为强制复位式，减少不断流情况。

水泥浆施工密度情况见表 10-65。

表 10-65 实际施工水泥浆密度与设计密度对比表

项目		领浆	尾浆
设计	密度（g/cm³）	1.55	1.88
实际	最大（g/cm³）	1.64	1.93
	最小（g/cm³）	1.50	1.83
	平均（g/cm³）	1.56	1.87
	注入量（m³）	31	19

② ϕ339.7mm 技术套管固井情况。

a. 井身结构。

钻头尺寸为 ϕ444.5m，完钻井深 2860m，技术套管下深 2851.72m。

b. 固井工艺。

采用分级固井工艺，以封固漏层刘家沟组为主要目的。一级封固井段使用两凝水泥，一级领浆使用密度为 1.45g/cm³ 的低密度胶乳降失水水泥封固，水泥返至分级箍以上 100m；一级尾浆使用 1.88g/cm³ 的防气窜胶乳水泥封固，封固刘家沟组全段及刘家沟组以下井段，封固井段为 2440~2860m，长度为 420m，考虑 10% 的附加量，实际刘家沟组底界以上封固段长约为 350m。刘家沟组顶界为 2442.5m，底界为 2753m，地层漏失当量密度预测为 1.2~1.3g/cm³，计算刘家沟组地层漏失当量密度为 1.25g/cm³ 时分级箍位置为 2350m，刘家沟组地层漏失当量密度为 1.30g/cm³ 时分级箍位置为 1930m，最终设计分级箍位置为 2200m，位于纸坊组中部。二级封固井段长度为 2200 米，使用两凝水泥，一级领浆使用密度为 1.35g/cm³ 的轻珠水泥封固，封固井段 0~1900m，一级尾浆使用 1.85g/cm³ 的防气窜降失水水泥封固，封固井段 1900~2200m。环空水泥浆静液柱压力为 7.0 MPa，循环压力按 1 MPa 计算，固井施工最高压力为 8.0 MPa，当量钻井液密度为 1.38g/cm³，小于延长组地层漏失当量密度 1.40g/cm³。

c. 固井技术难点。

封固 ϕ339.7mm 大尺寸套管 2851.72m，在长庆固井历史上尚属首次，由于井眼尺寸大、环空间隙大，顶替效率难以保证。刘家沟组地层承压能力低，漏失当量密度为 1.2~1.3g/cm³，固井施工要求一级封固好易漏失的刘家沟组，二级水泥浆返出地面，防漏难度大；施工时间长，一级固井注水泥和顶替时间计算为 137min，二级固井注水泥和顶替时间达到 219min，施工风险大。

d. 套管串结构。

339.7mm 强制复位可钻式浮鞋+ϕ339.7mm、P110 钢级套管 1 根+339.7mm 强制复位可钻式浮箍+ϕ339.7mm、P110 钢级套管 1 根+339.7mm 强制复位可钻式浮箍+带扶正器 ϕ339.7mm、P110 钢级套管+分级箍（2200m）+带扶正器 ϕ339.7mm、P110 钢级套管+联顶节。

e. 前置液的性能要求。

选用性能优越的 CXY+GLY 前置液，要求有 7~10min 的接触时间。前置液密度为

1.02g/cm³ 的化学冲洗液 CXY 和密度为 1.25g/cm³ 的隔离液 GLY。CXY 冲洗液可起到冲洗、稀释、缓冲、隔离钻井液的作用,同时清洗套管外壁及井壁的油膜,提高表面水润性,提高顶替效率及水泥环胶结质量。GLY 隔离液具有紊流冲刷效能,不仅能以平面驱替钻井液,而且还能抑制钻井液偏流,产生高径向速度,进一步提高对管壁和井壁的冲蚀;与钻井液、水泥浆具有良好的相容性;具有接近牛顿流体的特性,其塑性黏度、屈服值或流型指数和稠度系数均能满足以较低临界速度而达到紊流,而且其屈服值大于钻井液的屈服值,可对钻井液产生一定的拖曳力,起到隔离和引导、增进水泥浆的紊流效果,调高顶替效率。前置液、隔离液体系设计及性能见表 10-66。

表 10-66 前置液、隔离液体系及性能

名称	液体类型	密度 (g/cm³)	温度 (℃)	表观黏度 (Pa)	塑性黏度 (mPa·s)	初切 (Pa)	终切 (Pa)	用量 (m³)
前置液	CXY 冲洗液	1.02	—	0.79	3.3	—	—	10
	GLY 隔离液	1.25	27	9	33	5	11	20

f. 水泥浆体系及性能要求。

分级箍以下采用胶乳水泥浆体系,分级箍以上采用常规水泥浆。胶乳水泥浆相比其他常规水泥浆体系具有良好的韧性,水泥石力学性能得到改善,可减小水泥环体积收缩量,改善水泥环与套管和地层的胶结性能;该体系流动性好,能够降低水泥浆失水量,自由水接近于0,直角稠化,可防止水泥浆稳定性带来的窜槽问题,具有良好的防气窜性能。水泥浆体系及性能参数设计见表 10-67。

表 10-67 ϕ339.7mm 技术套管固井水泥浆体系及性能参数设计表

一级常规密度胶乳水泥浆体系:G 级(HSR)+防窜降失水剂+胶乳+消泡剂+缓凝剂							
水泥	水灰比	密度 (g/cm³)	析水率 (%)	失水 70℃,30min, 7MPa(mL)	抗压强度 70℃,24h (MPa)	稠化时间 70℃,35MPa	
						初稠(Bc)	时间(min)
G(HSR)	0.44	1.88	0.1	32	23.6	19	215
一级低密度胶乳水泥浆体系:G 级(HSR)+高强轻珠减轻剂+防窜降失水剂+胶乳+缓凝剂							
水泥	水灰比	密度 (g/cm³)	析水率 (%)	失水 70℃,30min, 7MPa(mL)	抗压强度 70℃,24h (MPa)	稠化时间 70℃,35MPa	
						初稠(Bc)	时间(min)
G(HSR)	0.65	1.45	0.2	52	5.1	6	403
二级常规密度水泥浆体系:G 级(HSR)+膨胀剂+防窜降失水剂+分散剂+缓凝剂							
水泥	水灰比	密度 (g/cm³)	析水率 (%)	失水 50℃,30min, 7MPa(mL)	抗压强度 50℃,24h (MPa)	稠化时间 50℃,25MPa	
						初稠(Bc)	时间(min)
G(HSR)	0.44	1.88	0.1	30	22.0	12	180
二级低密度水泥浆体系:G 级(HSR)70%+30%复合减轻剂+防窜降失水剂+缓凝剂							
水泥	水灰比	密度 (g/cm³)	析水率 (%)	失水 50℃,30min, 7MPa(mL)	抗压强度 50℃,24h (MPa)	稠化时间 50℃,25MPa	
						初稠(Bc)	时间(min)
G(HSR)	1.0	1.30	0.2	78	3.6	4	310

水泥浆流变性能见表10-68。

表10-68 水泥浆流变性能参数表

	温度	φ600	φ300	φ200	φ100	φ6	φ3	PV	YP
一级尾浆	室温	277	186	98	56	12	6	91	48
	70℃	201	138	75	43	7	4	63	37
	温度	φ600	φ300	φ200	φ100	φ6	φ3	PV	YP
一级领浆	室温	65	39	18	15	3	2	26	8
	70℃	38	25	22	16	3	2	13	6
	温度	φ600	φ300	φ200	φ100	φ6	φ3	PV	YP
二级尾浆	室温	185	112	80	45	5	3	73	20
	50℃	165	98	64	34	5	4	67	16
	温度	φ600	φ300	φ200	φ100	φ6	φ3	PV	YP
二级领浆	室温	40	28	17	10	4	2	12	8
	50℃	30	19	13	7	3	2	11	4

g. 固井计算。

分级箍位置设计2200m，一级封固井段为2200~2860m，环容为48.77m³，其中一级尾浆封固段2450~2860m，环容29.49m³，附加10%液量为32.44m³，一级尾浆灰52t，一级领浆封固段2200~2450m，环容19.28m³，按返至分级箍以上100m计算液量为27.83m³。根据容积计算，需要水泥浆量69.4m³，其中需要一级领浆灰量30t，浆量33m³（造浆率1.1），一级尾浆灰量52t，浆量36.4m³（造浆率0.7），返出浆量20.63m³。二级封固井段为0~2200m，环容为173.42m³，附加20%液量为208.10m³。二级尾浆灰量26t，浆量18.2m³（造浆率0.7），二级领浆灰量140t，浆量196m³（造浆率1.4），配置浆量合计214.2m³，返出浆量6.10m³。替量计算见表10-69。

表10-69 固井替量计算表

套管段	套管壁厚（mm）	内径（mm）	分段长度（m）	每米容积（L/m）	分段容积（L）	累计设计替量（L）
二级	12.19	315.34	2200	79.13	174086	174086
一级	12.19	315.34	2820	79.13	223147	223147

固井施工压力计算一级施工压力为7.23MPa，二级施工压力为8.00 MPa。

一级固井：

$p_{静} = (1.88-1.12) \times 0.0098 \times 420 + (1.45-1.12) \times 0.0098 \times 340 = 4.23\text{MPa}$

$p_{循环} = 3\text{MPa}$

$p = p_{静} + p_{循环} = 7.23\text{MPa}$

二级固井：

$p_{静} = (1.88-1.12) \times 0.098 \times 200 + (1.35-1.12) \times 0.0098 \times 2000 = 6.00\text{MPa}$

$p_{循环} = 2 \text{MPa}$

$p = p_{静} + p_{循环} = 8.00\text{MPa}$

h. 施工情况。

根据固井施工设计，φ339.7mm 技术套管实际下深至 2851.72m，套管头坐挂顺利，分级箍位置为 2203.60~2204.34m，碰压圈位置为 2816.60m，双浮箍位置分别为 2827.82~2828.23m 和 2839.45~2839.86m，浮鞋位置为 2851.15~2851.72m。

一级固井施工注 CXY 冲洗液 10m³，注 GLY 隔离液 20m³，排量为 1m³/min，注领浆 36.5m³，密度最大 1.50g/cm³，最小 1.35g/cm³，平均 1.44g/cm³，排量为 2m³/min；边混边注尾浆 35m³，密度最大 1.94g/cm³，最小 1.77g/cm³，平均 1.89g/cm³，排量为 2m³/min；水泥浆压胶塞 2m³，排量为 0.5~1m³/min；钻井泵顶替钻井液 223.1m³，压力 0~10MPa。水泥车放回水不断流，先后共打压泄压 4 次，憋压候凝，放回水断流，投重力塞，打开分级箍，打开压力 4.5MPa。以 3.8m³/min 排量大排量循环至前置液、隔离液返出，候凝 24h。

二级固井施工注 CXY 冲洗液 10m³，GLY 隔离液 20m³，排量为 1m³/min；注领浆 236m³，施工密度最大 1.40g/cm³，最小 1.31g/cm³，平均 1.35g/cm³，排量为 2m³/min；边混边注尾浆 19m³，密度最大 1.92g/cm³，最小 1.87g/cm³，平均 1.90g/cm³，排量为 2m³；清水压胶塞 2m³，钻井泵顶替钻井液 175.2m³，压力 0~10~24MPa。稳压 10min 不降，二级领浆返出约 48m³，从水泥车放回水断流，施工正常。

i. 固井质量。

φ339.7mm 技术套管封固段为 0~2851.72m，声幅变密度测井结果表明不论第一界面还是第二界面的胶结质量未达到预期效果，胶结合格段仅占全段的 50% 左右，主要原因为大井眼环空间隙大，顶替排量小，窜槽严重，施工中平均顶替排量为 2.85m³/min，上返速度为 0.62m/s，提高大井眼固井顶替效率还缺乏有效技术手段。分级箍以下 2240~2590m 井段胶结质量差，分析原因一是井径测井数据有误差，二是施工过程中可能有渗漏现场发生，一级顶替注灰量偏小，实际注水泥浆 71.5m³，按此估算平均环容为 273 L/m，井径扩大率为 53%，而实际电测井径扩大率为 12% 左右，说明大井眼测井及解释技术还需完善优化。固井质量情况见表 10-70，如图 10-40 所示。

表 10-70　φ339.7mm 套管固井质量情况表

界面	统计项目	累计厚度（m）	百分比（%）
第一界面	胶结良好	939.90	33.60
	胶结中等	415.40	14.85
	胶结不好	1442.20	51.55
	混浆	0.00	0.00
	空套管	0.00	0.00
第二界面	胶结良好	141.70	5.07
	胶结中等	1551.20	55.45
	胶结不好	1104.60	39.49
	混浆	0.00	0.00
	空套管	0.00	0.00

图 10-40 φ339.7mm 套管固井质量声幅图

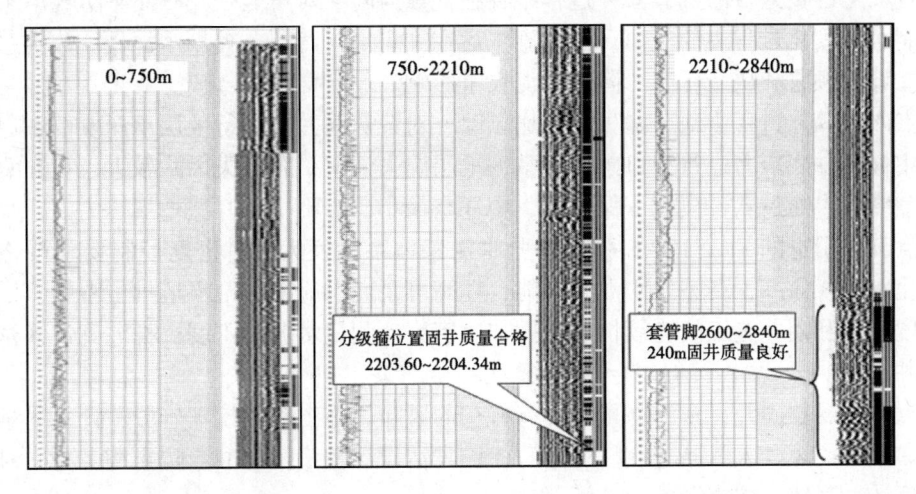

φ339.7mm 技术套管固井施工整体上比较顺利，但也存在一些问题。一是浮箍浮鞋失效导致一级碰压后放回水不断流。二是套管头返出流道尺寸较小，大排量循环时井口回压高，同时二开无匹配的封井器无法进行工艺堵漏和地层承压试验，增加了易漏地层的漏失风险。三是井径数据不准，水泥浆量的计算不准确，导致一级施工浆量不足，影响了固井质量，二级施工浆量又太大造成浪费。四是提高大井眼顶替效率技术减少窜槽仍然是亟待解决的技术瓶颈，本井平均顶替排量为 $2.85m^3/min$，距离预期顶替排量 $4.5m^3/min$ 还有较大差距。五是大井眼测井及评价解释技术需要进一步完善优化。

③ φ244.5mm 生产套管固井情况。

a. 井身结构。

三开井眼钻头尺寸为 φ311.2mm，实际井眼深度为 3713m，φ244.5mm 套管下深 3710m（垂深 3464m）。

b. 固井工艺。

确保 φ244.5mm 生产套管固井质量是注采井固井工艺的核心，采用套管回接固井工艺，回接筒以下使用柔性水泥，封固储气层与上部不同压力系统的地层，为后续钻完井工作和储气库长期注、采气创造条件，回接筒以上重合段采用胶乳水泥浆体系，使用两凝水泥体系，领浆和尾浆全部使用密度为 $1.88g/cm^3$ 的防气窜胶乳水泥封固，用缓凝剂调节领、尾浆的稠化时间。要求 13⅜in 和 9⅝in 套管重合 150m，保证水泥浆返过悬挂器以上 200m，回接固井后水泥浆应返至地面。

c. 固井技术难点及对策。

难点一是生产套管所在井段为斜井段，井斜角达到 89°左右，套管居中度难以保证。因此下套管前必须采用"三扶"通井，在缩径或者阻卡井段进行反复划眼，并调整好钻井液性能，确保井眼畅通无阻后再进行下套管作业。根据井斜、井径、方位等数据采用 SLBX 专业软件模拟，合理安放扶正器，使套管尽量居中，平均居中度不小于 67%。

难点二是大尺寸井眼顶替效率较差，易窜槽。应优化设计隔离液，使用少量冲洗液，优选施工参数，提高钻井液清洗效率。施工前充分通井、循环洗井，清洗好井壁，为提高二界面胶结质量提供条件。

难点三是已钻开目的层，固井过程中存在气窜风险。对策是采用SLBX防气窜水泥浆体系，控制水泥硬化过程中的气窜。固井施工后在井口设计背压，控制水泥硬化失重过程的气窜风险。设计领浆和快干尾浆，降低水泥失重影响。

难点四是固井过程中地层漏失和坍塌风险。对策是固井前进行地层承压实验，以固井施工过程中最大井底压力进行井口憋压，掌握地层漏失情况，若漏失风险较大，可在水泥浆中添加堵漏纤维。通过软件模拟，保证施工中环空最小压力不小于井壁坍塌压力。

难点五是引进的FlexSTONE弹性膨胀水泥浆体系稠度大，对密度控制要求严格。因此需要优化水泥浆体系，调整好水泥浆性能，提高可泵性。应采用批混橇批量混拌，以保证水泥浆密度均匀和固井施工的连续性。采用加压密度计测量水泥浆密度，批混到设计密度以后泵送入井。

难点六是悬挂固井，水泥塞量少，有替空的风险，施工前应校正好流量计，尽量做到计量准确。采用仪表、人工同时计量的方法，以先达设计替浆量为准，防止替空，同时进行人工正、反计量对比，减小误差。

d. 套管串结构。

悬挂段管串结构为：

ϕ244.5mm强制复位可钻式3SB扣浮鞋+ϕ244.5mm、95S钢级3SB扣、δ11.99mm套管1根+ϕ244.5mm强制复位可钻式3SB扣浮箍+ϕ244.5mm、超级TN110Cr13S、δ11.99mm套管1根+ϕ244.5mm强制复位可钻式3SB扣浮箍+超级TN110Cr13S、δ11.99mm套管+球座+短套管+带扶正器ϕ244.5mm、超级TN110Cr13S、δ11.99mm套管+回接筒（悬挂器）+节流浮箍。

悬挂器位于2700m。为保证悬挂器以下大斜度井段套管居中度，采用滚珠刚性扶正器60只，普通刚扶15只，扶正器顶部位置为2700m，扶正器底部位置为3710m，浮鞋位置3710m。扶正器用量见表10-71。

表10-71 悬挂器以下ϕ244.5mm套管扶正器配置设计表

顶部深度（m）	底部深度（m）	套管数（个）	扶正器数（个）	扶正器/套管	扶正器类型
2700	2930	20	10	1/2	ϕ305mm刚性扶正器
2930	2987	5	5	1/1	ϕ305mm刚性扶正器
2987	3077	8	8	1/1	ϕ305mm滚柱刚性扶正器
3077	3258	16	12	3/4	ϕ305mm滚柱刚性扶正器
3258	3713	40	40	1/1	ϕ305mm滚柱刚性扶正器

回接段管串结构为：

回接筒插入头+带扶正器ϕ244.5mm、95S、δ11.99mm套管1根+3SB扣节流浮箍+带扶正器ϕ244.5mm、95S、δ11.99mm套管+管联顶节（LTC内螺纹或加3SB外螺纹×LTC内螺纹转换短节）。每3根套管加放1只扶正器。

根据扶正器安放设计，通过软件模拟套管居中度结果表明回接筒以下大斜度井段套管平均居中度可以达到67%以上，模拟情况如图10-41所示。

悬挂器以上回接段的套管居中度按每3根套管加放1只双弧弹性扶正器进行模拟。模拟计算结果表明直井段的套管居中度可以达到95%左右，如图10-42所示。

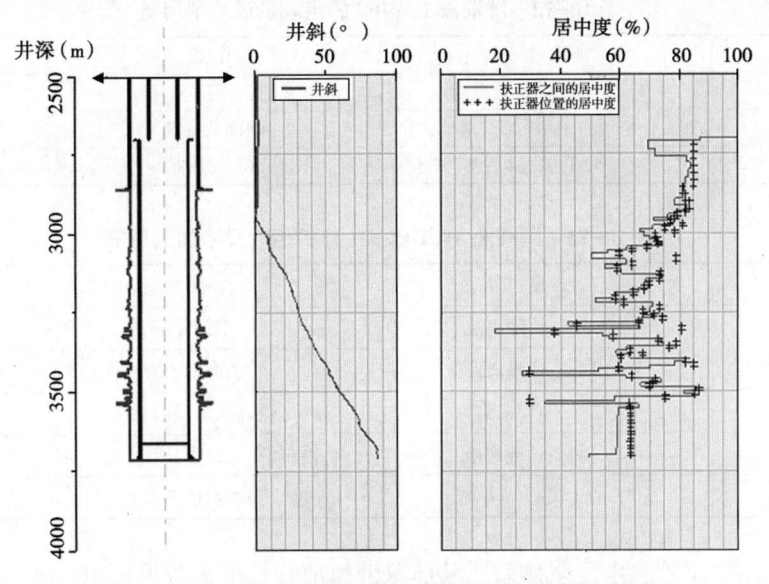

图 10-41 φ244.5mm 悬挂器下部套管居中度软件模拟图

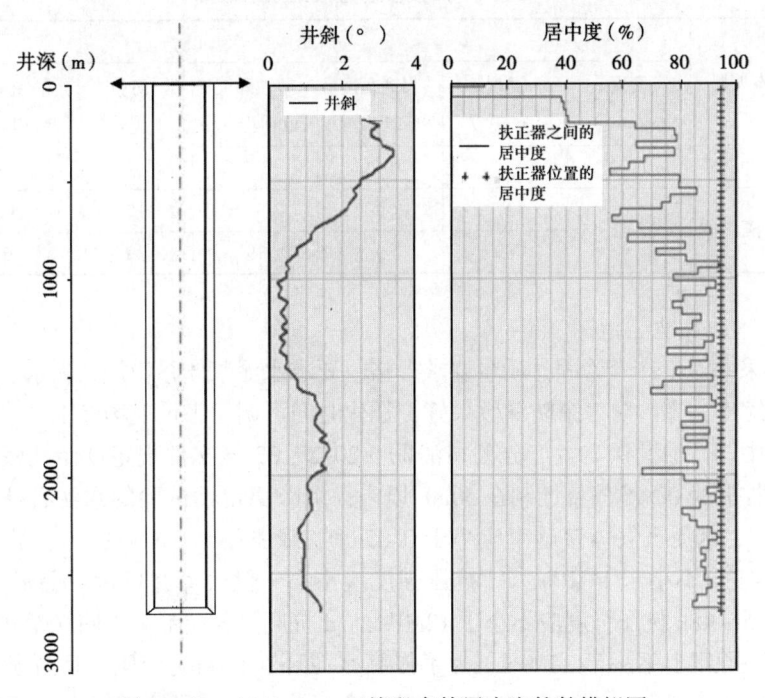

图 10-42 φ244.5mm 回接段套管居中度软件模拟图

e. 前置液设计及性能。

为了保证钻井液清洗效率,弹性水泥浆固井前置液设计采用 6m³ 化学清洗液 CW100 和 22m³ SLBXMUDPUSH Ⅱ 隔离液,密度设计为 1.50g/cm³,介于水泥浆和钻井液之间。室内污染实验表明隔离液流变介于水泥浆和钻井液之间,流变性依次为水泥浆>隔离液>钻井液,隔离液与钻井液兼容性好,能有效清洗钻井液。清洗液组成及添加剂用量见表 10-72,隔离液组成及添加剂用量见表 10-73。

表 10-72 清洗液 CW100 的组成及添加剂用量

组成	含量	作用	添加量
井场水	—	溶剂	5.9m³
D122A	11.905 L/m³ 冲洗液	表面活性剂	71.4 L
J237A	5.952 L/m³ 冲洗液	降失水剂	35.7 L

表 10-73 隔离液 MUDPUSH Ⅱ 的组成及添加剂用量

组成	含量	作用	添加量
水	0.79m³/m³ 隔离液	溶剂	17.4m³
D206	1.19 L/m³ 隔离液	消泡剂	26.2L
D182	14.27kg/m³ 隔离液	隔离液悬浮剂	314kg
D031	649.4kg/m³ 隔离液	加重剂，重晶石	14.3t
D607	47.62 L/m³ 隔离液	表面活性剂	1048L

回接段采用防窜胶乳水泥浆体系，其前置液组成和性能参数见表 10-74。

表 10-74 回接段前置液组成及性能

名称	液体类型	密度 (g/cm³)	温度 (℃)	表观黏度 (Pa)	塑性黏度 (mPa·s)	初切 (Pa)	终切 (Pa)	用量 (m³)
前置液	CXY 冲洗液	1.02	—	0.79	3.3	—	—	10
	GLY 隔离液	1.35~1.45	27	9	33	5	11	20
			85	9	19	3	6	

f. 水泥浆体系及性能指标。

储气库注采井对生产套管固井质量要求严格，要求水泥浆体系稳定、失水、析水小、强度高、水泥石收缩率为零、防气窜防漏效果好，稠化时间可调，满足现场施工要求。具体的性能指标还应满足中国石油勘探与生产分公司油勘〔2012〕32 号文件规定，储气库生产套管固井水泥浆游离液控制为 0，滤失量控制在 50mL 以内，沉降稳定性试验的水泥石柱上下密度差应小于 0.02g/cm³，水泥石气体渗透率应小于 0.05mD，膨胀率 0.03%~1.5%。常规密度水泥石 24~48h 抗压强度应不小于 14MPa，7d 抗压强度应不小于储气库井口运行上限压力的 1.1 倍。低密度水泥石 24~48h 抗压强度应不小于 12MPa，7d 抗压强度应不小于储气库井口运行上限压力的 1.1 倍，但原则上不小于 25MPa。为了提高水泥环在长期交变压力运行条件下的胶结质量，设计回接筒以下固井引进试验 SLBX 的弹性水泥浆体系，回接筒以上采用胶乳水泥浆体系。弹性水泥浆的室内实验数据满足储气库注采井固井技术要求，其性能见表 10-75。

表 10-75 弹性水泥浆体系性能参数表

密度 (g/cm³)	自由水 (mL)	失水 (mL)	48h 强度 (MPa)	7d 强度 (MPa)	7d 膨胀率 (%)	杨氏模量 (MPa)	泊松比
1.76	0	36	16	25.4	0.4	2852	0.197

注：强度为 API 压块强度，养护条件为 110℃，50MPa；7d 强度结果由 SWPI 国家重点实验室测得；膨胀率为线膨胀率，杨氏模量采用 RTR—1000 型三轴岩石力学测试实验设备测得。

回接段水泥配方和技术套管水泥浆配方相同，采用防气窜胶乳水泥浆体系，领浆封固段为0~1800m，浆量62m³，采用飞混，尾浆封固段为1800~2700m，浆量32m³，用2台批混橇批混批注。回接井段水泥浆体系及性能指标见表10-76。

表10-76　回接段胶乳水泥浆体系性能参数表

水泥	水灰比	密度（g/cm³）	析水率（%）	失水65℃，30min，7MPa（mL）	抗压强度65℃，24h（MPa）	稠化时间65℃，30MPa 初稠（Bc）	稠化时间65℃，30MPa 时间（min）
尾浆（HSR）	0.44	1.88	≤0.1	≤50	≥21.0	<20	120~150
领浆（HSR）	0.44	1.88	≤0.1	≤50	≥18.0	<20	220~250

g. 固井计算。

（a）井径。

钻头尺寸为311.2mm，完钻后单扶通井后测量井径。测井下深到3550m，测得井径数据，平均井径为339.15mm。受测井工具入井能力限制，3550~3713m未测，按照钻头尺寸扩大15%计算，井眼尺寸预计为357.9mm。根据井径情况对环容进行附加，回接段按10%附加，2860~3555m裸眼段井眼容积按照环空附加10%计算，3555~3710m裸眼段容积按照环空附加20%计算。

（b）水泥浆返高设计。

为保证悬挂器处良好的水泥封固，设计拔管前水泥返高至悬挂器顶部以上200m。设计两段水泥浆，快干尾浆设计48m³，用3台批混橇批混，设计返高2770m；领浆14.8m³，用1台批混橇批混，设计返高2500m。回接段水泥返出井口。

（c）水泥浆量计算。

悬挂尾管段弹性水泥浆量设计62.8m³，分段容积计算见表10-77。

表10-77　悬挂段弹性水泥浆量计算表

	管串结构	井段（m）	段长（m）	容积（L/m）	分段容积（m³）
领浆 14.8m³	φ244.5mm套管×φ139.7mm钻杆	2500~2700	200	62.8	12.6
	φ244.5mm套管×φ339.7mm套管	2700~2770	70	31.2	2.2
尾浆 48.0m³	φ244.5mm套管×φ339.7mm套管	2770~2860	90	31.2	2.8
	φ339.15mm裸眼×φ244.5mm套管	2860~3550	690	43.4	30.0
	附加10%	—	—		3.0
	φ357.9mm裸眼×φ244.5mm套管	3550~3710	160	53.7	8.6
	附加20%	—	—		1.7
	φ177.8mm碰压座、浮鞋间水泥浆	3693~3713	20	38.2	1.9
	总体积	—	—		62.8

回接段胶乳水泥浆量设计为84.16m³，灰量132t，浆量计算见表10-78。

表10-78　回接段胶乳水泥浆量计算表

分段	封固段（m）	分段环容（m³）	密度（g/cm³）	造浆量（m³）	总重量（t）	附加10%
领浆	0~1800	56.11	1.88	0.7	80.16	88
尾浆	1800~2700	28.05	1.88	0.7	40.07	44
合计	2700	84.16	1.88	0.7	120	132

（d）顶替量计算。

悬挂段弹性水泥浆固井顶替量设计为67.7m³，计算情况见表10-79。

表10-79 悬挂段弹性水泥浆固井顶替量计算表

管柱类型	井段顶深（m）	井段底深（m）	段长（m）	容积（L/m）	分段容积（m³）
φ139.7mm 钻杆（内径121.4mm）	0	2700	2700	11.5	31.1
φ244.5mm 套管	2700	3660	960	38.1	36.6
总容积					67.7

回接段胶乳水泥浆固井顶替量设计为103m³，计算情况见表10-80。

表10-80 回接段胶乳水泥浆量固井顶替量计算表

套管外径（mm）	内径（mm）	分段长度（m）	每米容积（L/m）	分段容积（L）	设计替量（L）
244.45	220.47	0~2700	38.17	103059	103059

h. 弹性水泥浆固井技术要点说明。

（a）后隔离液。

在弹性水泥浆入井后为了防止水泥浆与钻井液直接接触造成水泥浆污染，设计2m³隔离液压钻杆胶塞。为了防止起钻杆过程中水泥浆被钻井液污染造成卡钻，设计5m³后隔离液。

（b）施工排量。

施工前在清洁的水罐中配制有效体积20m³隔离液。水泥浆在1台18m³和3台16m³批混橇预先配好，3台批混橇混配尾浆，1台批混橇混配领浆，批混时间为30~60min。考虑到罐余，领浆混配15.8m³，尾浆混配50m³，总计65.8m³。为了减小施工时间（缩短水泥浆稠化时间从而加快水泥石强度发育），设计在泵入隔离液、水泥浆时采用1.5~2m³/min的大排量入井。考虑到水泥浆较稠，为了降低顶替过程中摩阻，顶替后期适当降低排量到1~1.2m³/min。

（c）水泥浆稠化时间。

施工过程中，同时开始批混领浆和尾浆。尾浆从开始批混到碰压结束顶替所用时间为143min，设计稠化时间为260min左右（含30min批混时间）。领浆从开始混拌到钻杆反循环1周所用时间为278min，设计稠化时间为410min左右（含30min批混时间）。

（d）干灰混配和混浆水混配。

弹性水泥干灰中外掺料有4种，为保证混拌均匀，采用"三明治"混法，即"水泥—外掺料—水泥—外掺料—水泥"的顺序依次加入混拌罐，混拌作业在灰站进行。混拌罐装满以后倒罐3次，第3次倒罐的时候按照上中下位置取3个样。测量3个样的密度，如果密度相同并与设计一致，则混拌均匀；如果3个样密度不同，则再次倒罐取样，重新检测。最后成品按照上中下位置取样保存。

水泥浆造浆率为0.78m³/t干灰，65.8m³水泥浆需要干灰84.4t，需要膨胀颗粒D176为1.266t。混配水泥浆所需干灰总重为85.7t，考虑8%的损失，共需混配干灰93t。

混浆水在井场现场混配。所需混浆水直接在批混橇中混配，其中缓凝剂在施工前添加，复核实验稠化时间与设计时间相差 1 小时以内认为合格。

（e）平衡压力与防漏。

为了防止钻进过程中"双石层"垮塌，钻井液密度为 1.34g/cm³，按照该区块钻井经验，钻井液密度达到 1.1g/cm³ 可以压稳地层。经过计算，固井施工中井底最小当量密度为 1.35g/cm³，水泥凝固过程中井底最小当量密度为 1.27g/cm³，都满足压稳地层的要求。

通过模拟，固井施工过程中井底最大动压力当量密度为 1.51g/cm³，为了防止固井施工过程中发生漏失，需要将地层承压能力提高到 1.51g/cm³ 的当量密度。按目前 1.36g/cm³ 的钻井液密度计算，井口堵漏压力要达 5.1MPa。如果固井前地层承压能力达不到要求，应在水泥浆中添加堵漏纤维降低漏失风险。

（f）井口憋压。

为了确保固井质量，建议在井口施加背压。施加背压的大小按照固井施工过程中井底最大动压力与静态压力之差计算。最大动态当量 1.51g/cm³，静态当量 1.46g/cm³，压差为 (1.51-1.46)×9.8×3464/1000=1.4MPa。

i. 施工工艺流程。

弹性水泥固井工艺流程见表 10-81，回接段胶乳水泥固井流程见表 10-82。

表 10-81　悬挂段弹性水泥浆固井工艺流程

顺序	操作内容	用量（m³）	密度（g/cm³）	排量（m³/min）	预计时间（min）	累计时间（min）
0	地面管线及水泥头试压，低压 5MPa，高压 25MPa					
1	水泥车泵送化学冲洗液并检查回流	6	1.0	1.2	5	5
2	泵送隔离液—水泥车	13	1.50	1.2	11	16
3	批混并泵送领浆	14.8	1.76	1.2	43	59
4	批混并泵送尾浆	48	1.76	1.5~2.0	32	91
5	释放顶胶塞钻杆胶塞	—	—	—	5	96
6	顶替隔离液压塞—水泥车	2	1.45	1.2	2	98
7	顶替钻井液—钻井泵	34	1.34	1.5~2.0	23	121
8	顶替隔离液—水泥车	5	1.50	1.2	5	126
9	继续顶替钻井液—钻井泵	15	1.34	1.5~2.0	10	136
10	降泵速继续顶替钻井液—钻井泵	11	1.34	1.2~1.5	10	146
11	水泥车顶替清水准备碰压	2.2	1.00	0.8	3	149
12	放压检查回流	—	—	—	10	159
13	卸水泥头	—	—	—	15	174
14	上提 7 柱钻杆，循环 1 周（容积 159m³）			2.0	120	294
15	上提 5 柱钻杆				30	—
16	灌满钻井液				10	
17	关井候凝 48h，井口憋压 1.4MPa	—	—	—	2880	—

表 10-82　回接段胶乳水泥浆固井工艺流程

顺序	流体类型	密度（g/cm³）	数量（m³）	排量（m³/min）	预计时间（min）	累计时间（min）
1	CXY	1.02	10	1	10	10
2	GLY	1.25	20	1	20	30
3	领浆	1.88	64	2	35	65
4	批混尾浆	1.88	28	1	30	95
5	压胶塞	1.88	1	0.5	2	97
6	替液及碰压	1.30	103	3~3.6	40	137
7	回插插入头	—	—	—	50	187

j. ϕ244.5mm 生产套管固井质量。

生产套管下深 3708m，采用回接固井工艺，回接筒下部采用 SLBX 弹性水泥封固储气层与盖层，回接筒以上采用胶乳水泥浆体系，领浆和尾浆全部使用密度为 1.88g/cm³ 的防气窜胶乳水泥封固，用缓凝剂调节领、尾浆的稠化时间。

固井作业过程比较顺利，弹性水泥性能参数符合储气库固井技术要求：

水泥浆自由水为 0mL/2h；30min，91℃，7MPa 下 API 失水为 36mL/30min；渗透率为 0.007mD；膨胀系数为 0.4%；杨氏模量为 2852MPa；泊松比为 0.197；110℃ 压块强度 48h 为 16.3MPa；7 天抗压强度为 25.4MPa。

测井井段 10~3670m，全井段固井水泥胶结合格率为 81%，其中优良井段为 55%，胶结中等井段为 26%，胶结差井段为 19%。盖层段位置 3496~3612m，长度 116m，固井合格率为 84%，其中 70.18m 为优质段（比例为 60.5%），27.26m 为合格（比例为 23.5%），连续优质段达到 42.5m，符合储气库固井质量要求。存在的问题是尾管段回接筒以下 2640~3120m 为空套，原因一是井漏，二是受井径数据不全影响，水泥附加量偏小，导致水泥浆返高不够，采取反挤措施，环空注入 1.85g/cm³ 的水泥浆 31m³，关封井器从钻杆内正挤水泥 27m³，挤注最高压力为 20MPa。

为了对比评价不同测井方法对固井质量检测情况的影响，全井段采用了声波成像测井和声幅变密度测井。声波成像测井结果表明上部 20~2646m 的直井段固井质量良好，悬挂器（2641.94~2646.37m）位置上下固井质量良好，悬挂器以下 78m（2642~2720m）固井质量良好，400m（2720~3120m）以合格为主，说明一级固井水泥返高不足后反挤水泥起到了一定补救作用。盖层段（3496~3612m）固井质量以良好为主，连续优质段大于 25m 的考核要求。声波成像测井与声幅变密度测井解释结果对比情况表明两者对应性较好，两种测井方法解释成果及对比情况如图 10-43 及图 10-44 所示。

③ ϕ139.7mm 尾管固井情况。

a. 井身结构。

四开水平段井眼尺寸为 ϕ215.9mm，实际井眼深度为 5329m，ϕ139.7mm 尾管悬挂于上级 ϕ244.5mm 套管内，悬挂器位置 2943.49~2949.71m，采用复合管串，重合段（2940~3713）为 ϕ177.8mm 盲管，下部水平裸眼段（3713~5319m）为 ϕ139.7mm 筛管，管串总下深为 5319m。

b. 固井工艺。

固井采用尾管悬挂半程固井工艺，ϕ139.7mm 生产尾管与 ϕ244.5mm 生产套管重叠段全

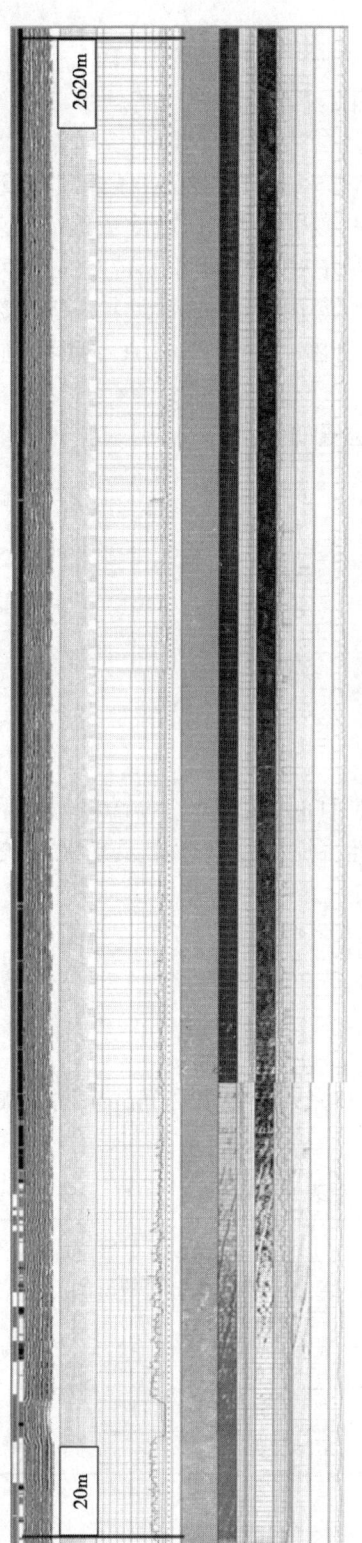

图10-43 φ244.5m生产套管固井质量解释图（20~2620m段）

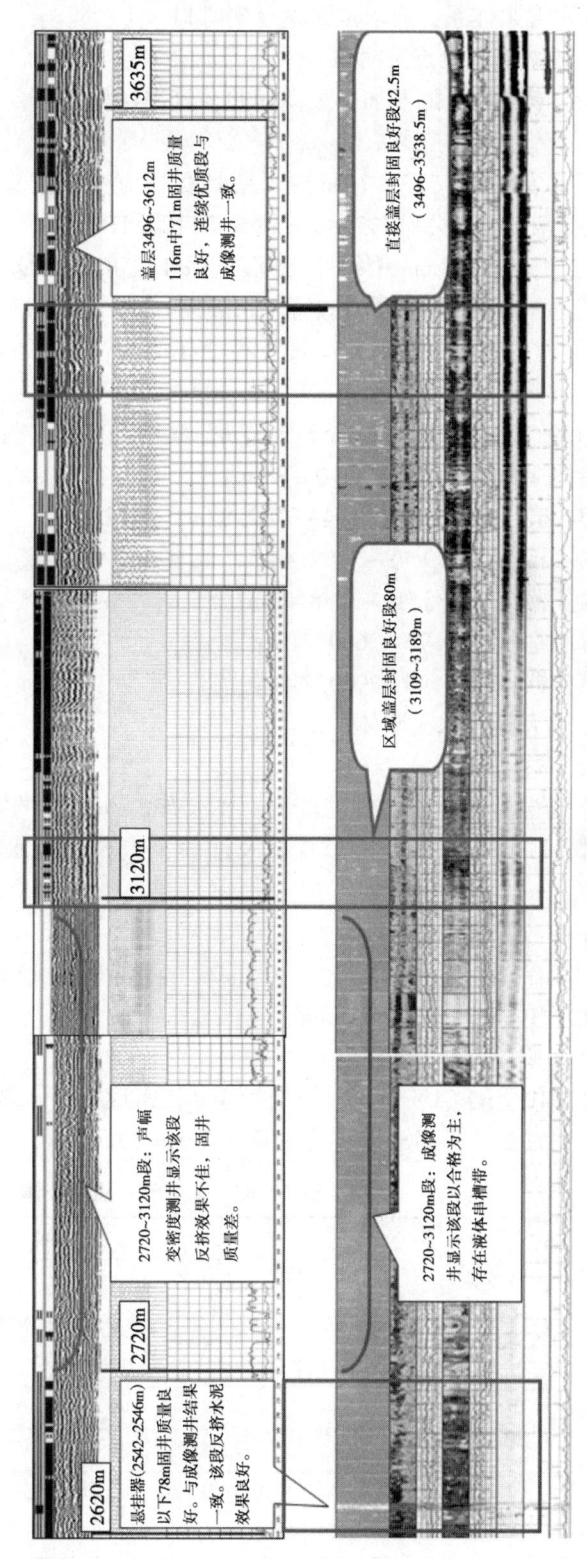

图10-44 φ244.5m生产套管固井质量解释图（2620~3670m段）

199

部封固，采用双管外封隔器加分级注水泥器防止水泥浆进入水平段储层，水泥浆体系采用防窜胶乳水泥浆体系，要求水泥返至喇叭口。

c. 固井技术难点及对策。

采用双管外封隔器加分级箍固井，管串结构复杂，对固井工具性能要求高。

d. 套管串结构。

管串结构为：ϕ139.7mm 送入钻具及相应变扣接头+244.5mm×177.8mm 压差式套管悬挂器总成+变扣接头+ϕ177.8mm 钢级 P110、TPCQ 扣套管串+变扣接头+压差式分级箍+变扣接头+2 根 ϕ177.8mm 钢级 P110 套管+ϕ177.8mm 压差式管外封隔器+1 根 ϕ177.8mm 钢级 P110 套管+ϕ177.8mm 压差式管外封隔器+空心碰压短节（BGC 内螺纹×外螺纹）+变扣接头+专用浮箍+177.8mm×139.7mm 变径变扣接头+139.7mm 筛管串+变扣接头+LTC 内螺纹旋转引鞋。

ϕ139.7mm 筛管下深为 5319.57m，其中关键固井附件位置如下：

专用浮箍：3703.26～3703.84m；

空心碰压短节：3702.44～3702.87m；

封隔器 1：3699.49～3702.44m；

封隔器 2：3685.49～3688.40m；

分级箍：3659.75～3660.71m；

悬挂器：2943.49～2949.71m。

e. 前置液及水泥浆体系设计。

（a）冲洗液。

选用性能优越的 CXY 冲洗液，要求有 7～10min 的接触时间，起到冲洗、稀释、缓冲隔离钻井液，同时清洗两层套管壁及油膜，提高表面水润性，提高顶替效率及水泥环胶结质量；

体系：清水+5%CXY；

性能：ρ>1.05g/cm^3，PV：3.3mPa·s，YP：0.79 Pa；

紊流顶替排量>1.5m^3/min。

（b）隔离液。

选用优质的 GLY 体系，用量为 4m^3，密度介于水泥浆和完井液密度之间，采用石灰石加重。前置液、隔离液体系及性能见表 10-83。

表 10-83 前置液、隔离液体系及性能表

名称	液体类型	性能						用量(m^3)
		密度(g/cm^3)	温度(℃)	表观黏度(Pa)	塑性黏度(mPa·s)	初切(Pa)	终切(Pa)	
前置液	CXY 冲洗液	1.05	—	0.79	3.3	—	—	4
	GLY 隔离液	1.45～1.55	27	9	33	5	11	4
			85	9	19	3	6	

（c）水泥浆体系及性能指标。

水泥浆体系选择胶乳膨胀降失水水泥，性能指标见表 10-84 及表 10-85，水泥浆稠化情况如图 10-45 所示。

表 10-84 水泥浆体系性能指标

G（HSR）级水泥+胶乳 JR4%+降失水剂 GSJ2.0%+膨胀剂 GFC0.5%+USZ 0.15%+GH-3 0.10%+消泡剂 G603 0.4%

水灰比	密度 (g/cm^3)	析水率 (%)	失水 85℃, 30min, 7MPa (mL)	抗压强度 85℃, 24/48h (MPa)	水泥石收缩率 (%)	稠化时间 90℃, 45MPa 初稠 (Bc)	时间 (min)
0.44	1.88	0	38	24.5/29.5	0	14	199

表 10-85 水泥浆流变性

转数	ϕ600	ϕ300	ϕ200	ϕ100	ϕ6	ϕ3
读数	147	95	72	45	17	14
N 值	0.68			K 值	0.70	

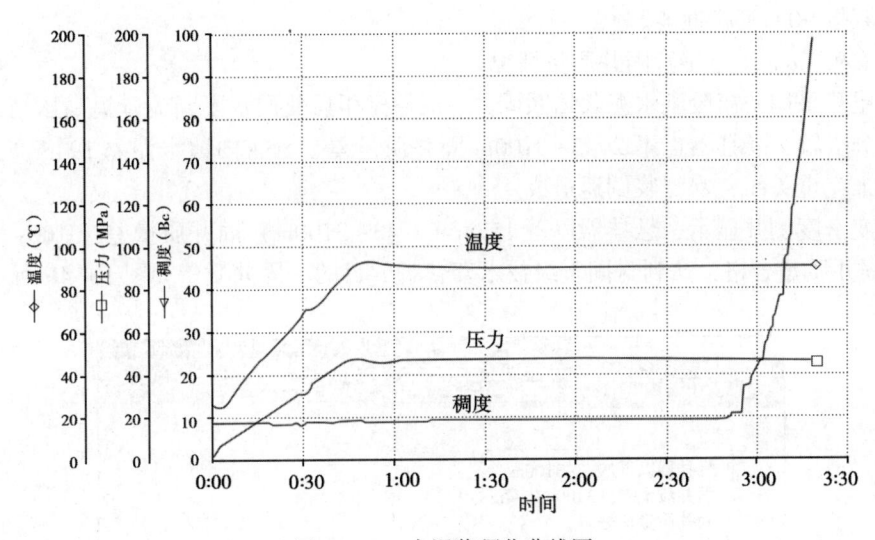

图 10-45 水泥浆稠化曲线图

f. 固井计算。

尾管固井的水泥用量等计算结果见表 10-86 及表 10-87。

表 10-86 水泥量计算表

井段 (m)	段长 (m)	井径 (mm)	环容 (L/m)	分段环空容积 (L)	总环空 (L)	水泥量 (附加 20%)
2950	3707	757	220.52	13.36	10127	13946	22t
喇叭口以上预留水泥塞		100	220.52	—	3819		

表 10-87 顶替量计算

分段	套管壁厚 (mm)	内径 (mm)	分段长度 (m)	每米容积 (L/m)	分段容积 (m^3)	累计设计替量 (m^3)
钻杆内	9.17	118.6	2950	11.57	34.1	49.4
7in 套管内	9.19	159.42	768	19.96	15.3	

(a) 压力计算。

垂深按 3466m 计算：

$p_{静} = (1.88-1.35) \times 0.0098 \times (3466-2950) = 2.7\text{MPa}$

$p_{循环} = 6\text{MPa}$

$p = p_{静} + p_{循环} = 8.7\text{MPa}$

(b) 施工时间。

$T = $ 注水泥+替量+倒阀门碰压关闭分级箍

$T = 18+32+5 = 55\text{min}$

(c) 井底温度计算。

井底静止温度：$BHST = 1+0.030944 \times H = 108.3℃$

钻井液循环温度：$BHCT = 0.80 \times BHST = 85℃$

水泥浆按 90℃ 复核性能。

(g) 139.7mm 生产尾管固井质量情况。

生产尾管采用防窜胶乳水泥浆体系固井，顶替碰压后放回水不断流，提高压力经过 4 次憋压关闭分级箍，悬挂器以下 2943~3100m 固井质量差，套管内留水泥塞 194m，分析原因为分级箍未完全关闭，水泥浆倒返造成。

声幅变密度测井显示，悬挂器以下 157m（2943~3100m）固井质量差，3100~3694m 井段 594m 固井质量合格，达到封固上级技术套管脚的目的。固井质量如图 10-46 所示。

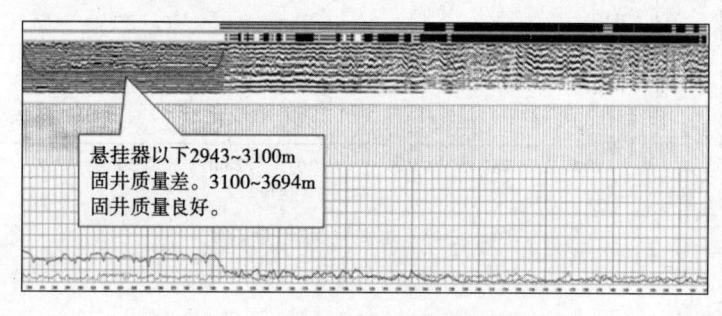

图 10-46 ϕ139.7mm 尾管固井质量声幅图

7) 完井工艺

S224 储气库 JP**-*-1 井完井工艺程序与榆林南区完井程序一致，并无本质的区别，主要不同是 S224 储气库目标层为下古生界含硫气藏，完井工具，井口设备等都需要考虑防硫技术措施。因此本小节不再赘述完井工艺细节。

(1) 完井目的。

下入 5½in（流动短节+SP 安全阀+流动短节）工具串+5½in 循环滑套工具串+9⅝in MHR 液压永久式封隔器工具串+5½in R 型坐落短节工具串+5½in 带孔管+5½in RN 型坐落短节+5½in 钢丝导向引鞋的完井生产管柱。通过钢丝作业坐封封隔器并验封合格。油套管环空注 UGI-1 环空保护液，完成试气求产工作。

(2) 油管选择。

JP**-*-1 井生产油管采用 TN110 级 3SB 扣 13Cr 防腐管材。

(3) 完井管柱结构选择。

完井管柱结构：wireline re-entry guide 引鞋+RN 型坐落接头+油管短节+带孔管+油管短节+R 型坐落接头+油管短节+油管 1 根+油管短节+磨铣延伸筒+MHR 永久封隔器+锚定密封总成+油管短节+油管 1 根+油管短节+循环滑套+油管短节+油管若干+油管短节+流动短节+SP 安全阀+流动短节+油管短节+油管+调整短节+双公短节+油管挂。

（4）完井管柱设计及施工实际情况。

封隔器设计坐封位置 2898±2m 左右，实际下入位置 2900.296m，井下安全阀设计位置为 90m，实际下入位置为 95.046m，循环滑套位置 2886.157m，引鞋位置为 2924.149m。完井管柱符合完井工程设计要求。

（5）井口设备选择。

套管头材质根据国际通用标准选择 FF 级，压力设置 70MPa，油管采用芯轴式悬挂，主密封方式采用全金属密封。

采气树根据国际通用选材标准，材料级别与套管头一致，选用 FF 级；压力等级为 70MPa；温度等级为 LU；规范等级为 PSL3G；性能等级为 PR2。采气树主通径处设有液控安全阀，具有失火、超欠压等保护功能。

（6）试气情况。

采用 ϕ50.8mm 连续油管拖动布酸解除近井地带钻井液污染，改善注采能力。连续油管下深 4713m，连续油管拖动布降阻酸量 272m³，总入井液量 280.65m³，施工压力 7~25MPa，施工排量 0.4~0.9m³/min，注液氮排液复产，注液氮 10m³，排通，排出液 pH 值 6，稳定氯根 21746mg/L，火焰高度 5m，放喷排液压力稳定，累计排液 359.5m³，井筒容积 104m³，反排率 93.46%。测试静压 11.90MPa，流压 7.19MPa，日产气量 5.76×10⁴m³，计算无阻流量为 7.65×10⁴m³/d。

第三节　储气库钻完井工艺关键技术评价

水平注采井相比开发水平井而言，井身结构更为复杂，井眼尺寸更大，固井质量要求更为严格，涉及多项新工艺、新技术，工艺环节多、作业时间长、风险大，技术管理和现场施工都面临较大的技术挑战。

钻完井工艺方面：通过现场实践，四开水平注采井钻完井技术基本成型，取得一些技术管理和现场施工经验，但大井眼钻井工艺还不完善、钻头系列还需优化；煤层坍塌现象依旧频发，安全钻井工艺有待持续改进；注采井固井质量要求高，影响因素多，施工风险和难度大；长水平段低压储层保护技术要求高。

技术管理方面：新工艺、新技术、新设备给项目监督和管理人员带来前所未有的挑战。工艺方面，回接固井工艺、气密封检测工艺、成像测井等工艺在长庆都是第一次施工；技术方面，大井眼钻井技术、弹性水泥浆固井技术、长水平段低压储层保护等技术成熟度低，对现场技术管理和施工能力是个考验；工具设备应用方面，集成采用水力振荡器、芯轴式套管头、卡盘下套管工具、井下安全阀等先进工具，一些环节存在较大作业风险，一些作业在长庆历史上也属首次，只有提前吃透方案、超前准备，做好工艺安全风险辨识，才能保证现场作业安全。

现场施工组织方面：注采井采用的多为特殊材质管材和设备，一些特殊工具的组织难度大；多工种联合作业环节多，作业时间长，质量、安全风险高，仅完井下油管一项作业就长达5d以上，现场作业和配合单位多达十余家，现场作业安全管理难度大。

面对挑战，长庆油田在榆林气田南区和靖边气田S224区块部署5口储气库注采水平井，完成了储气库前期的钻完井现场试验（试验项目见表10-88），形成了储气库注采水平井钻完井工艺技术，为储气库规模开发奠定了技术基础。

表10-88 储气库注采井试验项目

工艺试验项目	试验目的
井身结构	开展四开井身结构的大尺寸水平井钻完井工艺可行性试验；对比评价三开和四开井身结构技术适应性；评价井筒的完整性
固井质量	开展胶乳、弹性等水泥体系的应用试验，评价技术适用性；评价分级固井、回接固井、尾管半程固井工艺；评价测井技术适应性
管柱密封	开展气密封检测工艺试验，评价注采管柱完整性
注采管柱	评价完井工艺，掌握完井工具入井工序和操作规范
井眼稳定	评价刘家沟组及水平段储层承压能力，煤层垮塌情况
储层保护	评价无固相暂堵酸溶钻井液体系与低压储层适应性、酸化增产工艺技术适应性
轨迹控制	掌握目的层地质信息，评价导向工具和导向技术的适应性
井口设备	掌握芯轴式套管头、注采井口、安全控制系统的安装方法

一、钻完井方式

（一）钻井方式

通过5口水平注采井现场试验，四开大井眼长水平段注采井钻井工艺技术基本成型，钻井方式能够满足储气库建设的需要。

1. 井型选择

受长庆油气田"低渗、低压、低产"的储层物性条件制约，水平井的单井产能高于直井毋庸置疑，特别是在近十年三低储层改造技术的大幅度进步，有效促进了水平井钻井技术应用，为长庆油田的快速开发建产，形成5000万油气当量产能提供了有力的技术保障。因此选择水平井提高泄气面积对提高储气层的"吞吐量"有着积极作用。但由于长庆气区的储气层往往比较薄，夹带有泥页岩和煤层，储层在横向上和纵向上非均质很强，尽管希望钻出更长的水平段，但往往达不到预期效果。Y**-1H井实施过程中因砂体变薄、岩性致密，未钻达1500m设计指标而提前完钻，JP**-*-1井也因长水平段钻井安全风险而提前完钻。因此注采井井型的选择仍应以水平井为主，水平段长度应以满足大气量注采为目的，以实钻情况为依据，综合考虑钻井安全和后期下筛管等作业的风险，设计合理的水平段长度。

2. 地面井位部署

为了方便后期井口运行管理，试验过程中在榆林气田南区和靖边气田S224区块均采用了多部钻机在相邻井场钻井作业的方式，井口之间相距100m左右。这种地面布井方式的井口间距还是比较远，增加了井场征借地成本。在前期试验过程中多次探讨过"工厂化"丛式井组作业方案，结果是目前还不具备条件，制约的主要原因是井身结构，按目前设计的四开长水平段井身结构需要70型钻机作业，钻深都到达4000m以上，作业时间超过200d，若按一部钻机钻丛式井的方式，虽然可以大幅度降低井口间距，但是作业时间太长，若按多部钻机同时作业，则钻机间的安全距离又成问题，导致井口间距还是比较大。要解决这个问题需要优化井身结构，降低钻完井作业时间。

应高度重视钻前工程质量，现场试验表明常规开发井钻井井场标准无法满足储气库注采井作业需要，水平开发井70型钻机井场尺寸一般为110m×70m，Y＊＊-2H井起初按130m×80m征借井场，70型钻机搬安时，油罐区与井口安全距离不够，循环罐区距离钻井液池太近，改为130m×90m后才满足了钻机摆放要求，此后的同类注采井井场均按此井场尺寸设计。此外，应注意钻井液池的容量必须根据钻井设计，充分考虑钻井工艺环节多、周期长以及储层改造的需要，提前计算好，现场试验过程中Y＊＊-2H井钻井液池由容量4000m³增加至6000m³才满足了钻完井需要，而另外一口注采井由于发生多次井下复杂情况，6000m³钻井液池也未满足完井要求，结果因为处理废浆严重影响了施工进度，增加了施工成本。由此可见，山区等复杂地形不利于目前注采水平井的地面布井。

（二）完井方式

采用尾管悬挂半程固井方式完井，由筛管支撑裸露储层的方式实践证明是满足生产需求的。榆林南区和S224储气库生产过程中未发现储层出砂情况，也印证了前期的设计，目前没有必要采用防砂筛管。

二、井身结构

注采井井身结构设计的依据来自于四个方面，一是要满足大气量注采的生产需要；二是要满足钻完井安全，充分考虑复杂地层情况，如漏层和坍塌层；三是要满足井筒完整性和长周期注采的需要；四是要考虑钻井速度和钻井成本问题。实际设计主要考虑了前三个方面的要求，出于对气量考虑选择了大尺寸井眼设计，生产油管采用了ϕ139.7mm油管；出于对钻井安全考虑，采用了ϕ339.7mm技术套管封隔易漏层刘家沟组；考虑长周期运行需要，选择了四开的层层保护式的套管结构。但通过钻井和储气库的实际运行情况来看，目前设计的注采井井身结构相比注采井的注采能力有些偏大。此外实钻表明大尺寸注采井钻井难度大、周期长、风险高，实钻成本居高不下，个别井由于复杂，钻完井成本接近8000万。因此有必要对目前的井身结构进行分析和优化。

（一）井眼尺寸

井眼尺寸的大小主要根据井身结构设计中套管层序多少和各级套管尺寸的大小，最主要取决于生产油管尺寸的设计，而生产油管尺寸源自于对井的生产能力预测和设计。

榆林气田南区根据老井生产情况将Y＊＊-2H井按照一类注采井设计，预测调峰采气量（80~120）×10⁴m³/d，注气量59.7×10⁴m³/d，Y＊＊-1H井按照二类注采井设计，采气量预测（33~45）×10⁴m³/d，注气量22.2×10⁴m³/d，通过对不同尺寸油管的产量敏感性分析、冲蚀流量和携液流量计算，一类注采井设计采用ϕ139.7mm油管，二类注采井设计采用ϕ114.3mm油管。

建成后的榆林南集注试验站实际运行指标表明Y＊＊-2H井最大采气量达到127.38×10⁴m³/d，对应油压为12.52MPa，Y＊＊-1H井最大采气量为34.29×10⁴m³/d，对应油压12.48MPa，实际采气能力略高于预期，与设计符合性较好。Y＊＊-2H井最大注气量达到168.68×10⁴m³/d，对应井口注气压力为26MPa，Y＊＊-1H井最大注气量为56.73×10⁴m³/d，对应井口注气压力为28.11MPa，实际注气能力远高于设计。根据油管注采能力，设计的油管尺寸可以满足注采运行要求。

靖边气田 S224 储气库注采井油管尺寸按平均产气量 $107\times10^4\mathrm{m}^3/\mathrm{d}$，平均注气量 $83.3\times10^4\mathrm{m}^3/\mathrm{d}$ 预测，设计采用 $\phi139.7\mathrm{mm}$ 油管。根据气藏工程的认识，在 S244 气藏条件下，$\phi88.9\mathrm{mm}$ 油管可以满足 $(50\sim80)\times10^4\mathrm{m}^3/\mathrm{d}$ 的合理产量，$\phi114.3\mathrm{mm}$ 油管可以满足 $(60\sim140)\times10^4\mathrm{m}^3/\mathrm{d}$ 的产量，$\phi139.7\mathrm{mm}$ 油管可以满足 $(70\sim190)\times10^4\mathrm{m}^3/\mathrm{d}$ 的合理产量。在地层压力在下限 15.0MPa 至上限 30.4MPa 范围内，$\phi88.9\mathrm{mm}$ 油管的协调点注入气量为 $(70\sim138)\times10^4\mathrm{m}^3/\mathrm{d}$，$\phi114.3\mathrm{mm}$ 油管的协调点注入气量为 $(120\sim250)\times10^4\mathrm{m}^3/\mathrm{d}$，$\phi139.7\mathrm{mm}$ 油管的协调点注入气量为 $(140\sim350)\times10^4\mathrm{m}^3/\mathrm{d}$。

建成后的 JP＊＊-＊-1 井实际运行最大采气量为 $21.02\times10^4\mathrm{m}^3/\mathrm{d}$，对应油压为 10.46MPa，为设计采气量的五分之一，最大注气量为 $68.42\times10^4\mathrm{m}^3/\mathrm{d}$，对应井口注气压力为 22.19MPa，是设计注气量的五分之四，根据油管尺寸选择方法，$\phi88.9\mathrm{mm}$ 油管就可满足目前的生产需求。

根据设计和实钻以及生产运行参数，关于井眼尺寸取得以下几点认识：

一是井眼尺寸的技术论证至关重要，关乎钻完井安全、速度和成本，影响地面管网设计和注采设备的配套。合理的井眼尺寸可以降低钻井风险，大幅度降低钻井、完井、建井成本，消减制约储气库发展的成本问题，促进储气库规模建设。现场试验表明，榆林南区注采井的油管尺寸选择较为合理，S224 储气库注采井油管尺寸选择相比实际地层能力偏大，主要原因是储层比较复杂，非均质性强，该区没有水平开发井作为借鉴，更没有注气的经验，单井注采能力预测难度大。因此，在拟建的储气库开发前试钻先导试验井进行试注试采，可为区块整体建设提供依据，优化方案设计后再规模开发，以降低建设技术和经济风险，保障效益。

二是实践表明前期的方案设计中低估了注气能力，实际运行表明同一口井的注气能力是采气能力的 $1\sim2$ 倍，分析认为已开采多年的储层压力不足，试验期间垫底气未注够，甚至没达到工作气量的下限压力，地层自身的采气能力有限，而注气依靠外界动力设备压缩机强注，注气压力可以得到保证，注气能力高于预期。

三是目前榆林南和 S224 储气库均未注够垫底气，注气和采气都在储气库设计运行下限压力以下运行，生产数据与设计不匹配，只能定性分析。要想准确掌握储气库的生产运行特点和整体注采能力，应按储气库的运行方式生产。

四是钻完井作业不可避免地对储层造成了伤害，对储气库井的注采能力造成影响，进而影响油套管尺寸和井眼尺寸的选择。但伤害影响程度如何，目前缺乏现场数据佐证，井下情况比较复杂，地面实验室也很难准确模拟井下实际情况。因此应加强低压储层保护和适合储气库的储层改造的技术研究。

（二）套管程序

三开注采井钻井工艺成熟，钻井周期短，成本约为四开井的三分之一左右，具有一定的技术经济优势，但是无法满足储气库长周期交变压力运行对井筒完整性的要求，因此采用了更为保险的四开结构，这在国内储气库建设领域取得共识。通过实践摸索，目前四开水平注采井钻完井工艺技术基本成型，方案设计不断优化和完善，有关套管程序的认识如下：

一是采用四开及以上的多级套管程序有利于保障井筒的完整性。

二是储气库的井眼尺寸越大越有利于注采，套管程序越多越好是一种认识误区。受"三低"储层物性条件的限制，井眼尺寸过大、套管层序越多，势必造成不必要的浪费，大幅度增加钻完井技术风险。

三是采用技术套管封固易漏层,有利于良好封固下一级生产套管。榆林和靖边气田刘家沟组承压能力为 1.20~1.30g/cm³,如果采用一次上返固井工艺,用 1.28~1.30g/cm³ 低密度高强度水泥封固刘家沟组顶部以上井段(约 1900m 井段),1.90g/cm³ 高密度水泥封固刘家沟组(底深 2260m),计算需要提高地层承压能力 6MPa 左右,增加当量密度 0.27g/cm³,将刘家沟组地层承压能力提高至 1.47g/cm³ 以上才能满足固井的要求。

四是榆林气田南区 SX 储层和靖边气田 S224 的马五储层承压能力均能达到 1.35g/cm³ 左右,承压能力高于预期。由此可见,尽管预测的目前地层压力小于原始地层压力,但只要不钻遇开放性漏失地层,地层并不会轻易发生井漏,或者即使发生漏失也可以通过随钻堵漏等技术予以弥补,有利于长水平段作业。为了最大限度降低尾管固井风险,也可以考虑将生产套管下至盖层段底部,尽量不钻开储层。

三、钻井工艺

(一)钻井工艺技术管理

长庆油田储气库建设者在没有任何储气库的建设经验的基础上,通过调研学习和现场积极探索储气库钻完井工艺技术,在国内率先完成多项储气库配套工艺技术的实践,储气库钻完井工艺技术基本成型,在技术管理方面取得重要经验和认识,对重点作业和关键环节的监督和管理到位,工程质量能够达到工程设计要求,能够满足项目建设的基本要求。存在的问题是储气库钻完井工艺比较复杂,作业环节比较多,应用了大量新工艺、新设备,但目前掌握储气库钻完井工艺技术的甲乙方技术人员和监督人员较少,也缺乏相应的注采井钻完井监督标准和技术规范,技术管理难度较大。

(二)钻井速度

长庆油气区 ϕ311.2mm 以下尺寸井眼的钻井工艺技术比较成熟,储气库井眼尺寸大,ϕ444.5mm 井眼钻达 2800m 左右,没有钻头选型的经验,试验采用的 PDC 钻头和牙轮钻头与地层匹配性较差,钻压加压困难,钻柱扭矩大,蹩跳严重,钻具疲劳失效现象比较普遍,二开钻井周期长达 60 余天。对比榆林南同一井场三开和四开注采井钻井速度,无论一开井段还是二开井段,三开井钻速均高于四开井 2~3 倍,三开井钻头消耗量为四开井一半左右。对比榆林南和 S224 区块注采井的二开 ϕ444.5mm 直井段机械钻速,JP**-*-1 井略有提高,但总体水平相当,技术瓶颈仍未有大的突破,且钻具事故频发。时效分析也表明大井眼钻井和固井时间长是目前导致注采井钻井周期长的两大主要原因,同比国内其他储气库具有相同的共性。因此一方面有必要开展大井眼钻具组合优化研究和大井眼钻头优化选型研究,试验采用 ϕ152.4mm 钻杆替代目前的 ϕ139.7mm 钻杆,试验大扭矩、低转速、中空螺杆配合 PDC 钻头复合钻井,提高机械钻速,另一方面应根据实际注采能力,开展井身结构优化工作,采用 ϕ88.9mm 或 ϕ114.3mm 注采管柱,降低四开井眼尺寸,解决大井眼水平注采井钻井速度慢、周期长、钻头选型难、钻具容易疲劳、钻井成本居高不下的问题。

(三)钻完井液

储气库注采井钻井主要采用复合盐或三磺钻井液体系,进入水平段前加入屏蔽暂堵剂降低储层伤害。实钻表明上述体系能够满足泥页岩和煤层钻井的基本需要,但是依据以往的研究成果和现场经验,泥页岩坍塌周期一般为 13d 左右,钻井周期长或长时间处理复杂时,井眼浸泡时间一旦过长超过坍塌周期后,依靠优化钻井液性能来维持井眼稳定的难度大幅度提高,特别是钻遇极易垮塌的碳质泥岩时,如果井斜处于 60° 以上,垮塌现象更为严重。而太原组、本溪组等层位的多套煤层和泥岩正是在这个井斜范围，Y＊＊井区两口井钻井过程中发现大块的煤屑返出，S224储气库三口注采井实钻也发现大量煤屑和泥岩掉块。目前解决这类问题的最有效办法是"以快治塌"，快速钻穿泥岩，而要想提高钻速，需要统筹考虑井身结构、钻头选型、钻具匹配问题，在此基础上从化学防塌、物理压稳上做好钻完井液的性能优化。

（四）井眼轨迹控制

从储气库建设区块注采井实钻情况来看，不同区块地质差异较大，即使在同一区块、同一井场，储层在纵向和横向上的变化也可能有差异，参考性较差，目前常规随钻导向工具MWD能够满足较厚储层的钻井需要，比如Y＊＊-2H井山西组储层为12.5m，但对于非均质性强、小幅构造发育的下古生界薄层，井眼轨迹控制难度就会大幅度提高，如JP＊＊-＊-1井下古生界马家沟组储层厚度仅为3.5m，常规MWD仪器零长较长，一般为12m左右，数据滞后，很难满足地质人员准确判断窗口的需要，水平段钻井过程中容易钻出储层，也不能及时发现泥岩夹层，增加了填井侧钻的风险，JP＊＊-＊-1井两次侧钻，报废280m进尺，延长钻井周期30余天，钻井成本大幅度增加，为后续施工带来不利影响。因此建议采用零长尽可能短的近钻头地质导向工具，匹配高性能定向工具，实现井眼轨迹精准控制。

四、固井工艺

在储气库钻完井实践过程中，为了实现"以固井质量为核心的储气库钻完井工艺"目的，为储气库规模建设夯实发展基础，长庆油田储气库建设者开展了包括内管插入固井、分级固井、套管回接固井、尾管悬挂半程固井等一系列固井工艺技术试验，水泥浆体系上尝试了胶乳水泥浆、低密高强水泥浆、弹性水泥浆等体系，基本涵盖了目前国内先进的固井工艺，取得了重要认识。

（一）下套管作业

储气库注采井下套管作业不同于常规气田开发井，其主要特点为作业时间长、风险高，具体表现如下。

一是套管尺寸大，表层套管为ϕ508mm，技术套管为ϕ339.7mm，生产套管为ϕ244.5mm，大套管对扣难度大，下套管作业时间长，在井壁稳定周期内将套管下入设计井深的风险较大。因此，保证井眼良好稳定性至关重要，完井液性能必须稳定和优良，为了防止井筒沉砂造成套管下不到位影响井口芯轴式套管头坐挂，在套管下深设计中可以根据井筒实际情况考虑留出5~10m"口袋"，但不宜过长影响下一步钻井作业。

二是生产套管在入井前要逐根进行螺纹密封性检测，ϕ244.5mm套管下入速度平均在9~13min/根，下套管作业时间大幅度提高，风险显著增加。

三是下套管作业风险发生概率低但风险度很高，虽然目前储气库建设过程中还未发生下套管遇卡的情况，但实践过程中已经出现多次下套管遇阻的现象，若在煤层和碳质泥岩发育的井筒中下套管的风险更大，而生产套管一旦遇卡将直接导致套管下不到位，无法实现对设计盖层井段的封固，井口芯轴式管挂无法坐挂，后期处理手段有限，轻则拔套管套铣倒扣造成大量套管损伤，长时间等停处理复杂，重则造成井筒报废。

四是芯轴式套管挂一次性坐封要求高。芯轴式套管挂与套管四通本体的密封采用MX金属密封和两道"O"形圈，套管挂与油管四通的密封采用MS金属密封和一道"FS"密封，芯轴式悬挂器作业要求一次坐封到位，不得随意反复上提下放，方可确保金属密封有效可靠。如果套管下放井深距离设计井深超过1m范围，套管悬挂器就可能无法坐挂实现密封。

实践经验表明安全下套管的关键是准备充分，作业环节清楚、应急措施可行、作业快速。在准备工作方面，井眼处理最为重要，必须保证多扶正器通井顺畅，在确定井眼稳定的条件下才能下套管。下套管前应做好所有配套工具的检查，严禁工具缺项和失效，有必要对分级箍、开孔塞等重要工具进行入井前的测量，关键工具附件可以考虑多备用一套。为了应对套管未下到设计井深，但距离不长，可在现场备用一套应急卡瓦式悬挂器，必要时代替芯轴式管挂。清楚作业每道工序并提前优化有利于加快下套管作业，降低风险，先导试验井S＊＊＊-6-9H井ϕ244.5mm生产套管下深设计为4168m，项目管理者多次讨论研究和优化下套管作业方案，将作业时间由7.5d降至4d，确保了生产套管顺利下至设计井深，创造了ϕ244.5mm套管历史最大下深指标。

榆林气田南区开展了卡盘下ϕ244.5mm生产套管试验，卡盘（液压坐卡）优点在于可以承受的载荷大，有利于防止大套管滑脱，并能随时灌浆和强制性压井循环。但缺点是卡盘体积很大，对井口居中度要求很高，套管对扣困难，套管下入速度平均3~4根/h，作业时间较长，风险也随之增大。该项工艺试验未取得预期效果，而采用锥形卡瓦和安全卡瓦的方式可以满足大套管入井作业的需要。

（二）气密封检测工艺

为保证油套管串密封性，长庆储气库率先采用气密封检测工艺对油套管螺纹进行氦气泄漏检测。试验发现检测压力和泄漏没有直接对应关系，上扣扭矩值和泄漏关系也无明显规律，发生泄漏的套管扭矩值80%都正常，而部分扭矩值不正常的，气密封检测却无气体泄漏。由此可见螺纹泄漏是综合因素导致的，上扣扭矩不合格、螺纹不清洁、密封脂涂抹不均匀、螺纹损坏、加工误差、管材运输存储等都会造成气密封检测不合格，以往单纯采用扭矩值来判断螺纹是否密封的方式不能满足储气库对管串密封的要求。检测压力值的确定应以不超过油套管抗内压80%为前提下，取最高工况压力，不必强求过高的检测压力。所检测的三种规格套管中均有螺纹泄漏现象，小尺寸的套管泄漏率相比较低。

气密封检测是目前对螺纹密封性评价比较可靠的一种测试手段，其监督要点是防工具掉落入井、高压气体伤害和绞车倾倒伤人，作业时应严格进行悬挂系统的周期性检查。

（三）固井工艺

储气库固井工艺采用表层套管封隔上部流沙层和饮用水层，以技术套管封隔刘家沟组漏层，从声幅变密度测井结果来看，目前固井工艺都能良好封固表层和技术套管脚，能对下一步钻井和下一级套管固井作业起到保护作用，但由于大尺寸的表层及技术套管居中难度大，环隙大，固井顶替效率低，保证全段固井质量难度大，往往呈现出套管下部固井质量好、上部质量差的特点，如何提高大套管的封固质量也是目前固井业内亟待解决的技术难题。在储气库井筒的长周期运行条件下，大套管封固质量能否满足要求也有待生产实践验证。

生产套管固井质量是保障储气库注采井井筒密封性的关键，固井质量要求必须良好封固盖层，并保证生产套管全段固井质量优良。但影响生产套管固井质量的因素错综复杂，井眼的稳定性、井眼轨迹、井径扩大率、通井时间、下套管时间和套管居中度，水泥浆体系和施工工艺设计、地层承压能力、套管附件及工具性能等都有可能造成固井质量出现问题。其中井眼的稳定性又与岩性、浸泡时间、钻井液性能、井斜等因素相关，且对固井质量的影响程度难以用准确数据衡量，较难准确判断。

JP＊＊-＊-3井固井过程中突然发生憋压，替量无法继续，导致套管内留有大段水泥塞，环空水泥返高不足造成挤水泥补救，分析认为最主要原因是井壁失稳掉块或坍塌；井径扩大率直接与井眼稳定相关，大斜度或水平井段受测井仪器入井能力限制，往往测井径仪器只能下到井斜60°左右井段，而一些煤层坍塌段在更大井斜的井段，井径数据不全，无法准确计算水泥浆灰量，JP**-*-1井水泥返高不足与此有关；井眼轨迹控制与储层的识别相关，储层变化大，频繁调整轨迹导致井眼变化率变大，套管居中难度大，JP**-*-1井入窗前发生这类情况；JP**-*-1井首次试验的弹性水泥浆体系没有达到预期效果与水泥浆体系的匹配性相关；先导试验井S***-6-9H井因分级箍无法关闭导致生产套管二级固井段合格率偏低，影响了整体的施工效果。固井实践取得的主要认识如下。

一是影响固井质量的因素众多，一些因素难以准确测量或计量，往往依靠经验预判。所以要保证固井质量应尽量为固井创造良好的施工条件，降低作业风险。重点要解决好井眼的稳定性问题，降低钻井周期，缩短井壁浸泡时间，严格落实固井前承压和堵漏工作，为固井提供良好的井眼环境；通过优化测井工艺，完善固井设计，提高固井顶替效率，对水泥浆体系进行优化，提高水泥浆胶结质量。

二是表层套管和技术套管固井顶替效率较差，一次上返固井质量难以保证，采用分级固井工艺有利于提高技术套管的固井质量，但仍未达到预期效果，大套管固井工艺需要进一步优化。

三是生产套管固井质量是全井工程质量的核心，相比分级固井工艺，套管回接固井工艺更有利于提高长井段套管的固井质量，有利于避免分级箍失效问题和分级箍位置的两级水泥衔接问题。

四是通过套管试压发现试压后固井质量测井结果比先测井后试压的结果差，说明试压对固井质量有影响。现场试验分析认为，环空带压候凝有利于提高固井质量，原因是套管为金属管材，具有弹性形变能力，由管材的屈服强度来表示，环空带压时，套管在水泥浆胶结过程中处于压缩状态，胶结完成后套管在弹性力的作用下趋向于扩张，有利于提高胶结界面紧密程度。如果相反，则套管趋于离开水泥环造成间隙，固井质量就会下降。为了验证，在先导试验井S***-6-9H井中试验了带压测井工艺，证明了上述分析是正确的。由此可见，生产套管在长期交变压力下注采时，水泥环的胶结质量会趋于恶化，因此采用具有塑性的水泥浆体系是有必要的，宜采用环空加压方式候凝，固井后的试压值设计应参考储气库后期实际生产工况，不宜太高。

五是固井设计中水泥浆量等数据计算来自于套管和井眼尺寸，井眼尺寸数据来自于测井，往往是按井段累计，每段井径又常常采用平均值，受大斜度井眼摩擦阻力影响，井径测井工具往往下不到70°以上井眼，井径数据取不全，因此固井设计中的环容数据往往与实际情况不符，虽然设计中对水泥浆量进行了附加，但这个附加值常常是经验值20%~30%，这就造成施工水泥浆量有时过多、有时不够，与井眼实际情况对应性较差。因此，应采用专业的计算机软件对环容进行准确计算，避免大段平均化的计算方法造成水泥浆量不足影响固井质量。另外，应根据井眼的实际情况设计扶正器数量和安放位置，有利于提高套管居中度，提高水泥浆顶替效率，目前设计中的套管居中度平均值意义不大，因为即使全井段套管居中度达到80%以上，如果盖层段的居中度低于50%，则也可能导致盖层段固井质量达不到要求，造成固井施工失败。

（四）固井质量测量技术

为了准确评价注采井固井质量，为注采井固井工艺和体系优化提供依据，长庆储气库建设者先后开展了声幅变密度、俄罗斯变密度测井技术对比试验，并率先采用了超声波成像测井技术进行生产套管固井胶结质量评价，通过脉冲回波技术和挠曲波成像技术，获得套管内壁光滑度、套管内径、套管厚度、套管居中度、套管与水泥的胶结、水泥与地层的胶结情况资料。相比常规的声幅变密度，超声波成像测井技术的优势在于可以描述窜槽和所在方位情况，可对声幅变密度测井结果进行有益的复核。通过几口井的实践，发现目前采用的超声波成像测井技术还需进一步优化，一是缺乏超声波成像测井解释标准，存在解释的多解性，对测井解释工程师的专业能力和经验要求较高；二是超声波测量深度有限，一般为 25.4～76.2mm，当三开井段井径扩大率超过 27% 时，水泥环厚度就会超过该仪器测量深度极限值，对水泥环第二界面胶结情况的解释就不准确了，需要参考变密度测井数据；三是如果测量井不存在自由套管段，或者所测套管与测井仪器刻度所用的套管和刻度环境不一致，则会给测井结果带入测量误差。因此，作为井筒固井质量的评价依据，有必要对固井质量测井技术进行优化。

五、完井工艺

储气库注采井完井工艺主要包括完井生产管柱入井和连续油管酸化试气两大部分，前者涉及新工艺、新工具多，作业程序复杂，时间长，作业安全风险大。主要包括原钻机下油管、气密封检测、井下安全阀液控管线穿越、油管坐挂、拆封井器装采气树、洗井、注环空保护液、钢丝作业坐封永久式封隔器、封隔器试压验封等多项作业。试气与常规气田水平开发井基本一致，采用连续油管拖动布酸改造后放喷求产的作业方式。在现场实践过程中，长庆储气库建设者通过不断研究和实践，克服了众多技术难关，形成了长庆储气库注采井完井工艺技术，完井工程质量全部达标，取得的认识如下。

一是目前榆林气田南区和 S224 储气库都经过了一轮注采试验，运行情况表明采用的完井工具、生产井口、气井控制柜等关键工具设备的功能能够满足储气库注采生产的需要。

二是保障完井工程质量的关键在于施工准备工作，施工前务必做好工程施工方案的交底工作和程序确认，明确各施工方责任界面，做好衔接环节。施工前应梳理所有作业程序和关键环节，做好风险辨识，确认应急措施可行并已经落实。

三是施工前甲乙方及监督三方应根据各类设备工具操作规范对所有设备、工具、短节、配件等进行确认，明确数量、型号、尺寸等参数无误。

四是完井作业时间比较长，仅完井工具入井到坐封就长达 7d 左右，由于储气层已经打开，整个作业过程应高度重视井控安全风险。作业过程中为降低井控安全风险，下油管前循环洗井观察、配装防喷接头非常必要。另外，井下安全阀正常状态为关闭状态，可作为内防喷工具考虑。完井阶段井控风险最大的环节为拆封井器换装采气树环节，井口处于敞开状态，因此下完完井管柱后必须先尽快安装采气树，不要在洗井和替完环空保护液后再拆封井器装井口。拆封井器前用原重浆循环至少 2 周，观察完井液是否气侵也是很有必要的。

五是为了评价储层保护和酸化改造效果，现场开展了求初产和求产的效果对比，结果表明 Y**-1H 井酸化后产量提高了 36.4%，Y**-2H 井酸化后产量提高了 12%，而邻井 Y**-2A 是一口储气库盖层取心评价井，压裂改造后产量提高了 10 倍。由此可见，储层伤害是存在的，而连续油管拖动布酸改造方式对储层伤害的解除能力有限，储气库注采井的储层保护技术和储层改造技术还需进一步优化。

六、总体评价

储气库的建设在国内发展较晚，对长庆油田来说也属首次，长庆油田公司和施工方领导高度重视，集成了大量技术人员的集体智慧，通过积极探索和现场试验，在 S224 区块和榆林气田南区开展的四开井身结构大井眼长水平段注采井钻完井技术试验取得阶段性成功，关键技术取得突破，储气库水平注采井钻完井工艺技术基本成型，整体作业安全平稳。采用的井眼尺寸和注采管柱尺寸在长庆钻井区域内最大，Y**-2H 井钻成 1819m ϕ215.9mm 水平井眼，创国内储气库注采井水平段井眼尺寸最大和最长指标。长庆储气库首次采用超声波成像测井技术对生产套管进行了全井段检测，并与声幅变密度以及俄罗斯变密度测井进行了技术对比。率先采用气密封检测技术验证了油套管的完整性，取得了重要技术认识。在固井工艺方面试验了胶乳和弹性水泥浆体系，完善了分级固井工艺，开展了回接固井试验，开发了旋转引鞋，应用了卡盘下套管设备，保证了生产套管顺利入窗，固井质量达到了设计要求，在国内第一批储气库的固井工程质量考核中名列第一。煤层钻进技术措施合理，钻完井液处理得当，保证了井眼稳定，未发生严重卡钻、大型井漏等重大井下事故。总体来说，长庆储气库钻完井工艺技术试验达到了预期的效果，掌握了第一手现场技术资料，取得了阶段性的认识和成果，形成了具有长庆特点的储气库钻完井技术。

（一）取得的主要认识

（1）储气库钻完井工程应作为系统方案统一考虑，钻完井工艺方案应建立在地质气藏研究成果上，一体化设计。布井方式应优先采用丛式井布井方式，便于生产运行集中管理，减少地面投资，节约占地、减少环境影响，降低钻完井成本。目前试验井的布井方式不利于储气库规模开发，但如何实现四开结构水平井的丛式井开发或工厂化作业，目前还存在诸多难题需要解决，注采井钻井速度慢，钻井周期长是制约丛式井开发的主要原因。

（2）储气库生产运行情况表明现场试验采用的四开大井眼井身结构设计可以满足储气库井大气量注采要求，榆林两口注采井运行四年以来，日注气量最高达到 $168\times10^4m^3$，日采气量最高达到 $127\times10^4m^3$，井筒完整性情况良好。但四开大井眼水平注采井钻井难度较大，钻井周期长，风险高，成本大，根据储层注采能力和气源管网条件分析，目前设计的井眼尺寸偏大，井身结构需要进一步优化。

（3）受储层物性条件和改造措施限制，储气库井型设计采用长水平段的水平井有利于最大限度暴露储层，提高泄气面积，有利于大气量注采，满足短时间天然气调峰的需要。井身剖面采用了中长半径水平井设计，有利于降低全角变化率，井眼光滑，摩阻低，保障了下套管作业顺利。设计造斜点放在三开井段，造斜率中等，井眼轨迹设计平滑，上部大井眼机械钻速得到一定提高。

（4）树立了以固井质量为核心的钻完井工程设计理念，确定了固井质量考核标准和声波成像评价方法。现场试验技术套管分级固井、生产套管回接固井和尾管半程固井工艺技术取得成功，开展了胶乳水泥浆和弹性水泥浆体系试验，各级套管固井质量达到了设计要求，保证了井筒的完整性，取得阶段性成功。

（5）通过防腐研究和实践，形成了储气库注采井油套管防腐工艺技术。生产管柱具有地面和井下安全阀，选择芯轴式悬挂全金属密封的套管头和采气树，有利于提高井筒完整性，保障注采井长周期安全运行。作为入井管柱密封性验证的必要措施，油套管气密封检测工艺已经成熟配套。

(6)国内储气库钻完井技术研究还处于探索阶段,缺乏统一的技术和造价标准,方案设计也还存在诸多问题亟待解决,还需通过现场实钻不断摸索和完善。

(二)面临的困难与技术挑战

通过几年的现场试验,储气库钻完井工艺技术基本成型,能够满足储气库建设阶段性要求,但个别核心关键技术还没达到预期效果,没有形成技术规范,施工风险依旧存在,还有一些技术瓶颈没有突破,如果面对大规模建设,仍然面临着一系列的技术挑战。

挑战一:四开结构长水平段注采井钻完井工艺仅仅试验5井次,距离成熟配套还有差距。如储气库注采井注采能力准确预测和井身结构的匹配关系还需进一步研究和优化。大尺寸井眼钻井难度明显高于常规尺寸的井眼,钻完井周期长,成本居高不下。试验井数较少,建设区块更换频繁,钻头优化选型工作还未取得明显进展。

挑战二:长期交变压力注采条件下的井筒完整性对长井段固井质量要求很高,而影响固井质量的因素很多,加之刘家沟组易漏层和低压储层的存在,保证固井质量的难度很大。尽管通过多种固井工艺试验和比对,初步形成了配套的固井工艺技术,但不确定的风险依然存在。现场缺乏对固井工具和附件的专业检测手段。具有塑性的水泥浆体系抗交变压力的能力目前还缺乏检测手段。

挑战三:长水平段低压储层安全钻进和储层保护技术要求高,如何处理好长水平段井眼坍塌和防漏的矛盾至关重要。要满足气体的"大进大出",又不允许压裂改造,储层保护和改造的技术难度也不小。

(三)技术优化建议

根据目前四开大井眼注采水平井实钻过程发生的问题和技术难点,建议重点围绕井身结构优化技术、大井眼提速技术、煤层和碳质泥岩安全钻井技术、提高固井顶替效率和水泥浆体系优化技术、提高地层承压能力等方面开展研究,加快推进现场钻完井工艺技术优化和完善。

1. 井身结构优化技术

加强对储气库建设区块注采能力的预评价,在此基础上结合不同区块地层特点开展井身结构优化,最大限度降低钻完井工艺风险,降低建设成本。

2. 大井眼提速技术

钻头优选是大尺寸井眼快速钻井的关键,做好建设区块钻头持续优化和个性化设计,形成适用的大井眼钻头系列和配套的钻具,对提高大井眼机械钻速具有重大意义。

3. 井眼净化技术

优化完善储气库井钻完井液体系,开展欠平衡钻井技术可行性研究。优化大井眼煤层和碳质泥岩安全钻井技术,满足大斜度煤层和碳质泥岩安全钻井需要。

4. 提高固井顶替效率及水泥浆体系优化选型技术

提高固井顶替效率技术主要涵盖提高套管居中度、环空返速流态控制、前置液性能优化、固井前钻完井液性能调整方法、储层承压堵漏等技术内容,开发适用的固井工艺模拟软件,完善测井评价技术。在水泥浆体系优化选型方面,建议开展交变压力条件下水泥环胶结质量变化情况的实验研究,建立不同水泥浆水泥环质量与注采压力和注采时间的对应关系,进而促进水泥浆配方的优化选型。

参 考 文 献

[1] 万仁博. 采油工程手册 [M]. 北京：石油工业出版社, 2000.
[2] 杨继盛. 采气工艺基础 [M]. 北京：石油工业出版社, 1992.
[3] 杨川东. 采气工程 [M]. 北京：石油工业出版社, 2001.
[4] 高发连. 地下储气库建设的发展趋势 [J]. 油气储运, 2005, 24 (6)：15-18.
[5] 王希勇, 熊继有, 袁宗明, 等. 国内外天然气地下储气库现状调研 [J]. 天然气勘探与开发, 2004, 27 (1)：49-51.
[6] 喻平仁. 川南地区地下储气库选址初步设想 [J]. 天然气工业, 2003, 23 (2)：109-113.
[7] 吴忠鹤, 贺宇. 地下储气库的功能和作用 [J]. 天然气与石油, 2004, 22 (2)：1-4.
[8] 董德仁, 于成水, 何卫滨, 等. 枯竭油气藏储气库钻井技术 [J]. 天然气工业, 2004, 24 (9)：148-152.
[9] 丁国生. 盐穴地下储气库建库技术 [J]. 天然气工业, 2003, 23 (2)：106-108.
[10] 张海琴, 李萍, 袁进平, 等. 安全稳定供气中的调锋问题探讨 [J]. 天然气工业, 2006, 26 (2)：152-154.
[11] 丁国生, 李文阳. 国内外地下储气库现状与发展趋势 [J]. 国际石油经济, 2002, 10 (8)：23-26.
[12] 马成松. 地下储气进展述评 [J]. 江汉石油学院学报, 1998, 20 (1)：101-104.
[13] 罗绪富. 国外地下储气库发展综述 [J]. 油气储运, 1998, 17 (3)：58-59.
[14] 李建中, 李海平. 建设地下储气库-保障"西气东输"-供气系统安全 [J]. 能源安全, 2003, 11 (6)：26-28.
[15] 刘振兴, 靳秀菊, 朱述坤, 等. 中原地区地下储气库库址选择研究 [J]. 天然气工业, 2005, 25 (1)：141-143.
[16] 于东海. 胜利油区永21块Es3气藏建地下储气库的可行性 [J]. 天然气工业, 2005, 25 (8)：106-108.
[17] 丁国生, 谢萍. 中国地下储气库现状与发展展望. 天然气工业, 2006, 26 (6)：111-113.
[18] 谭羽飞, 廉乐明, 严铭卿. 国外地下储气库的技术与发展 [J]. 油气储运, 1997, 16 (12)：17-19.
[19] 谭羽飞, 廉乐明, 严铭卿. 国外天然气地下储气库的数值模拟研究 [J]. 天然气工业, 1998, 18 (6)：93-94.
[20] 梁光川, 甘霞, 郑云萍, 等. 天然气地下储气库设计方案比较法 [J]. 天然气工业, 2004, 24 (9)：142-144.
[21] 杨毅, 李长俊, 张红兵, 等. 模糊综合评判法优选地下储气库方案设计研究 [J]. 天然气工业, 2005, 25 (8)：112-114.
[22] 苏欣, 赵宏涛, 袁宗明, 等. 基于模糊综合评判的地下储气库方案优选法 [J]. 石油学报, 2006, 27 (2)：126-128.
[23] 苏欣, 张琳, 李岳. 国内外地下储气库现状及发展趋势 [J]. 天然气与石油, 2007, 25 (4)：1-4, 7.
[24] 苏欣, 袁宗明. 基于"灰局势决策"的地下储气库方案优选法 [J]. 大庆石油地质与开发, 2006, 25 (2)：49-51.
[25] 宋德琦, 苏建华, 任启瑞, 等. 天然气输送与储存工程 [M]. 北京：石油工业出版社, 2004.
[26] 奥林·弗拉尼根. 储气库的设计与实施 [M]. 张守良, 陈建军, 万玉金, 等译. 北京：石油工业出版社, 2004.
[27] 林勇, 薛伟, 等. 气密封检测技术在储气库注采井中的应用 [J]. 天然气与石油, 2012, 30 (1)：55-58.
[28] 李建中. 西气东输地下储气库初步设计 [R]. 廊坊：中国石油勘探开发研究院廊坊分院, 2008.

[29] 华爱刚, 李建中, 卢林生. 天然气地下储气库 [M]. 北京: 石油工业出版社, 1999.

[30] 马小明, 杨树合, 史长林, 等. 为解决北京市季节调峰的大张坨地下储气库 [J]. 天然气工业, 2001, 21 (1): 105-107.

[31] 展长虹, 焦文玲, 廉乐明, 等. 利用含水层建造地下储气库 [J]. 天然气工业, 2001, 21 (4): 88-91.

[32] 吴建发, 钟兵, 罗涛. 国内外储气库技术研究现状与发展方向 [J]. 油气储运, 2007, 26 (4): 1-3.

[33] 李建中, 徐定宇, 李春. 利用枯竭油气藏建设地下储气库工程的配套技术 [J]. 天然气工业, 2009, 29 (9): 97-99.

[34] 李朝霞, 何爱国. 砂岩储气库注采井完井工艺技术 [J]. 石油钻探技术, 2008, 36 (1): 16-19.

[35] 李国韬, 刘飞, 宋桂华, 等. 大张坨地下储气库注采工艺管柱配套技术 [J]. 天然气工业, 2004, 24 (9): 156-158.

[36] 阳小平, 王凤田, 陈俊, 等. 地下储气库注采井多层管柱电磁探伤技术 [J]. 天然气技术, 2008, 2 (6): 43-46.

[37] 李建中, 李奇, 胥洪成. 盐穴地下储气库气密封检测技术 [J]. 天然气工业, 2011, 31 (5): 90-92.

[38] 杨剑, 张昊, 郭亮, 等. 套管检测技术在安塞油田的发展及应用 [J]. 石油仪器, 2010, 24 (3): 59-63.

[39] 杨向莲. 天然气管道泄漏检测技术评价及预防措施 [J]. 能源技术, 2005, 26 (6): 248-250, 267.

[40] 李天雷, 徐晓琴, 孙永兴, 等. 酸性油气田油套管抗腐蚀开裂设计新方法 [J]. 天然气与石油, 2010, 28 (1): 25-27.

[41] 谢远伟, 吴正伟, 海心科, 等. 长庆油田低渗透油藏稳产技术数值模拟研究 [J]. 石油天然气学报 (江汉石油学院报), 2010, 3 (2): 309-312.

[42] 马小明, 余贝贝, 马东博, 等. 砂岩枯竭型气藏改建地下储气库方案设计配套技术 [J]. 天然气工业, 2010, 30 (8): 67-71.

[43] 刘在桐, 董德仁, 王雷, 等. 大张坨储气库钻井液技术 [J]. 天然气工业, 2004, 24 (9): 153-155.

[44] 李丽峰, 赵新伟, 罗金恒, 等. 盐穴地下储气库失效分析与预防措施 [J]. 油气储运, 2010, 29 (6): 407-410.

[45] 赵春林, 温庆和, 宋桂华, 等. 枯竭气藏新钻储气库注采井完井工艺 [J]. 天然气工业, 2003, 23 (2): 93-95.

[46] 赵福祥, 周坚, 王三喜, 等. 大港储气库井固井与完井技术探索与实践 [J]. 钻井液与完井液, 2005, 22 (4): 74-77.

[47] 李国韬等. 大张坨地下储气库注采工艺管柱配套技术. 天然气工业, 2004, 24 (9): 156-158.

[48] 丁国生, 赵晓飞, 谢萍. 中低渗枯竭气藏改建地下储气库难点及对策 [J]. 天然气工业, 2009, 29 (2): 105-107.

[49] 王世艳. 地下储气库设计模式及配套技术. 天然气工业, 2006, 26 (10): 130-132.

[50] 舒萍, 樊晓东, 刘启. 大庆油区地下储气库建设设计研究 [J]. 天然气工业, 2001, 21 (4): 84-87.

[51] 王俊魁, 舒萍, 邱红枫. 大庆油区地下储气库建库研究 [J]. 大庆石油地质与开发, 1999, 18 (1): 24-27.

[52] 王皆明, 朱亚东, 王莉. 北京地区地下储气库方案研究 [J]. 石油学报, 2000, 21 (3): 100-104.

[53] 王红艳, 许发年. 江汉油区建设地下储气库库址优选研究 [J]. 江汉石油职工大学学报, 2002, 15 (2): 28-30.

[54] 杨再葆, 张香云, 邓德鲜, 等. 天然气地下储气库注采完井工艺 [J]. 油气井测试, 2008, 17 (1): 63-68.

[55] 刘延平, 刘飞, 董德仁, 等. 枯竭油气藏改建地下储气库钻采工程方案设计 [J]. 天然气工业, 2003, 23 (增刊): 143-146.

[56] 崔立宏, 刘聪, 等. 大港油田地下储气库可行性研究 [J]. 石油勘探与开发, 1998, 23 (5): 83-85.

[57] Juan José Rodríguez, Pedro Santistevan. Diadema Project-Underground Gas Storage in a Depleted Field, in Patagonia, Argentina [A]. SPE 69522, 2001.

[58] Masanori Kurihara, Jialing Liang, Fujio Fujimoto, et al. Development and Application of Underground Gas Storage imulator [A]. SPE 59438, 2000.

[59] Anita Steinberger, Faruk Civan, Richard G. Hughes. Phenomenological Inventory Analysis of Underground Gas Storage in Salt Caverns [A]. SPE 77346, 2002.

[60] T. L. Hower, M. W. Fugate, R. W. Owans. Improved Performance in Aquifer Gas Storage Fields Through Reservoir Management [A]. SPE 26172, 1993.

[61] Anil Kumer, Oscar K. Kimbler. The Effect of Mixing and Gravitational Segregation Between Natural Gas and Inert Cushion Gas on the Recovery of Gas from Horizontal Storage Aquifers [A]. SPE 3866, 1972.

[62] B. T. Haug, W. l. Ferguson, T. Kydland. Horizontal Wells in the Water Zone: The most Effective Way of Tapping Oil from Thin Oil Zones? [A]. SPE 22929, 1991.

[63] Subhash C. Thakur, Keith Bally, Dan Therry, et al. Performance of Horizontal Wells in a Thin Oil Zone Between a Gas Cap and an Aquifer, Immortelle Field, Trinidad [A]. SPE 36752, 1996.

[64] Olav N ykjaer. Development of a Thin Oil Rim With Horizontal Wells in a Low Relief Chalk Gas Field, Tyra Field, Danish North Sea [A]. SPE 28834, 1994.